《中国工程物理研究院科技丛书》第079号

航天推进技术系列专著

炸药晶态控制与表征

黄　明　段晓惠　编著

西北工業大學出版社

西　安

【内容简介】 本书以黑索今(RDX)、奥克托今(HMX)和2,4,6,8,10,12-六硝基六氮杂异伍兹烷(CL-20)为主要炸药，全面系统地介绍了炸药晶态的理论模拟、炸药晶态控制方法、炸药晶态测量技术、炸药晶态对感度的影响，最后专辟一章介绍了炸药单晶技术。

本书可供从事炸药研制、生产的科技工作者阅读，也可作为高校相关专业本科生和研究生的参考书。

图书在版编目(CIP)数据

炸药晶态控制与表征/黄明，段晓惠编著．— 西安：西北工业大学出版社，2020．11
(空天推进技术系列丛书)
ISBN 978-7-5612-7466-8

Ⅰ．①炸… Ⅱ．①黄… ②段… Ⅲ．①炸药-晶体学-研究 Ⅳ．①TQ564

中国版本图书馆CIP数据核字(2020)第255565号

ZHAYAO JINGTAI KONGZHI YU BIAOZHENG
炸 药 晶 态 控 制 与 表 征

责任编辑：朱晓娟 **策划编辑**：华一瑾
责任校对：王玉玲 **装帧设计**：李 飞
出版发行：西北工业大学出版社
通信地址：西安市友谊西路127号 邮编:710072
电 话：(029)88493844，88491757
网 址：www.nwpup.com
印 刷 者：陕西金和印务有限公司
开 本：787 mm×1 092 mm 1/16
印 张：14.875
字 数：390千字
版 次：2020年11月第1版 2020年11月第1次印刷
定 价：98.00元

如有印装问题请与出版社联系调换

《中国工程物理研究院科技丛书》出版说明

中国工程物理研究院建院50年来，坚持理论研究、科学实验和工程设计密切结合的科研方向，完成了国家下达的各项国防科技任务。通过完成任务，在许多专业领域里，不论是在基础理论方面，还是在实验测试技术和工程应用技术方面，都有重要发展和创新，积累了丰富的知识经验，造就了一大批优秀科技人才。

为了扩大科技交流与合作，促进我院事业的继承与发展，系统地总结我院50年来在各个专业领域里集体积累起来的经验，吸收国内外最新科技成果，形成一套系列科技丛书，无疑是一件十分有意义的事情。

这套丛书将部分地反映中国工程物理研究院科技工作的成果，内容涉及本院过去开设过的20几个主要学科。现在和今后开设的新学科，也将编著出书，续入本丛书中。

这套丛书自1989年开始出版，在今后一段时期还将继续编辑出版。我院早些年零散编著出版的专业书籍，经编委会审定后，也纳入本丛书系列。

谨以这套丛书献给50年来为我国国防现代化而献身的人们！

《中国工程物理研究院科技丛书》

编审委员会

2008年5月8日修改

《中国工程物理研究院科技丛书》公开出版书目

001 **高能炸药及相关物性能**
董海山　周芬芬　主编　　科学出版社　1989 年 11 月

002 **光学高速摄影测试技术**
谭显祥　编著　　科学出版社　1990 年 02 月

003 **凝聚炸药起爆动力学**
章冠人　陈大年　编著　　国防工业出版社　1991 年 09 月

004 **线性代数方程组的迭代解法**
胡家赣　著　　科学出版社　1991 年 12 月

005 **映象与混沌**
陈式刚　编著　　国防工业出版社　1992 年 06 月

006 **再入遥测技术(上册)**
谢铭勋　编著　　国防工业出版社　1992 年 06 月

007 **再入遥测技术(下册)**
谢铭勋　编著　　国防工业出版社　1992 年 12 月

008 **高温辐射物理与量子辐射理论**
李世昌　著　　国防工业出版社　1992 年 10 月

009 **粘性消去法和差分格式的粘性**
郭柏灵　著　　科学出版社　1993 年 03 月

010 **无损检测技术及其应用**
张俊哲　等　著　　科学出版社　1993 年 05 月

011 **半导体材料的辐射效应**
曹建中　等　著　　科学出版社　1993 年 05 月

012 **炸药热分析**
楚士晋　著　　科学出版社　1993 年 12 月

013 **脉冲辐射场诊断技术**
刘庆兆 等 著 科学出版社 1994年12月
014 **放射性核素活度测量的方法和技术**
古当长 著 科学出版社 1994年12月
015 **二维非定常流和激波**
王继海 著 科学出版社 1994年12月
016 **抛物型方程差分方法引论**
李德元 陈光南 著 科学出版社 1995年12月
017 **特种结构分析**
刘新民 韦日演 编著 国防工业出版社 1995年12月
018 **理论爆轰物理**
孙锦山 朱建士 著 国防工业出版社 1995年12月
019 **可靠性维修性可用性评估手册**
潘吉安 编著 国防工业出版社 1995年12月
020 **脉冲辐射场测量数据处理与误差分析**
陈元金 编著 国防工业出版社 1997年01月
021 **近代成象技术与图象处理**
吴世法 编著 国防工业出版社 1997年03月
022 **一维流体力学差分方法**
水鸿寿 著 国防工业出版社 1998年02月
023 **抗辐射电子学——辐射效应及加固原理**
赖祖武 等 编著 国防工业出版社 1998年07月
024 **金属的环境氢脆及其试验技术**
周德惠 谭 云 编著 国防工业出版社 1998年12月
025 **实验核物理测量中的粒子分辨**
段绍节 编著 国防工业出版社 1999年06月
026 **实验物态方程导引(第二版)**
经福谦 著 科学出版社 1999年09月
027 **无穷维动力系统**
郭柏灵 著 国防工业出版社 2000年01月

043　**近可积无穷维动力系统**
郭柏灵　高　平　陈瀚林　著　　国防工业出版社　2004年06月

044　**半导体器件和集成电路的辐射效应**
陈盘训　著　　国防工业出版社　2004年06月

045　**高功率脉冲技术**
刘锡三　编著　　国防工业出版社　2004年08月

046　**热电池**
陆瑞生　刘效疆　编著　　国防工业出版社　2004年08月

047　**原子结构、碰撞与光谱理论**
方泉玉　颜　君　著　　国防工业出版社　2006年01月

048　**非牛顿流动力系统**
郭柏灵　林国广　尚亚东　著　　国防工业出版社　2006年02月

049　**动高压原理与技术**
经福谦　陈俊祥　主编　　国防工业出版社　2006年03月

050　**直线感应电子加速器**
邓建军　主编　　国防工业出版社　2006年10月

051　**中子核反应激发函数**
田东风　孙伟力　编著　　国防工业出版社　2006年11月

052　**实验冲击波物理导引**
谭　华　著　　国防工业出版社　2007年03月

053　**核军备控制核查技术概论**
刘成安　伍　钧　编著　　国防工业出版社　2007年03月

054　**强流粒子束及其应用**
刘锡三　著　　国防工业出版社　2007年05月

055　**氚和氚的工程技术**
蒋国强　罗德礼　陆光达　孙灵霞　编著　　国防工业出版社　2007年11月

056　**中子学宏观实验**
段绍节　编著　　国防工业出版社　2008年05月

057　**高功率微波发生器原理**
丁　武　著　　国防工业出版社　2008年05月

073 **核军备控制核查技术导论**

刘恭梁 解 东 朱剑钰 编著 中国原子能出版社 2018年01月

074 **实验冲击波物理**

谭 华 著 国防工业出版社 2018年05月

075 **粒子输运问题的蒙特卡罗模拟方法与应用(上册)**

邓 力 李 刚 著 科学出版社 2019年06月

076 **核能未来与Z箍缩驱动聚变裂变混合堆**

彭先觉 刘成安 师学明 著 国防工业出版社 2019年12月

077 **海水提铀**

汪小琳 文 君 著 科学出版社 2020年12月

078 **装药化爆安全性**

刘仓理 等 编著 科学出版社 2020年12月

079 **炸药晶态控制与表征**

黄 明 段晓惠 著 西北工业大学出版社 2020年11月

序

20世纪80年代起，西方各国致力于发展一种对意外刺激不敏感的弹药——钝感弹药(Insensitive Munitions, IM)，其中关键在于寻找到不敏感炸药。经过10余年探索，法国火炸药公司首先发现了RDX的晶体颗粒尺寸、晶体表面状态、晶体形状及晶体内部缺陷等均对其浇铸炸药的冲击波感度有重大影响，并且证实通过对RDX晶体改性来获得高品质RDX，可在弹药感度、成本和性能之间获得极好的平衡，由此为IM的发展开辟了一条独特的技术途径，成为实现IM的捷径。随后，这一重大成果引起了世界各国的极大兴趣并由此展开了持续、广泛而深入的研究，相继有10多个国家、几十家研究机构先后开发出了这种冲击波感度降低的高品质RDX。从公开文献看，它们对外宣称的名称各不相同，如法国的I-RDX(Insensitive RDX)、挪威的RS-RDX(Reduced Sensitivity RDX)、澳大利亚的A级RDX(Grade A RDX)、英国的Ⅰ类RDX(Type Ⅰ RDX)等。迄今为止，美国、英国、法国、挪威、澳大利亚等国相继开展了高品质RDX产业化研究，为IM的发展做出了重大贡献。

从科学上讲，高品质RDX的制备属于精细的炸药晶态控制技术，是炸药晶体学向纵深发展的基石之一。另外，高品质RDX具有晶体内部缺陷少、表面光滑、外形呈球状等特点，这些特点赋予了高品质RDX比普通RDX更为优良的性能，如更低的冲击波感度和更好的加工流变性，因此对RDX的晶体特性进行精细表征极为关键。一般而言，对含能材料的表征有密度、颗粒形状与尺寸、纯度、热性能、安全性能及爆轰性能，但这些表征手段已不再适用于对于精细表征RDX有较高要求的晶体特性，及在晶体层面区分高品质RDX与普通RDX等方面。为此，寻找高品质RDX和普通RDX的实验室快速鉴别方法，并建立高品质RDX的分析、检验标准就成为炸药晶体在“微细观结构”方向的关注核心，显然这是炸药晶体学向纵深发展的又一基石。简言之，实现精细的炸药晶态控制与表征是推动炸药晶体学研究向纵深领域发展的关键所在，本书的主旨正是关于上述两大基石的阐述。

从20世纪90年代开始，中国工程物理研究院将炸药晶体学作为一个独立学科方向展开研究，其内容涵盖了炸药结晶、性能表征、晶体物理力学、晶体结构缺陷与性能的关系等，积累了大量数据，研制了多个应用配方。

本书系统总结了中国工程物理研究院化工材料研究所在炸药晶体学领域的研究成果，同时也尽量收集了近年来世界各国的最新研究成果，从多个角度阐述了炸药晶体领域的前沿问题。本书作者多年从事炸药晶体学领域相关研究，对该领域的研究进展有全面、深入的理解，书中许多内容都是他们的创新成果。他们的工作推动了炸药晶体学向纵深发展。

本书内容丰富，思路清晰。书中以专题形式强调了理论解析和实验研究的有机结合。

本书将为从事炸药研制、生产的科技工作者提供较全面的专业知识，还可作为培养青年人才的参考书。

庞思平[①]

2020 年 11 月

① 庞思平(1973—)，男，教授，长江学者，国家“万人计划”领军人才，“高能材料设计与合成”国防科技创新团队带头人，曾获国家技术发明奖二等奖、国防科技进步奖特等奖等。

前　言

物质状态是物质内部质点空间堆积的外在表现，组成固体物质的质点呈有序点阵排列时即通常所说的晶体。炸药晶体通常是含能有机小分子有序堆积而成的材料。同所有其他无机晶体材料和有机晶体材料一样，炸药晶体内部的点阵排列也具有周期性和对称性。完全符合这种规律的晶体可以称为完美晶体或理想晶体。显然，任何一种炸药晶体的制备方法都会使得晶体空间点阵结构产生畸变，从而导致晶体缺陷，不同制备方法产生的晶体缺陷的类型和数量也不相同。

炸药晶态是指炸药晶体颗粒的结晶状态，它既包括晶体内的裂纹、孔隙、气泡、晶间物、晶格缺陷等，也包括晶体外部的形状、粒径及粒径分布、表面缺陷等。大量事实已经和正在证明，当炸药具有不同的晶态时，其在应用中呈现出来的“炸药表观性能”会产生明显差异，如何认识这些差异，或者制造、消除、利用这些差异，对于炸药的进一步发展至关重要。

1995 年，兵器工业出版社出版了一部由叶毓鹏等编著的《炸药结晶工艺学及其应用》，该书以 RDX 和 HMX 为主要对象，系统论述了典型硝胺炸药晶体的提纯和粒度分级技术，全面阐述了 RDX 和 HMX 在工业制造中的合成、结晶、粒度分级、球形化等原理、方法、途径和工艺。此后 10 余年内，此书一直是国内关于炸药研制、生产和教学的“良师益友”，当时的作者(如陈树森、曹端林等)已然成长为国内火炸药界的翘楚。2008 年，国防工业出版社出版了一部由欧育湘编译、德国 Ulrich Teipel 主编的 *Energetic Materials*。该书主要论述了粒状含能材料的加工工艺及性能表征，全书包括两大部分：第一部分包含粉碎、结晶、分散、混合、包覆及微胶囊化等加工工艺；第二部分包含粒状含能材料的微观结构、晶型、粒度、润湿性、流变性、化学性能、热性能及爆炸性能等理论分析和测定方法。

以更宏观的视野来看炸药晶体学的发展，《炸药结晶工艺学及其应用》关注炸药晶体“宏观结构”及其制备中的问题，*Energetic Materials* 则关注炸药晶体在应用中的物理化学问题，两书之内涵均对我国炸药结晶学的建立、发展起了重要作用。不言而喻，随着科学技术与武器系统的发展，需要更精细的炸药晶态控制方法、更精密的炸药晶态表征技术来指导实践或教学，要求有一部关于炸药晶态控制与表征的学术著作；从满足我国兵器与火炸药行业发展需求、实现炸药晶态的分级使用上讲，需要有一部关于炸药晶态控制与表征的学术著作来填补这个空白。

本书是笔者在近20年研究和广泛调研国内外文献资料的基础上归纳、提炼而成的，系统地反映了炸药晶体领域新取得的理论、方法、材料上的研究成果和实践经验。在这些知识传递和传播上力求严谨有序、逻辑清晰，为知识台阶再垫一小块坚实基础；在内容设计与体量裁剪上力求深浅适度、宽窄兼顾，只求为本领域从业者提供一本终身受用的参考书。

本书共分6章。第1章简述炸药晶态的内涵、研究现状和发展趋势；第2章从分子动力学出发介绍炸药晶态的形成和演化机理；第3章基于结晶热力学和结晶动力学两大基本原理介绍炸药晶态的控制方法；第4章介绍炸药晶态的表征技术和测量方法；第5章介绍炸药晶态对感度（主要是机械感度和冲击波感度）的影响；第6章介绍炸药单晶的生长、加工、表征及其起爆特性。全书由黄明统稿，杨海君整理。

感谢中国工程物理研究院黄辉研究员、聂福德研究员对本书的帮助，正因他们当年提供的研究平台，有关炸药晶态研究才得以取得这样一些成绩；感谢庞思平教授为本书作序；感谢康彬、索志荣、陆超、李洪珍、周小清、李金山、李明、李敬明、孙杰、蒋道建、张伟斌、陈朗、段卓平、裴重华、李尚斌、李鸿波、白亮飞等对编著本书提出的建议；感谢中北大学刘玉存教授、北京理工大学陈甫雪教授对本书认真细致的审查；感谢中国工程物理研究院科技丛书编写基金的资助；感谢中国工程物理研究院化工材料研究所郭亚、王军、胡入丹、祝青、徐容、黄川、刘慧慧、王述存、张才鑫提供的帮助；感谢研究生高峰、曹栩菡、李文鹏、姚笑璐、夏家锦的研究工作；感谢国家自然科学基金（22075260，22075230，22005281）和中国工程物理研究院重点基金（2004Z0503）等项目的支持。同时，借出版之机，谨向鼓励、关心和支持本书出版的学界同仁及出版社老师表示衷心感谢。

在撰写本书的过程中，参考了大量相关文献、资料，在此谨对其作者表示感谢。

"回首向来登临处，不见曲折还见山。"学海无涯，有鉴于笔者对本书要求之高与自身所知之少，两者间呈现很大反差。就笔者而言，书中所述只是竭力做到严谨、无误，于他人有所裨益。读者如发现问题，恳请批评指正，我们将感激不尽。

作　者

2020 **年** 7 **月**

本书使用的符号与缩写

A	透光率,面积
σ_a	晶粒压缩振荡幅值
α	过饱和浓度与饱和浓度之比,$\alpha=c_1/c_0$
c	浓度,溶解度
c_0	饱和浓度,平衡浓度,平衡溶解度
c_1	过饱和浓度,超溶解度
D	爆速,分维数
D_t	粒子扩散系数
E_f	飞片起爆能量阈值
E_{att}	晶片附着能
E_{latt}	晶体晶格能
E_{slice}	晶片能
E_{comb}	晶片结合能
E_{bind}	分子间作用能
G	晶体生长速率
H_{50}	特性落高
I	透光强度,散射强度
J	成核速率
k_N	成核过程常数
$\overline{L}$	晶体质量平均粒度
$\boldsymbol{q}$	散射矢量
r^*	晶核临界半径
θ	衍射角

ρ	密度
v_f	飞片速率
S	过饱和浓度比，$S=(c_1-c_0)/c_0$
S_p	粒度跨度
t	时间
t_{ind}	成核诱导期
T	热力学温度
U_{vdw}	体系内分子或原子间的非键范德华力
U_{int}	体系内分子或原子间的势能
$U(r)$	双原子分子的振动势能
V_m	摩尔体积
W	功，能耗
ω	角速率，弧度
η	折射率，折光指数，流体黏滞系数
λ	波长，热传导系数
ϕ_s	颗粒球形因子
ε	单轴压缩率
Δc	介稳区宽度，绝对过饱和浓度，$\Delta c=c_1-c_0$
ΔG	吉布斯自由能变化
Δt	时间间隔
$\Delta\rho$	密度差
ΔH	热效应，焓变
EV	晶体颗粒间孔隙率
IV	晶体内部孔隙率
MD	晶体平均密度
PD	松装堆积密度
CAD	晶体表观密度
CSD	粒度分布
CADD	晶体表观密度分布

$D(10)$	体积分数累积到10%的颗粒度
ΔC_{max}	最大过饱和浓度
ΔT_{max}	最大过冷度
AC	丙酮
Bt	γ-丁内酯,1,4-丁内酯
AE	附着能
CT	计算机层析成像技术
PC	聚碳酸酯
NC	硝化棉
NG	硝化甘油
NQ	硝基胍
NM	硝基甲烷
PA	聚丙烯酸酯
TG	热失重法
BET	氮气吸附法
BLM	双层模型
DLT	密度梯度法
DTA	差热分析
DMF	N,N-二甲基甲酰胺
DSC	差示扫描量热法
FSM	嵌固模型
KDP	磷酸二氢钾
HMX	奥克托今
ISM	初始割线模量
MFF	分子力场
MSD	均方位移
NMP	氮甲基吡咯烷酮
PAD	晶体表观密度
PBC	周期键链

PBX	塑料黏结炸药
MSD	粒子均方位移
OMS	折光指数匹配光学显微分析
RDX	黑索今
SEM	扫描电子显微镜
SCM	表面对接模型
TMD	理论装药密度
TNT	2,4,6-三硝基甲苯
VST	真空安定性试验方法
XRD	X 射线衍射
BFDH	几何结构预测晶态模型
TATB	三氨基三硝基苯
SASX	X 射线小角散射
SANS	中子小角散射
D-RDX	高品质降感 RDX
n-RDX	普通 RDX
I-RDX	不敏感 RDX
D-L-RDX	高品质降感大颗粒 RDX
n-F-RDX	普通细颗粒 RDX
D-HMX	高品质降感 HMX
n-HMX	普通 HMX
D-L-HMX	高品质降感大颗粒 HMX
n-F-HMX	普通细颗粒 HMX
D-CL-20	高品质降感 CL-20
n-CL-20	普通 CL-20
CCPBX	浇铸固化塑料黏结炸药
Q-HMX	球形化 HMX
Q-RDX	球形化 RDX
Q-n-RDX	球形化普通 RDX

LLM105	2,6-二氨基-3,5-二硝基吡嗪-1-氧化物
HRXRD	高分辨X射线衍射技术
RS-RDX	降低感度的RDX
Grade A RDX	降低感度的A级RDX
Type Ⅰ RDX	Ⅰ类RDX
Tetryl	2,4,6-三硝基苯甲硝胺

目　　录

第1章　绪　　论

炸药晶态是指炸药晶体颗粒结晶状态，包括晶体颗粒外部晶态和内部晶态。控制炸药晶体的粒度、粒度分布、形状、表面晶态、晶间包藏物和晶格缺陷，提高炸药晶体颗粒球形度和晶面光滑程度，减少炸药晶体内部孔隙率，可以使炸药晶体的表观感度最大限度接近其真实感度，提高单质炸药的本质安全程度，减少单质炸药制造应用过程的安全事故。对以粉末状晶体为存在形式的单质炸药来说，单个晶粒的内部质量主要反映了晶粒内部的孔隙数量、大小和孔隙内的包藏物种类与含量。本章主要介绍炸药晶态概况、研究现状和发展趋势。

1.1　炸药晶态概述

1.1.1　炸药晶体外部晶态

1.1.1.1　炸药晶体粒度和粒度分布

炸药晶体通常需要与其他材料配伍形成混合炸药使用，炸药晶体粒度和粒度分布对混合炸药设计和性能调控具有重要作用。通过晶态控制获得应用所需的晶体粒度和粒度分布，可以调节混合炸药的组分结构、加工性能、力学性能和安全性能。因此，炸药晶体粒度和粒度分布，是炸药晶体外部晶态的内涵之一。

1.1.1.2　炸药晶体形状

炸药晶体形状对混合炸药的组分结构、装药工艺、加工性能以及安全性能均有重要影响。炸药晶体形状通常较复杂，既有针状、片状、柱状，也有宝石状、球状等。实践证明，球状晶体对提高装药固含量（固体物质的质量占总质量的百分数）、改善装药工艺、降低炸药易损性，并提高弹药安全性具有重要作用。因此，炸药晶体形状，是炸药晶体外部晶态的内涵之二。

1.1.1.3　炸药晶体表面晶态

炸药晶体表面晶态对炸药组分界面和炸药安全性设计具有重要作用。炸药晶体表面晶态通常也很复杂，既有较为光滑的晶面，也有较为尖锐的棱角。在粗糙的晶粒表面上，既有半闭合的孔洞，还有各种裂纹及附着的杂质。实践证明，表面更光滑的炸药晶体用于浇铸配方时装药的相对密度更高。因此，炸药晶体表面晶态，是炸药晶体外部晶态的内涵之三。

1.1.2 炸药晶体内部晶态

1.1.2.1 晶间包藏物

晶间包藏物是指炸药晶体内部孔隙中包藏的杂质，其来源取决于获得晶体所使用的工艺。在炸药结晶过程中形成的晶间包藏物主要包括溶剂、非溶剂（空气或添加剂）以及少量其他杂质等。晶间包藏物不仅是形成炸药热点的原因之一，而且会使炸药产品的各种性能产生不规律的变化。因此，减少炸药晶间包藏物，是炸药晶态控制的基本任务之一，是炸药晶体内部晶态的内涵之一。

1.1.2.2 晶格缺陷

晶格缺陷是指因晶体生长不完整导致晶体内部空间点阵产生的不连续，即晶体内部的点、线、面、体缺陷，如晶格点阵空位形成的点缺陷，晶体生长位错形成的线缺陷，晶体异向生长形成的挛晶或晶体聚集形成的面缺陷，以及晶体内部空间结构部分缺失造成的体缺陷[如位错（见图1-1）]。

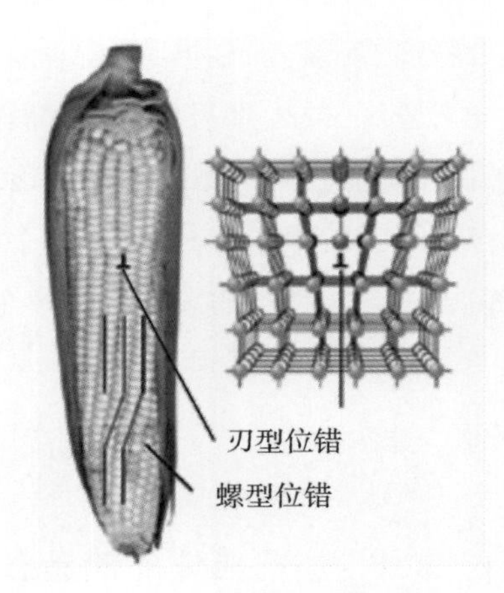

图1-1 晶格位错示意图

严格来讲，炸药晶体内部孔隙是指因晶体生长不完整产生的孔隙。本书所指的炸药晶体内部孔隙是指晶体理论密度与以密度梯度法获得的晶体表观密度的差值，内部孔隙率是指该差值与晶体理论密度之比。

炸药晶体内部晶态是影响炸药感度的关键因素。晶体内部的孔隙率与热点中心的数量成正比，孔隙率增加会提高炸药燃烧传播的可能性，并可能导致炸药由燃烧转爆轰，降低炸药的安全性。因此，晶格缺陷，是炸药晶体内部晶态的内涵之二。

1.2 炸药晶态研究现状

自20世纪80年代开始，美国、法国、荷兰等国大量报道了炸药晶体尺寸、表面形貌以及晶体缺陷对炸药感度的影响。Borne和Bouma的研究表明，RDX晶体内部缺陷是引起爆炸的热点源，并且随着缺陷数量和尺寸的增大，其冲击波感度相应增大。挪威Dyno Nobel公司证实了炸药晶体密度与其冲击波感度密切相关，他们发现密度更高或密度分布更窄的RDX的冲击波感度更低。Scholtes等人发现：高密度RDX用于浇铸型塑料黏结炸药（PBX），炸药的黏度更低，浇铸性能更好；同时，高密度RDX用于压装型PBX的冲击波感度更低。德国弗兰荷夫火炸药研究所和荷兰国家应用科学研究院的合作研究表明，HMX的平均晶体密度对其PBX的冲击波感度同样影响显著，通过改善HMX的晶体品质，其初始激发压力可提高50%。波兰Simpson等人研究了球形化HMX（Q-HMX）用于浇铸型PBX的流变性能和冲击波感度，发现Q-HMX可使装药密度显著增加，浇铸流动性增加一倍，且冲击波感度得到明显降低。花成等人通过改善 RDX 的颗粒形态，使其加工过程中的延伸率和抗拉强度提高了 20%～40%，撞击感度降低了 50%。刘玉存等人也证实了 HMX 的撞击感度随颗粒度的增大而增大。

1.2.1　炸药晶体外部晶态对冲击波感度的影响

1.2.1.1　不同粒度和形状普通 RDX 的低压冲击波感度

1990 年，荷兰国家应用科学研究院与挪威迪诺·诺贝公司合作研究了 RDX 颗粒形状及尺寸对 PBX 冲击波感度的影响。试验选取了 4 种普通 RDX(n－RDX)，分别为不规则粗颗粒 R－1a、表面粗糙球形粗颗粒 R－1b、不规则细颗粒 R－1c 和表面粗糙球形细颗粒 R－1d，用 85%固含量与端羟基聚丁二烯、异佛尔酮二异氰酸酯浇铸得到 PBX 药柱，用小隔板试验测试冲击波感度。4 种普通 RDX 及其冲击波感度如图 1－2 所示。

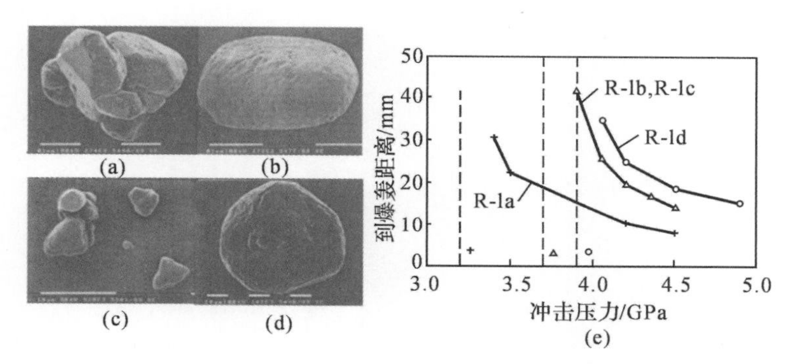

图 1－2　四种普通 RDX 的颗粒形态及其冲击波感度

(a)R－1a；(b)R－1b；(c)R－1c；(d)R－1d；(e)R－1a，R－1b，R－1c 和 R－1d 的冲击压力与到爆轰距离的关系

晶体颗粒的粒度跨度用下式计算：

$$S_p = \frac{D(90) - D(10)}{2D(50)} \tag{1-1}$$

式中：　S_p——粒度跨度，无量纲；

$D(10)$，$D(50)$，$D(90)$——体积分数分别累积到 10%，50%，90%的粒度，μm。

4 种普通 RDX 的粒度和粒度跨度见表 1－1。

表 1－1　4 种普通 RDX 的粒度及粒度跨度

名称	$D(50)$ /μm	$D(10)$ /μm	$D(90)$ /μm	S_p
R－1a	285	185	430	0.43
R－1b	370	235	530	0.40
R－1c	17	5	50	1.32
R－1d	52	28	80	0.50

从图 1－2(e)可以发现，RDX 的粒度和形状对冲击波感度影响是不同的，其中两个有趣的现象是：①颗粒越细、形状越接近球形，其到爆轰距离越大，这说明球形细颗粒的起爆阈值更

高，冲击波感度更低，如图中的不规则粗颗粒 R-1a 和表面粗糙球形细颗粒 R-1d；②粗颗粒 RDX 经过球形化后，其到爆轰距离增大，冲击波感度降低，且降低后的起爆阈值与不规则细颗粒 RDX 的相当，如图中表面粗糙球形粗颗粒 R-1b 和不规则细颗粒 R-1c，它们的冲击压力与到爆轰距离的关系表现出相同趋势。

1.2.1.2 不同粒度和形状普通 RDX 的高低压冲击波感度

20 世纪八九十年代国外主要研究了普通 RDX 的粒度、形状与冲击波感度的关系。1992 年，法国-德国圣易斯研究所研究了 RDX 结晶形态对 PBX 冲击波感度的影响。试验选取了 3 种结晶形态的 RDX，如图 1-3 所示，其中：图 1-3(a)为细颗粒 R-2a，平均粒径为 6 μm，用丙酮重结晶得到；图 1-3(b)为粗颗粒 R-2b，平均粒径为 134 μm，用特粗颗粒 RDX 经研磨筛分得到；图 1-3(c)为特粗颗粒 R-2c，平均粒径为 428 μm，用环己酮重结晶并筛分出细颗粒后得到。重结晶 RDX 的颗粒形状呈类球形，研磨 RDX 的部分颗粒因破碎出现棱角。三种 RDX (固含量为 70%)与聚酰亚胺浇铸得到 PBX 药柱，用飞片试验考察其高、低压冲击波感度。三种结晶形态 RDX 及其高、低压冲击波感度如图 1-3(d)所示。

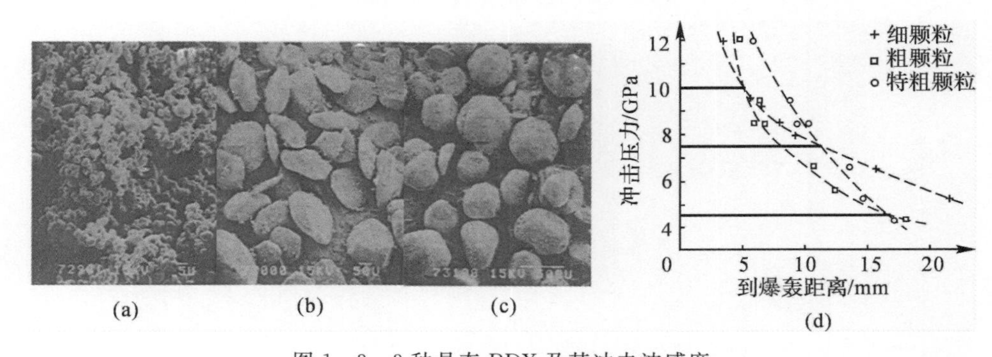

图 1-3 3 种晶态 RDX 及其冲击波感度

(a)R-2a；(b)R-2b；(c)R-2c；(d)R-2a，R-2b 和 R-2c 的冲击压力与到爆轰距离的关系

试验表明，冲击起爆压力以 7.5 GPa 为分界点：大于 7.5 GPa 且到爆轰距离相同时，细颗粒 RDX 的冲击起爆压力低，特粗颗粒 RDX 的冲击起爆压力高；小于 7.5 GPa 且到爆轰距离相同时，细颗粒 RDX 的冲击起爆压力高，特粗颗粒 RDX 的冲击起爆压力低。结果表明，粗、细颗粒 RDX 的冲击波感度在高、低冲击压力下存在倒置现象，分界阈值大约在 7.5 GPa。隔板试验的冲击波属于低压长脉冲，压力一般小于 5 GPa。因此，细颗粒 RDX 的冲击波感度比粗颗粒的更低。

1.2.1.3 炸药晶体表面晶态对飞片冲击感度的影响

1998 年，法国-德国圣易斯研究所选用了 6 批内部结晶品质较高、表面晶态不同的重结晶 RDX 进行冲击起爆研究，6 批样品分别为 R-3a～R-3f，其中 R-3a，R-3b，R-3c 和 R-3f 的照片如图 1-4 所示，其中 R-3a 和 R-3b 为扫描电镜(Scanning Electron Microscope, SEM)照片，R-3c 和 R-3f 为折光指数匹配的光学显微分析(Optical Microscopic Analysis, OMS)照片。6 批样品均采用相同的模型配方进行浇铸(70%RDX/30%石蜡)。其粒度分布、晶体内部孔隙率(IV)、PBX 药柱的晶粒间孔隙率(EV)以及用飞片冲击试验获得的起爆能量阈值见表1-2。

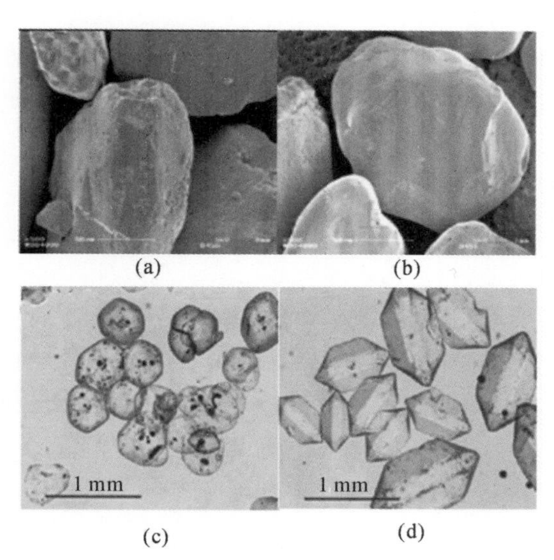

图1-4 4种重结晶RDX的照片

(a)R-3a;(b)R-3b;(c)R-3c;(d)R-3f

表1-2 6批重结晶RDX的晶态及其起爆阈值

名称	粒度分布 μm	晶体内部孔隙率 %	晶粒间孔隙率 %	飞片起爆速率阈值 $m \cdot s^{-1}$	飞片起爆能量阈值 kJ
R-3a	100/200	0.14	2.29	1 044	27
R-3b	100/200	0.14	1.11	1 124	32
R-3c	315/800	0.10	0.23	1 180	35
R-3d	100/315	0.06	1.63	1 177	35
R-3e	315/630	0.06	0.8	1 187	35
R-3f	100/630	0.06	1.22	1 176	35

IV采用下式计算:

$$\mathrm{IV}=\left(1-\frac{\rho_1}{\rho_2}\right)\times 100\% \tag{1-2}$$

EV采用下式计算:

$$\mathrm{EV}=\left(1-\frac{\rho_1^*}{\rho_2^*}\right)\times 100\% \tag{1-3}$$

式中:ρ_1—— 晶体表观密度,g/cm^3;

ρ_2—— 晶体理论密度,g/cm^3;

ρ_1^*—— 药柱表观密度,g/cm^3;

ρ_2^* —— 药柱理论密度,g/cm³。

R-3a 是采用丙酮重结晶获得的,R-3b 是对 R-3a 表面光滑处理后获得的,R-3c 是采用环己酮重结晶获得的,R-3d～R-3f 是采用了丁内酯(γ-BT)重结晶然后筛分出的三种不同粒度分布的样品。从表 1-2 可以看出,由于 6 批样品的粒度及其粒度分布、表面光滑程度不同,所以颗粒间孔隙率差异较大。

首先,晶体颗粒表面越光滑,晶粒间孔隙率越小。表 1-2 中,R-3a 和 R-3b 都具有相对较窄的颗粒尺寸分布(100 μm/200 μm)和相同的平均颗粒尺寸,由于 R-3b 是仅对 R-3a 进行了球形化和表面处理的样品,所以两者的内部孔隙率也相同。但处理后的 R-3b 球形度更好,表面更光滑,表面孔隙少,晶粒间孔隙率大幅度降低,不到 R-3a 的 1/2。

其次,晶体形状对晶粒间孔隙率的影响显著。R-3c 与 R-3b 相比,二者表面晶态类似,晶体内部孔隙率也大致接近,但 R-3c 的颗粒度大于 R-3b 的颗粒度,粒度分布也更宽,使得 R-3c 的晶粒间孔隙率小于 R-3b 的晶粒间孔隙率;而 R-3d～R-3f 的内部孔隙率相同,但由于采用丁内酯为溶剂所得的 RDX 晶体呈多棱角的梭子状,外形很不规整,所以它们的晶粒间孔隙率均较高。

从表 1-2 可看到一个有趣现象——晶体内部孔隙率对冲击波感度的影响大于晶粒间孔隙率。R-3c～R-3f 的内部孔隙率接近,它们的晶粒间孔隙率差别却很大,如果说孔隙是影响感度的重要因素,则它们的冲击波感度应该有明显差别,但实际情况是它们的飞片起爆速率阈值和能量阈值均为 35 kJ,这表明 RDX 的内部孔隙对起爆阈值的影响起主要作用,而表面孔隙和晶粒间孔隙起次要作用,这也是 R-3a 和 R-3b 的起爆阈值明显较低的原因。

进一步分析可以发现,表面孔隙(晶面光滑程度)对感度的影响程度大于晶粒间孔隙。表 1-2 中,R-3b 的起爆能量阈值较 R-3a 高 5 kJ,这表明 R-3b 经过球形化和表面光滑处理后,虽然与 R-3a 的颗粒形状、粒度、粒度分布均相同,但更光滑的晶面使得 R-3b 的晶粒间孔隙率降低 50%以上,这导致 R-3b 的冲击波感度大幅度降低。R-3d～R-3f 是由同批次样品筛分所得的,它们的内部孔隙率和飞片起爆能量均相同,但因其外形、粒度不同造成晶粒间孔隙率的差异,却不能对其冲击波起爆阈值产生测试上的区分。这两种现象均说明表面孔隙(晶面光滑程度)对感度的影响大于晶粒间孔隙,即 R-3b 相比 R-3a 的冲击波感度降低,是R-3b 的表面孔隙率更低所致。

需要指出的是,上述结论都是建立在 R-3a～R-3f 的炸药配方具有较高相对密度的基础上,如 R-3a 的晶粒间孔隙率是 6 批样品中最大的,为 2.29%,即便是这样,药柱的相对密度也达到了 97.71%,相对密度较高。因此,当药柱相对密度较高时,可以认为颗粒间孔隙率对其冲击波感度影响较小。基于此,Conley 等人认为,在 PBX 中:假定颗粒间不存在孔隙,则晶体内部孔隙的影响起关键作用;假定移走晶体外部的其他组分,只保留颗粒间孔隙,则颗粒间孔隙和内部孔隙的作用类似。冲击波引起的爆轰传播是热点引起的原位加热和热传导引起的热耗散两种过程的竞争结果。如果颗粒间孔隙的热点温度低,且低于内部孔隙热点的温度,则颗粒间孔隙热点的热量可以通过热耗散降低损失,进而降低 PBX 的冲击波感度。该模型基于 PBX 药柱的内部孔隙和颗粒间孔隙进行了理论解释,表明颗粒内/间的孔隙越多,引发热点产生的概率也越高。对于颗粒间孔隙而言,热点的热量可以通过颗粒间的惰性材料进一步耗散,这使得其对冲击波感度的影响程度低于内部孔隙。

1.2.2　炸药晶体内部晶态对性能的影响

1.2.2.1　RDX 内部晶态对冲击波感度的影响

Borne 等人比较了两种晶态的 RDX 及其冲击波感度。通过筛分得到粒度分布均为 315～800 μm 的两批样品(R－4a 和 R－4b),采用 OMS 表征内部晶态,采用压汞法表征晶体内部孔隙率,结果如图 1－5 所示。

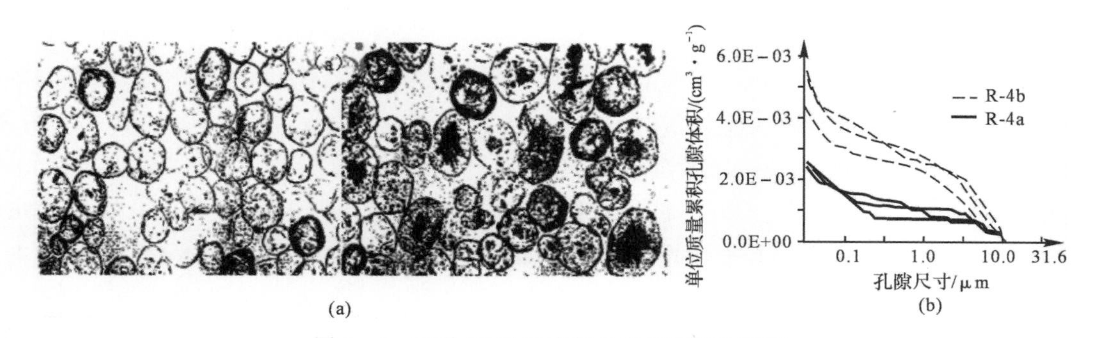

图 1－5　两种 RDX 的内部晶态和内部孔隙率

(a)R－4a 和 R－4b 的内部晶态(左—R－4a,右—R－4b);(b)R－4a 和 R－4b 的内部孔隙率

从图 1－5 可以看出,虽然 R－4a 和 R－4b 的颗粒分布相同,但它们的 OMS 照片有明显差异,R－4a 的晶体透明度更高,R－4b 的晶体内部则有较多缺陷和包藏物,图 1－5(b)也表明 R－4b 的内部孔隙尺寸更大,孔隙率更高。这都说明了 R－4a 的内部结晶质量较 R－4b 更佳。

采用模型配方(70%RDX/30%石蜡),分别考核 R－4a 和 R－4b 的冲击波感度。冲击波的加载压力分别采用 4.7 GPa,5.7 GPa,6.7 GPa 和 8.2 GPa。试验表明,在 4.7 GPa 或 5.7 GPa 的低压冲击条件下,R－4b 配方的到爆轰时间更长。这表明:随着 RDX 内部和表面的缺陷增多,到爆轰时间更长,冲击波感度更高;当冲击波压力升高到 6.7 GPa 时,R－4a 和 R－4b 配方的到爆轰时间几乎相等,这表明缺陷对 RDX 冲击波感度的影响降低;当冲击波压力升高到 8.2 GPa 时,R－4a 配方的到爆轰时间更长,这与低压条件下 RDX 内部和表面的缺陷对冲击波感度的影响正好相反,表明高压条件下缺陷反而起到了降感的效果。RDX 内部晶态的差异对其在高、低压条件下冲击波感度的影响出现倒置的现象,与 RDX 颗粒度的差异对其在高、低压条件下冲击波感度的影响也会出现倒置的现象类似。该研究表明,RDX 的内部晶态及表面晶态均对其冲击波感度产生影响,但二者的影响程度尚不明确。

1998 年,Borne 等人又研究了 4 批具有不同内部晶态的重结晶 RDX 的起爆阈值,4 批 RDX 分别为 R－5a～R－5d,它们的粒度分布均为 100～315 μm,采用相同模型配方浇铸成型(70%RDX/30%石蜡),用飞片试验考察浇铸型 PBX 药柱的起爆阈值。4 批样品的内部孔隙率、PBX 药柱的晶粒间孔隙率和起爆阈值见表 1－3。

表 1-3 四批重结晶 RDX 的晶态及其起爆阈值

名称	晶体内部孔隙率 %	晶粒间孔隙率 %	飞片起爆速率阈值 $m \cdot s^{-1}$	飞片起爆能量阈值 kJ
R-5a	0.20	0.38	1 096	30
R-5b	0.44	0.80	919	21
R-5c	0.12	1.95	1 067	28
R-5d	0.24	0.36	1 067	28

从表 1-3 可以看出，4 批样品中 R-5a，R-5c，R-5d 的晶体内部孔隙率接近，它们的飞片起爆速率阈值和能量阈值大致相等，而 R-5b 的内部孔隙率最大，其飞片起爆速率阈值和能量阈值最小。其中，R-5c 的晶粒间孔隙率最大，达到了 1.95%；R-5d 的晶粒间孔隙率最小，为 0.36%，但 R-5c 与 R-5d 的起爆速率阈值和能量阈值相等，这也表明 RDX 的晶体内部孔隙对其起爆阈值的影响是主要的，而晶粒间孔隙对其起爆阈值的影响是次要的。

2003 年，Dyno Nobel ASA 实验室在 Improved RDX 研究的基础上提出了降低感度的 RDX(RS-RDX)的概念。表征 RS-RDX 的表面晶态主要使用了 SEM 法，表征 RS-RDX 的内部晶态主要使用了 OMS 方法和浮沉法，如图 1-6 所示。

(a) (b)

图 1-6 OMS 方法和浮沉法表征 RDX 的内部晶态

(a)OMS 方法表征 RS-RDX 的内部晶态；(b)浮沉法表征 RDX 的表观密度

Dyno Nobel ASA 所用的 OMS 方法采用了液体折光指数与炸药晶体折光指数相匹配的技术，是一种用晶体内部质量光学照片的定性表征方法；浮沉法则采用了液体密度与炸药晶体密度相匹配的技术，是一种半定量表征方法，当炸药晶体密度高于液体密度时即沉入液体底部。从图 1-6 可知，RS-RDX 的表观密度大于 1.795 g/cm^3，接近 1.800 g/cm^3，而 Type Ⅰ RDX 的表观密度小于 1.800 g/cm^3，大部分晶体小于 1.795 g/cm^3。

1.2.2.2 国外几种晶态 RDX 及其冲击波感度

Dyno Nobel ASA 实验室还对几种晶态的 RDX 分别进行了低比压成型、浇铸固化成型及其冲击波感度研究。低比压成型采用的配方为 90%RDX 和 10%丙烯酸，当压制比压为 100 MPa 时，相对密度即可达到 99%，而当压制比压接近 200 MPa 时，相对密度可接近 100%，表明在较低的压制比压条件下，药柱相对密度即可接近理论密度。这种低比压对于防止 RS-RDX 晶体破碎，避免产生新的热点起着重要的作用。图 1-7 所示为采用该配方获得的 RS-RDX，I-RDX，Type Ⅰ RDX，Type Ⅱ RDX(Standard RDX)的冲击波感度。其中，RS-RDX 为挪威生产的降感 RDX，I-RDX 为法国生产的 Insensitive RDX 的简称，Type Ⅰ RDX 和 Type Ⅱ RDX 为英国生产的两种普通 RDX，Type Ⅰ RDX 的晶体质量好于 Type Ⅱ RDX。

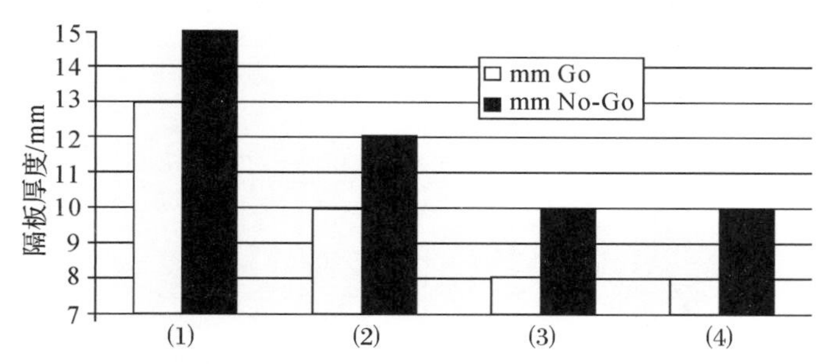

图 1-7　采用丙烯酸黏结剂和低比压成型的不同晶态 RDX 的冲击波感度对比

(1)Type Ⅱ RDX；(2)Type Ⅰ RDX；(3)RS-RDX；(4)I-RDX

RDX 用于浇铸固化的一个最常用配方是 PBXN109。为此，Dyno Nobel ASA 实验室对比研究了 PBXN109 配方中 RS-RDX 和 Type Ⅱ RDX 的冲击波感度，以及 I-RDX 和 Type Ⅰ RDX 的冲击波感度。其中，CXM-7 为 PBXN109 配方中的标准炸药组分，该组分是用 5%的增塑剂己二酸二辛酯(DOA)混合 HMX 晶体颗粒后的预混物，实验结果见表 1-4。

表 1-4　PBXN109 配方中不同晶态 RDX 的冲击波感度

测试项目	TypeⅡ RDX	TypeⅠRDX	RS-RDX	RS-RDX(CXM-7)	I-RDX
隔板数[①]/个	150	170	98	95	110
隔板厚度 /mm	39～40	44	25	24	28
起爆压力阈值 /kbar[②]	27	22	58	62	50

注：①隔板为聚酯薄膜，单层厚度为 0.25 mm；

②1 bar≈0.1 MPa。

从表 1-4 可以看出，PBXN109 配方中 RS-RDX 的冲击波感度与 I-RDX 的相当，这两类炸药与 Type Ⅰ RDX 相比，其隔板厚度降低 16 mm，起爆压力增加约一倍。让人感兴趣的是，用 CXM-7 代替 RS-RDX 晶体颗粒直接加入配方中，隔板厚度降低约 1 mm，这可能是因为 RS-RDX 晶体颗粒经过己二酸二辛酯预处理后，可以使晶体颗粒得到更好的润湿和包覆。图 1-8 所示为 RS-RDX 与其他几种降感 RDX、普通 RDX 在 PBXN109 配方中的冲击起爆压力。

Grade A RDX 是澳大利亚国防科学与技术组织于 2004 年研制成功的一种降感 RDX，目前由 Mulwala 和 Albion 两家工厂生产。从公开文献看，表征 Grade A RDX 的颗粒品质有粒度、粒度跨度和 SEM，其中，Mulwala 生产的 Grade A RDX 的中心粒径为 224 μm，粒度跨度为 1.1，Albion 生产的 Grade A RDX 的 $D(50)$ 为 268 μm，粒度跨度为 1.4，如图 1－9 所示。

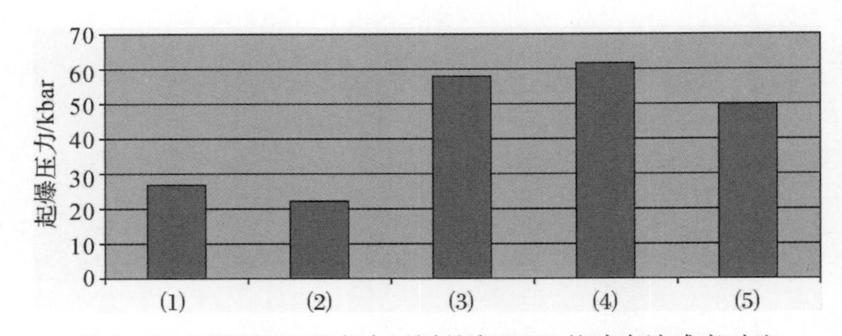

图 1－8　PBXN109 配方中不同晶态 RDX 的冲击波感度对比

(1)Type Ⅱ RDX；(2)Type Ⅰ RDX；(3)RS－RDX；(4)RS－RDX (CXM－7)；(5)I－RDX

(a)　　(b)

图 1－9　澳大利亚生产的 Grade A RDX

(a)Mulwala 生产的 Grade A RDX；(b)Albion 生产的 Grade A RDX

从图 1－9 可以看出，两种 Grade A RDX 的颗粒外形不同，Grade A RDX－Mulwala 的外形呈块状，但没有尖锐棱角，Grade A RDX－Albion 的外形呈球状。采用卡片试验研究了这两种样品及其他几种晶态 RDX 的冲击波感度，采用配方 ARX2020(80％RDX/20％黏结剂)时，几种晶态 RDX 的冲击波感度见表 1－5。从表中可以看出，Grade A RDX 的冲击波感度与 I－RDX 相当，卡片隔板数均降低了约 50 个。

表 1－5　澳大利亚试验几种晶态 RDX 的冲击波感度对比

<table>
<tr><th colspan="2">RDX 种类</th><th>隔板数</th><th colspan="2">RDX 种类</th><th>隔板数</th></tr>
<tr><td rowspan="3">I－RDX</td><td>Type Ⅱ RDX</td><td>168</td><td rowspan="3">Grade A RDX</td><td>SNPE I－RDX</td><td>123</td></tr>
<tr><td>Grade B RDX</td><td>171</td><td>Grade A RDX, Albion</td><td>119</td></tr>
<tr><td>Grade B RDX</td><td>171</td><td>Grade A RDX, Mulwala</td><td>117</td></tr>
</table>

1992 年，荷兰国家应用科学院实验室的 Steen V. D. 等人讨论了 RDX 晶体内部缺陷的生成机制，分析测试手段采用 OMS 方法，如图 1－10 所示。

假定晶粒内部孔隙包覆的是空气，晶体的折光率会发生较大变化，而透光度的变化则较小；如果晶粒内部孔隙包覆的是溶剂，则会导致晶体的透明度发生变化，变得更透明或更不透明。从图1-10(a)可以看出，RDX内部存在较明亮的和灰暗的斑点，因此推测认为晶粒内部包覆的是溶剂。

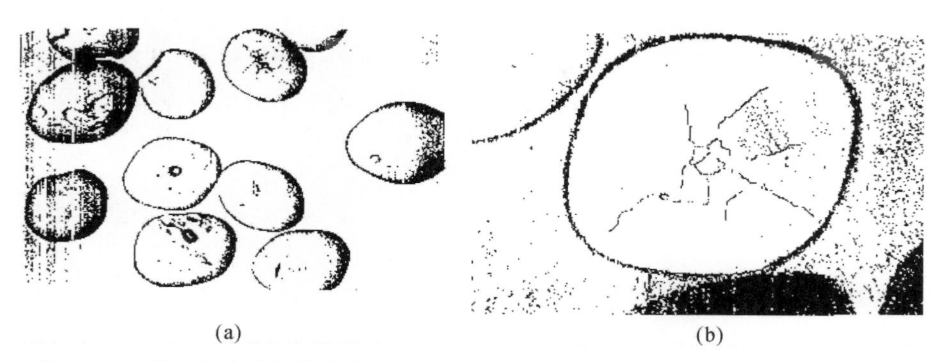

(a) (b)

图1-10 荷兰国家应用科学院采用OMS方法讨论RDX晶体内部缺陷的生成机制

(a)RDX的内部孔隙；(b)RDX结晶长大趋势

从图1-10(b)看出，RDX晶体内部存在不同的结晶区域。Steen等人认为，这是由晶体长大速率不一致造成的，其结晶趋势类似于树木生长的“年轮”，晶体颗粒的中心区域被认为是结晶初始阶段形成的晶种。该图表明了晶体的长大趋势。

1.3 炸药晶态发展趋势

晶态控制是一个复杂而又重要的过程，它发生在日常生活中的方方面面，如水的结冰、海盐的晒制等。在工业和医药上，掌握适宜的结晶工艺，获得所需的结晶产品十分重要，药物的纯化、化学品的制造等，都需要通过控制产品晶态来实现。

炸药晶态对炸药的热安定性、力学性能有重大影响。对于不同晶态的炸药，由于晶体形貌、粒度及其分布、晶体品质等各方面的差异，其能量输出会有很大不同。大量事实表明，虽然影响炸药感度的因素很多，但炸药的晶体缺陷、晶间包藏物、杂质种类、装药特性等都对炸药的感度有重要影响。关于炸药晶态对炸药感度影响的定性、定量研究，以及如何提升炸药安全性、安定性的研究，始终是含能材料工作者的研究热点。这些工作的核心都在于如何精确控制炸药晶态，如何准确表征炸药晶态。

炸药晶态控制技术是通过控制温度、压力等热力学条件和必要的传热、传质等动力学条件，基于相变原理进行晶体材料制备的技术。在不同的结晶环境下，采用不同结晶方法和结晶工艺获得的炸药晶态有很大差别。传统的炸药晶态控制技术都是基于经验性的实验方法，通过大量实验来调节和优化结晶操作条件，完善结晶工艺，但却往往难以获得结晶动力学与晶体缺陷的量化关系。掌握炸药晶态控制中的成核动力学与生长动力学规律，以及成核动力学对生长动力学的预控制机制，对于按需定制炸药晶态至为关键。

本书将系统总结中国工程物理研究院近年来在炸药晶态控制与表征方面的成果，以炸药晶态的设计、制备、表征、性能为研究对象，主要内容包括炸药晶体的内涵特征、晶态的设计与控制方法、独特的表征方法以及在多种炸药中应用时表现出来的优异性能等，旨在完善和丰富炸药结晶学。

参考文献

[1] 黄明，李洪珍，徐容，等. 降感黑索今研究[J]. 含能材料，2006，14(6)：492－492.

[2] DOHERTY R M，WATT D S. Reduced sensitivity RDX[C]. San Francisco：[s. n.]，2004.

[3] DOHERTY R M，NOCK L A，WATT D S. Reduced sensitivity RDX round robin programme－update[C]. Karlsruhe：[s. n.]，2006.

[4] 刘玉存，王建华，安崇伟，等. RDX 粒度对机械感度的影响[J]. 火炸药学报，2004，27(2)：7－9.

[5] 张小宁，徐更光，徐军培，等. 超细 HMX 和 RDX 的撞击感度研究[J]. 火炸药学报，1999，22(1)：33－36.

[6] 刘桂涛，屈虹霞. 超细 RDX 爆轰感度与撞击感度、摩擦感度的研究[J]. 南京理工大学学报，2002，26(4)：410－413.

[7] MOULARD H. Particular aspects of the explosive particle size effect on shock sensitivity of cast PBX formulations[C]. Portland：[s. n.]，1989.

[8] STEEN V D. Influence of RDX crystal shape on the sensitivity of PBX[C]. Portland：[s. n.]，1989.

[9] BOUMA R H，HEIJDEN V D. Evaluation of crystal defects by the shock sensitivity of energetic crystals suspended in a density－matched liquid[C]. Karlsruhe：[s. n.]，2001.

[10] 马娟丽. 国外降感 RDX 的研究概况[J]. 火炸药动态，2009(2)：4－6.

[11] 李洪珍，康彬，李金山，等. RDX 晶体特性对冲击感度的影响规律[J]. 含能材料，2010，18(5)：487－491.

[12] 李洪珍，康彬，李金山，等. RDX、HMX 和 CL－20 晶体特性对冲击波感度的影响[C]. 珠海：[s. n.]，2012.

[13] LECUME S，CHABIN P，BRUNET P. Two RDX qualities for PBXN－109 formulation sensitivity comparison[C]. Bordeaux：[s. n.]，2001.

[14] BORNE L，PATEDOYE J C，SPYCKERELLE C. Quantitative characterization of internal defects in RDX crystals [J]. Propell Explos Pyrot，1999，24(4)：255－259.

[15] BORNE L. Influence of intragranular cavities of RDX particle batches on the sensitivity of cast wax bonded explosives[C]. Boston：[s. n.]，1993.

[16] BORNE L. Explosive crystal microstructure and shock－sensitivity of cast formulations[C]. Snowmass Village：[s. n.]，1998.

[17] BORNE L，BEAUCHAMP A. Effects of explosive crystal internal defects on projectile impact initiation[C]. San Diego：[s. n.]，2002.

[18] BOUMA R H，HORDIJK A C，SCHOLTES J H. Relation between damage at low velocity impact，and mechanical properties and explosive loading of plastic bonded explosives[C]. Karlsruhe：[s. n.]，1998.

[19] DOHERTYR M, WATT D S. Relationship between RDX properties and sensitivity [J]. Propell Explos Pyrotech, 2008, 33(1): 10 - 13.

[20] WATT D S, DOHERTY R M. Minutes of the RS - RDX round robin (R4) technicalmetting ＃2[C]. Bristol: [s. n.], 2006.

[21] WATT D S, DOHERTY R M. Minutes of the RS - RDX round robin (R4) technicalmetting ＃3[C]. Karlsruhe: [s. n.], 2006.

[22] SCHOLTES G, HEIJDEN V D. IM - related and laboratory scale testing on I - RDX and RDX - based explosives[C]. San Francisco: [s. n.], 2004.

[23] HEIJDEN V D, BOUMA R H. Shock sensitivity of HMX/HTPB PBX: relation with HMX crystal density[C]. Karlsruhe: [s. n.], 1998.

[24] SIMPSON R L, HELM F H, CRAWFORD R C, et al. Particle size effects in the initiation of explosives containing reactive and non - reactive continuous phases[C]. Portland: [s. n.], 1989.

[25] 花成，黄明，黄辉，等. RDX/HMX 炸药晶体内部缺陷表征与冲击波感度研究[J]. 含能材料，2010，18(2)：152 - 157.

[26] 花成，舒远杰，吴博，等. RDX 与 D - RDX 基 PBX 炸药撞击安全性研究[J]. 含能材料，2010，18(5)：497 - 500.

[27] 王元元，刘玉存，王建华，等. 降感 RDX 的制备及晶形控制[J]. 火炸药学报，2009，32(2)：44 - 47.

[28] DENNIS N, Determination of a measure of sensitivity to shock detonate an explosive as a function of its shock paramters[J]. Propell Explos Pyrotech, 2019, 44(11): 1421 - 1431.

[29] CONLEY P A, BENSON D J, HOWE P M. Microstructural effects in shock initiation[C]. Snowmass: [s. n.], 1998.

[30] CAULDER S M, MILLER P J, GIBSON K D, et al. Effect of particle - size and crystal quality on the critical shock initiation pressure of RDX/HTPB formulations[C]. Norfolk VA: [s. n.], 2006.

[31] FRECHE A, SPYCKERELLE C, LECUME S. SNPE insensitive nitramines[C]. Orlando: [s. n.], 2003.

[32] LECUME S, CHABIN P, BRUNET P. Two RDX qualities for PBXN - 109 formulation sensitivity comparison[C]. Bordeaux: [s. n.], 2001.

[33] FRECHE A, AVILES J, DONNIO L, et al. Insensitive RDX (I - RDX)[C]. San Antonio: [s. n.], 2000.

[34] LOCHERT I J, FRANSON M D, HAMSHERE B L. Reduced sensitivity RDX part Ⅰ: literature review and DSTO evaluation[R]. DSTO - TR - 1447, DSTO, 2003.

[35] LOCHERT I J, FRANSON M D, HAMSHERE B L. Reduced sensitivity RDX (RS - RDX) part Ⅱ: sympathetic reaction [R]. DSTO - TR - 1941, DSTO, 2003.

[36] SWINTON R J, MCVAY L. Critical diameter study of unconfined autralian manufactured composition B, grades A and B[R]. DSTO - TR - 0517, DSTO, 1997.

[37] DEXTERR M, HAMSHERE B L, LOCHERT I J. Evaluation of an alternative grade of CXM - 7 for use in PBXN - 109, the explosive fill for the penguin ASM warhead

[R]. DSTO - TN - 0441，DSTO，2002.
[38] LOCHERT I J，DEXTER R M，HAMSHERE B L. Evaluation of australian RDX in PBXN - 109[R]. DSTO - TN - 0440，ADA 4083 46XAB,DSTO，2002.
[39] KRISTIANSEN J D，JOHANSEN Ø H，BERG A，et al. Steps towards reduced sensitivity HMX (RS - HMX)：Reduced shock sensitivity in bothcast - cured and pressable PBX compositions[C]. San Francisco：[s. n.]，2004.
[40] LOCHERT I J，FRANSON M D，HAMSHERE B L. Assessment of Australian insensitive RDX[C]. Orlando：[s. n.]，2003.
[41] 刘波，刘少武，张远波，等. RDX 降感技术研究进展[J]. 化学推进剂与高分子材料，2012，10(1)：67 - 70.
[42] ARMSTRONG R W，ELBAN W L. Materials science and technology aspects of energetic explosive[J]. Mater Sci Tech，2006，22(4)：381 - 395.
[43] 耿孝恒，王晶禹，张景林. 不同粒度 RDX 的重结晶制备和机械感度研究[J]. 工业安全与环保，2009，35(7)：29 - 32.
[44] WALLEY S M，FIELD J E，GREENAWAY M W. Crystal sensitivities of energetic materials[J]. Mater Sci Tech，2006，22(4)：402 - 413.
[45] CHRISTIAN S，GENEVIEVE E，PER S，et al. Reduced sensitivity RDX obtained from bachmann RDX[J]. Propell Explos Pyrot，2008，33(1)：14 - 19.
[46] RUTH M，DOHERTY，DUNCAN S，et al. Relationship between RDX properties and sensitivity[J]. Propell Explos Pyrot，2008，33(1)：4 - 13.
[47] 方志杰，李伟民，徐明义，等. HMX 的晶体缺陷和酸值的关系[J]. 华东工学院学报，1993(3)：44 - 48.
[48] 马秀芳，肖继军，黄辉，等. HMX 和 HMX/HTPB PBX 的晶体缺陷理论研究[J]. 化学学报，2008，66(8)：897 - 901.
[49] 曹仕瑾，李忠友. 不敏感 RDX 技术研究进展及降感机理探索[J]. 含能材料，2010，18(5)：124 - 128.
[50] 高晓敏，黄明. I - RDX 及其 PBX 老化研究进展[J]. 含能材料,2010，18(2)：236 - 240.
[51] SPYCKERELLE C，FRECHE A，ECK G. Ageing of I - RDX and of compositions based on I - RDX[C]. San Francisco：[s. n.]，2004.
[52] SUTHERLAND G，SCHLEGEL E，CAULDER S，et al. Detonation properties of two research explosives - one containing RDX and one containing insensitive RDX[C]. San Francisco：[s. n.]，2004.
[53] SPYCKERELLE F A，LECUME S. SNPE insensitive nitramines NDIA [C]. Orlando：[s. n.]，2003.
[54] CAULDER S M，MILLER P J，GIBSON K D，et al. Effect of particle - size and crystal quality on the critical shock initiation pressure of RDX/HTPB formulations[C]. Norfolk VA：[s. n.]，2006.
[55] FRECHE A，AVILES J，DONNIO L，et al. Insensitive RDX (I - RDX)[C]. San Antonio：[s. n.]，2000.

第 2 章　炸药晶态的理论模拟

过去对炸药晶态的控制研究主要基于实验方法，即通过不断调节实验条件、优化结晶工艺来获得，但对炸药晶态原子、分子层次的结构信息及动态演化等缺少研究，以至于炸药晶态调控成为长期困扰研究者的难题。模拟方法和信息技术的高速发展，为炸药晶态的理论模拟提供了良好的研究平台。其中，分子动力学模拟(Molecular Dynamics Simulation，MDS)已成为一种主要模拟方法，广泛应用于炸药晶体形貌预测、缺陷演化等理论研究中，常用软件有Materials Studio，Tinker，Guassian，LAMMPS，Gromacs 和 DL - POLY 等。基于安全性考量，通过理论模拟来研究影响炸药晶体晶态的主要因素，如生长形貌及晶体缺陷等，从原子、分子层次来认识晶体生长的微观过程，进而指导炸药结晶，已成为炸药晶态控制的重要手段。本章主要介绍晶体形貌预测的基本理论和模型及其在炸药中的应用和发展、晶体缺陷(孔隙)演化的理论模拟。

2.1　晶体形貌预测理论模型

2.1.1　晶体平衡形态理论和 BFDH 法则

晶体形貌预测的基本理论为晶体平衡形态理论，该理论从晶体内部结构出发，应用结晶学和热力学的基本原理来探讨晶体的生长，主要包括以下几方面。

(1)Bravais 法则。法国晶体学家 Bravais 于 1850 年利用群论推导出具有一定对称性的空间点阵只有 14 种，分属于 7 大晶系；1866 年，Bravais 又论述了实际晶面与空间格子构造中面网之间的关系，提出了实际晶体的晶面常常平行面网结点密度最大的面网，这就是 Bravais 法则。Bravais 法则阐明了晶面发育的基本规律。

(2)Gibbs - Wulff 晶体生长定律。1878 年，Gibbs 发表的著名论文《论复相物质的平衡》奠定了热力学理论的基础。Gibbs 从热力学出发，提出了晶体生长最小表面能原理，即晶体在恒温和等容的条件下，如果晶体的总表面能最小，则相应的形态为晶体的平衡形态。当晶体趋向于平衡态时，它将调整自己的形态，使其总表面自由能最小；反之，则不会形成平衡形态。Wulff 进一步提出了利用界面能极图求出晶体平衡形态的方法。由此可知，某一晶面族的线性生长速率与该晶面族比表面自由能有关，这一关系称为 Gibbs - Wulff 晶体生长定律。

(3)BFDH 法则。1937 年，Friedel，Donnay 和 Harker 等人对 Bravais 法则做了进一步的完善，特别考虑了晶体结构中螺旋轴和滑移面对其最终形态的影响，形成了 BFDH 法则(或称为 Donnay - Harker 原理)。该法则指出，晶体的最终外形应为面网密度最大的晶面所包围，晶面的法线方向生长速率反比于面网间距，生长速率快的晶面族在最终形态中消失(见

图 2-1)。

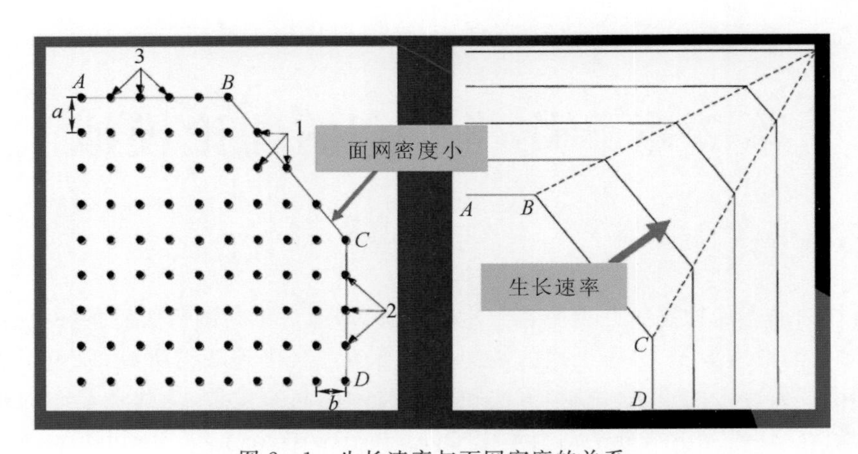

图 2-1　生长速率与面网密度的关系

(面网密度小,生长速率快,晶面易消失;面网密度大,生长速率慢,晶面易保留)

(4)Frank 运动学理论。1958 年,Frank F. C.应用运动学理论描述晶体生长或溶解过程中不同时刻的晶体外形,提出了两条基本定律,即所谓的运动学第一定律和运动学第二定律。利用该定律能够定量计算出晶体的生长形态。

晶体平衡形态理论的局限性是:基本不考虑外部因素(环境相和生长条件)变化对晶体生长的影响,无法解释晶体生长形态的多样性,但可以运用它来预测真空中晶体的理想生长形态。其中,BFDH 法则的假设和计算过程较简单,结合晶胞参数、空间群特征和消光条件,就可初步确定出各个方向上的晶面间距及其相对大小,进一步求出晶面的相对生长速率,从而得到晶体可能的生长形态。因此,BFDH 模型已嵌入 Materials Studio 模拟计算平台中的 Morphology 模块,用于真空中晶体形貌的预测,以初步确定晶体形貌的主要晶面及其特征参数。

2.1.2　PBC 模型

1952 年,Hartman 和 Perdok 提出,晶体中存在一系列周期性重复的强键链,其重复特征与晶体中质点的周期性重复相一致,这样的强键链称为周期键链(Periodic Bond Chain,PBC)。PBC 的方向由 PBC 矢量来表征,根据相对于 PBC 矢量的方位,可将晶体中可能出现的界面分为三种类型:

(1)F 面,或称平坦面,含有 2 个或 2 个以上共面的 PBC 矢量,面网密度最大,质点结合到 F 面上时,只形成一个强键,晶面生长速率慢,易形成晶体的主要晶面;

(2)S 面,或称阶梯面,只含有 1 个 PBC 矢量,面网密度中等,质点结合到 S 面上时,形成的强键至少比 F 面多一个,晶面生长速率中等;

(3)K 面,或称扭折面,不含有 PBC 矢量,面网密度小,扭折处的法线方向与 PBC 矢量一致,质点极易从扭折处进入晶格,晶面生长速率快,是易消失的晶面。

因此,晶体上 F 面为最常见且发育较大的面,而 K 面经常缺失或罕见,其理论模型如图 2-2 所示。

应用 PBC 模型讨论晶体形貌特征,关键是正确分析晶体结构中 PBC 的种类和方向,依此判断结构中可能存在的决定晶体形态的 F 型面网。PBC 模型认为:低指数的晶面在晶体生长过程中，因表面拥有较高的分子密度，能够保持宏观的平坦，并且在晶相和环境相里都有一个明确分开的平面；高指数的晶面由于分子间的距离大，微观晶面呈现出没有明确分界的“山谷”结构，分子晶胚进入平坦面比吸附在“山谷”的能垒更高，所以平坦面的生长速率更慢，决定了晶体的宏观形态。

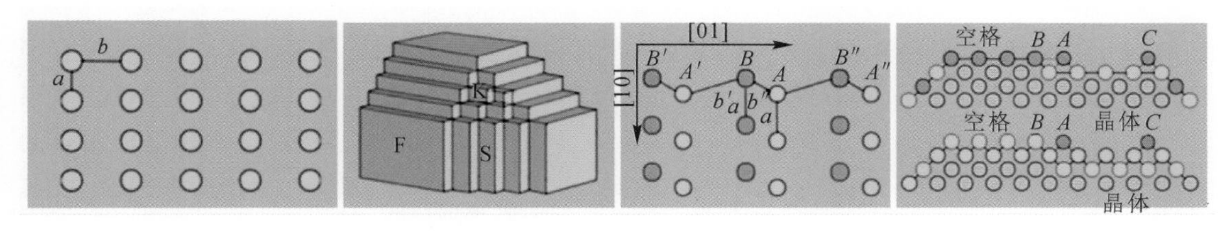

图 2-2　PBC 理论模型图示

基于“晶体生长最快的方向即化学键最强的方向，晶体生长在没有中断的强键链存在的方向上”这一思想，晶体模拟可采用结合能来代替表面自由能。所谓结合能，是指在结晶过程中，一个生长基元（称为晶片）结合到晶体表面上所释放的能量。成键所需的时间随释放能量的增大而减小，因而晶面的法向生长速率将随晶面结合能的增大而增大，由此可以定量确定晶面的生长速率。

晶片的结合能可由晶格能减去晶片能得到，这里的晶片能是指单位厚度晶层生长时所释放的键能，表达式为

$$E_{\text{comb}} = E_{\text{latt}} - E_{\text{slice}} \tag{2-1}$$

式中：E_{comb}—— 晶片结合能，kcal/mol（1 kcal/mol ≈ 4.187 kJ/mol，1 kcal ≈ 4.187×10^3 J）；

E_{latt}—— 晶格能，kcal/mol；

E_{slice}—— 晶片能，kcal/mol。

PBC 模型常用于预测真空状态下的晶体生长过程，即晶体生长不受外部条件干扰，而只受来自晶体内部晶格能的影响，因此理想状态下晶体生长只取决于晶体的单胞结构通过周期键链实现的自我复制。当晶体生长处于真空环境时，最接近理想状态，晶体可自发形成具有对称外形的几何多面体结构，晶体内部也不会产生晶格畸变。此时，通过晶格原子的化学键能，即可预测真空中的晶态。

2.1.3　AE 模型

Hartman 和 Bennema 基于 PBC 理论提出了附着能（Adhesion Energy，AE）模型。该模型基于恒定生长速率的简单假定，即晶体中不同晶面的相对生长速率（R_{hkl}）与其附着能（E_{att}）的绝对值成正比关系：

$$R_{hkl} \propto |E_{\text{att}}| \tag{2-2}$$

即晶面附着能的绝对值越大，其相对生长速率越快，在生长过程中越容易消失。E_{att} 定义为一层厚度为 d_{hkl} 的晶片附着在晶面（hkl）上所释放的能量，可由下式进行计算：

$$E_{\text{att}} = E_{\text{latt}} - E_{\text{slice}} \tag{2-3}$$

可见，AE 模型的附着能即为 PBC 理论中的晶片结合能。根据定义，对于稳定生长的晶

面，其 E_{att} 为负值。需要注意的是，不同晶面的 E_{att} 需在相同的化学计量下（如每分子、每晶胞）比较才有意义，目前绝大部分文献中，E_{att} 的单位简写为 kcal/mol，实际上完整的单位应为 kcal/(mol・molecule)或 kcal/(mol・unitcell)。基于给定的晶体结构，通过计算不同生长晶面的附着能，即可预测真空条件下晶体的生长形态。

对晶体形貌的预测除上述模型之外，后来又发展出了占有率模型、蒙特卡洛模拟方法、界面结构分析模型、螺旋生长和二维成核模型等。其原理逐渐从结构、能量向生长机制演化，预测精度也逐渐增加。其中，AE 模型在考虑晶体结构的基础上，又引入了能量因素，预测结果相对准确，且计算简单，又有很好的商业软件支持，已成为应用最为广泛的一种炸药形态预测方法。

目前，嵌入软件中的预测模型，比如平衡形态法、BFDH 法则和 AE 模型，均只能预测真空中炸药晶体的生长形貌，没有考虑外部因素（环境相和生长条件）对晶体生长的影响，无法解释晶体生长形态的多样性。基于安全特性考虑，炸药结晶使用的介质环境多为溶液体系，结晶过程中选择不同的溶剂和添加剂、结晶温度、搅拌条件以及过饱和度等，对晶体生长均会产生重要影响，因此，炸药的结晶形貌不仅取决于晶体的分子和单胞结构，还受到溶液结晶的热力学和动力学等诸多因素的影响，故需对模型进行校正。目前，对 AE 模型的研究较多，发展出了嵌固模型（Filling Solid Model，FSM）、表面对接模型（Surface Connection Model，SCM）和双层模型（Bilayer Model，BLM）等校正模型。前两种模型（FSM 和 SCM）主要针对添加剂，后一种模型（BLM）则用于溶剂对晶体形貌的影响研究。

2.1.3.1 嵌入法

嵌入法定义晶体主体分子和添加剂分子与晶面的合并能。其中，晶体主体分子与晶面 (hkl) 的合并能 E_{comb} 为

$$E_{comb} = E_{slice} + \frac{1}{2}E_{att} \tag{2-4}$$

添加剂分子与晶面 (hkl) 的合并能 E^*_{comb} 为

$$E^*_{comb} = K_i\left(E^*_{slice} + \frac{1}{2}E^*_{att}\right) \tag{2-5}$$

$$K_i = E_{latt}/E^*_{latt}$$

式中：E_{latt}—— 纯晶体的晶格能，kcal/mol；

E^*_{slice}—— 晶胞中一个主体分子被添加剂分子取代后 (hkl) 晶面的晶片能，kcal/mol；

E^*_{att}—— 晶胞中一个主体分子被添加剂分子取代后 (hkl) 晶面的附着能，kcal/mol；

E^*_{latt}—— 晶胞中一个主体分子被添加剂分子取代后的晶体能，kcal/mol。

因此，采用嵌入法修正得到的晶片附着能计算公式为

$$E^*_{att} = \frac{1}{n}\sum_{i=1}^{n}\left[E_{att}(1 + f\Delta E^i_{comb})\right] \tag{2-6}$$

$$\Delta E^i_{comb} = E_{comb} - E^*_{comb}$$

$$f = -2/E_{att}$$

式中：i—— 主体分子的个数。

采用嵌入法预测炸药晶体形貌的基本步骤为：先对原胞进行能量优化，然后把原胞的空间群设置为 P_1 来消除其对称性，再分别用单个添加剂分子取代原胞里的主体分子，固定原胞中的主体分子对取代后的原胞进行能量优化和分子动力学模拟，最后按式(2-4) ~ 式(2-6) 计算得到 E^*_{att}。

2.1.3.2　表面对接法

表面对接法设定添加剂分子与特定晶面发生对接、键合，添加剂分子与晶面的对接能 E^s_{bond} 通过下式计算：

$$E^s_{bond} = E^{min}_{c-s} - E_s \tag{2-7}$$

式中：E^{min}_{c-s}—— 特定晶面对接一个添加剂分子后的最小能量，kcal/mol；

E_s—— 一个添加剂分子的能量，kcal/mol。

主体分子与晶面的对接能 E^s_{bond} 按相同的方法计算。对接能的变化 Δb 常常被用来判定添加剂分子对特定晶面的影响，采用下式计算：

$$\Delta b = E^s_{bond} - E^c_{bond} \tag{2-8}$$

因此，采用表面对接法修正得到的晶片附着能计算式为

$$E^*_{att} = E_{att} - E_{att}\frac{\Delta b}{E^c_{bond}} \tag{2-9}$$

式中：E_{att}—— 真空中特定晶面的附着能。

采用表面对接法预测炸药晶体形貌的基本步骤为：先采用 AE 模型预测真空中的晶体形貌，确定晶体的主要生长面，对晶体进行切割并扩展成超晶面，对超晶面进行分子力学和分子动力优化，分别计算单个添加剂分子和主体分子的能量，再把添加剂分子或主体分子对接到超晶面上。超晶面的尺寸应足够大，可以考虑所有可能的对接方式，然后进行分子力学优化和动力学模拟，最后按式(2-7)~式(2-9)计算得到 E^*_{att}。

2.1.3.3　双层模型

双层模型假设在溶液结晶过程中溶剂附着在生长晶面上，溶质在晶面上生长时必须先从晶面移除溶剂，移除这部分溶剂需要提供能量，从而降低了晶面的附着能，导致晶面生长速率受到抑制。为此，需对附着能进行修正：

$$E^s_{att} = E_{att} - E_s \tag{2-10}$$

式中：E^s_{att}—— 溶剂校正后的附着能，表示了溶剂对晶面生长的抑制作用；

E_s—— 修正项，描述了溶剂与晶面的相互作用，可用下式表示：

$$E_s = \frac{E_{int}A_{acc}}{A_{crys}} \tag{2-11}$$

式中：E_{int}—— 溶剂层和晶面的相互作用能，kcal/mol；

A_{acc}—— 单胞晶面的溶剂可接触面积，m^2；

A_{crys}—— 晶面层面积，m^2。

关于式(2-10) 所示的溶剂校正后的附着能计算，有研究者提出如下计算公式：

$$E^s_{att} = E_{att} - SE_s \tag{2-12}$$

式中：S—— 修正因子，体现晶面的结构特征，可理解为不同晶面结构对 E_s 的权重，定义为

$$S = \frac{A_{acc}}{A_{hkl}} \tag{2-13}$$

式中：A_{acc}—— 晶面(hkl)单元的溶剂可接触面积；

A_{hkl}—— 晶面(hkl)单元的横截面积。

显然：S 值越大，晶面越粗糙；S 值越小，晶面越平坦。E_{att} 和 E_s 的本质区别在于：前者是晶面与生长晶片的相互作用，而后者反映了晶面与溶剂的相互作用。在计算 E_s 时，已包含了晶面结构的影响，即晶面越粗糙，溶剂和晶面的接触面积也就越大，其相互作用也越强，式(2-12)重复考虑了晶面结构的影响，因此在后续的工作中仍采用式(2-10)。

E_{int} 可以通过以下关系获得：

$$E_{int} = E_{tot} - E_{surf} - E_{solve} \tag{2-14}$$

式中：E_{tot}—— 溶剂层和晶面的总能量，kcal/mol；

E_{surf}—— 不含溶剂层的晶面能量，kcal/mol；

E_{solve}—— 不含晶面的溶剂层能量，kcal/mol。

采用双层模型预测炸药晶体形貌的模型构建如图 2-3 所示。先采用 AE 模型预测晶体在真空中的形貌，确定稳定生长晶面。然后将特定生长面(hkl)切割成一定厚度的 2D 晶面并扩展为超晶面，对其进行结构优化和分子动力学模拟；按照溶剂密度和切割晶面大小建立溶剂层模型，对其进行能量最小化和分子动力学模拟，找到能量最低的结构；再将溶剂层和超晶面沿晶面的法向方向进行对接；为了尽可能地避免溶剂与晶面的镜像发生作用，需在溶剂层上方设置一定厚度的真空层；真空层的厚度要大于非键作用的截断半径，通常为几纳米。最后进行结构优化和分子动力学模拟。

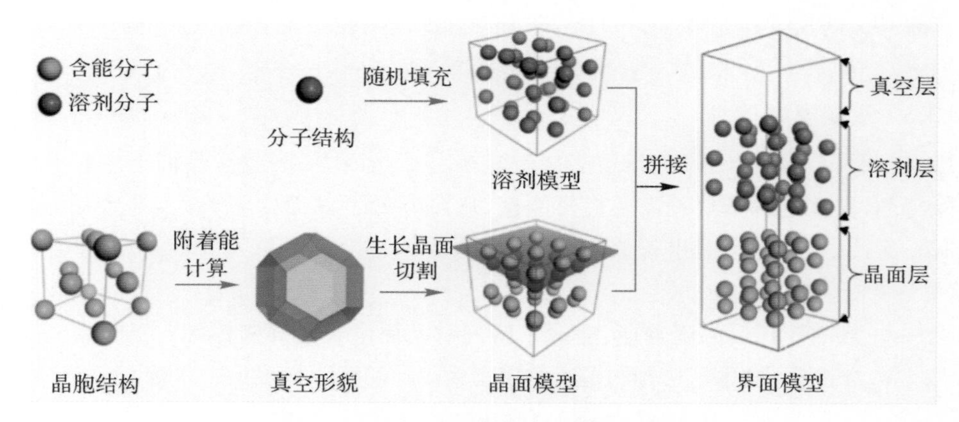

图 2-3 构建晶面-溶剂双层界面模型

Ulrich 等人通过对嵌固模型和表面对接模型的研究发现，嵌固模型只适用于晶体内部含有较强氢键的物质(氢键能占晶格能的比例要大于 15%)，而表面对接模型则不受此限制。不管晶体内氢键的强度如何，相关文献表明表面对接模型预测的形貌与实验结果吻合较好。双层模型的预测精度进一步提高，对炸药形貌能给出更好的预测结果。

2.2　炸药晶体形貌预测

目前，晶体形貌控制是炸药改性研究的重要途径之一，这是因为晶体形貌不但影响粒子破碎、流变性、安全性等加工性能，还影响固含量、冲击波感度、弹道性能、力学性能等应用性能，如在相同尺寸下，球形晶体通常比其他形貌的晶体具有更高的装填密度和更低的机械感度。与基于"试错法"的结晶实验相比，对晶体生长形貌的理论模拟，有助于从微观上深入理解晶体生长机制，为结晶溶剂、温度、添加剂等结晶条件的筛选提供理论指导，从而为炸药晶体形貌控制提供技术支撑。晶体最终形貌的形成不但与分子结构和晶体结构有关，还受到环境因素的影响，如不同的结晶方法和结晶工艺参数，包括溶剂、温度、添加剂等。因此，在更接近实际的条件下来理论预测晶体形貌仍是一个十分困难的研究课题。

2.2.1　真空中炸药形貌预测

2.2.1.1　真空中 HMX 的晶体形貌预测

HMX 是使用极广、迄今综合性能最优的单质猛炸药，许多高能材料的综合性能均以其作参照比较标准。已知 HMX 有 4 种晶型，即 α - HMX，β - HMX，γ - HMX 和 δ - HMX。β 晶型稳定存在于室温和常压条件下，且具有较高使用价值，但在该条件下结晶很容易得到 α 晶型，且两种晶型的分子构象和晶体结构差异较大，有利于对比研究结构对真空形貌的影响，因此选用 β - HMX 和 α - HMX 作为研究对象。

1. 模拟方法

以 β - HMX 和 α - HMX 中子衍射获得的晶体实验数据搭建晶胞模型，HMX 的 β 晶型选用最低 R 因子对应的晶体结构，剑桥结构数据库的参考编号为 OCHTET12，α 晶型的剑桥结构数据库参考编号为 OCHTET。R 因子表征了结构测定的准确度，其值越小，表明测定的准确度越高。以单胞作为初始结构，能量最小化以及晶体形貌预测均采用 Compass 力场和力场自带电荷。能量最小化采用 Materials Studio 中的 Forcite 模块，由 Ewald 求和法计算范德华力和静电相互作用，计算精度为"fine"(0.01 kcal/mol)。形貌预测采用 Morphology 模块中的 BFDH 法则和 AE 模型，精度和力场与结构优化完全相同。

2. 真空中 β - HMX 形貌预测

β - HMX 属于单斜晶系，FDD2 空间群，对称操作数为 4，在室温和常压下稳定存在。晶胞参数为 $a=6.54$ Å(1 Å=0.1 nm)，$b=11.05$ Å，$c=7.37$ Å，$\alpha=\gamma=90°$，$\beta=124.3°$，$Z=2$（见图 2 - 4）。采用两种模型预测的真空中 β - HMX 的晶体形貌如图 2 - 4 所示，各晶面的特征参量见表 2 - 1。

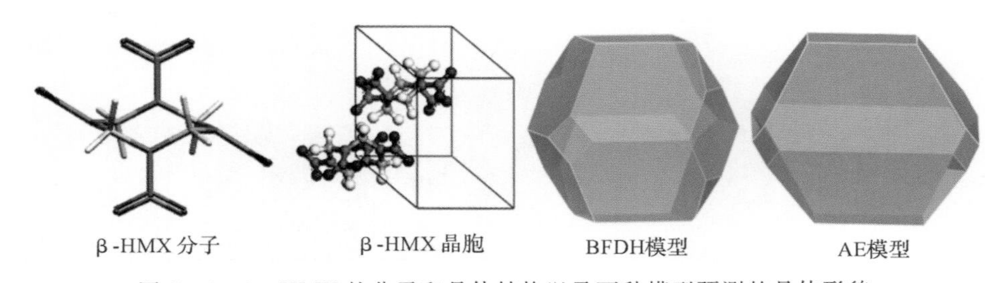

图 2 - 4　β - HMX 的分子和晶体结构以及两种模型预测的晶体形貌

表 2-1 BFDH 和 AE 模型预测 β-HMX 的晶体形貌

晶面	多重度	d_{hkl}/Å	占总显露面的百分数/(%)	
			BFDH	AE
(011)	4	6.06	43.39	57.25
$(11\bar{1})$	4	5.40	30.50	33.73
(100)	2	5.40	11.54	1.32
(020)	2	5.17	9.56	6.21
$(10\bar{2})$	2	4.42	2.24	1.50
(110)	4	4.78	2.78	0

两种模型预测的主要晶面和形貌基本类似，均为类宝石状颗粒，共同的显露面有 5 个。这 5 个晶面的表面积占总面积的 91%～100%，最大的显露面为(011)，其次是$(11\bar{1})$。BFDH 模型认为晶面的生长速率正比于 $1/d_{hkl}$，所以随着 d_{hkl} 的减小，晶面的生长速率增加，在形态学上的重要性降低。AE 模型除了考虑晶体结构以外，还考虑了能量因素，认为晶面生长速率正比于附着能的绝对值。AE 模型计算得到这两个重要晶面的附着能分别为－26.01 kJ/mol 和－39.52 kJ/mol，包含静电相互作用和范德华力。可以看出，由于$(11\bar{1})$的生长速率比(011)快，所以其在最终形貌中的占比减少。当然，在最终形貌中的占比计算还要考虑晶面的多重度。此外，AE 模型预测的晶体形貌独立晶面数为 5，长径比为 1.93。BFDH 模型的独立晶面数为 6，长径比为 1.74。由于 BFDH 模型仅考虑了结构因素，而 AE 模型则同时考虑了结构和能量因素，因此一般来讲，AE 模型的预测精度更高。

为了更清楚地考察主要显露面的表面结构，对表 2-1 中前 5 个晶面进行切割并扩展为 2×2 的超晶面，结果如图 2-5 所示。从图 2-5 可以看出，除$(10\bar{2})$外，HMX 分子在其他生长晶面都有亲质子基团显露，只是在方向、位置和密度上有所不同。(100)显示了一个分子水平上的开放粗糙表面，有几乎垂直晶面的硝基基团暴露于晶面之外，非常有利于周围溶剂分子与之形成氢键等强分子间相互作用力。$(11\bar{1})$(020)和(011)在分子水平上是平坦表面，有硝基氧原子显露于晶面表面，但氧原子的数量逐渐减少，因此这 3 个晶面可与质子溶剂分子形成数量不等的氢键。$(10\bar{2})$在分子水平上更为平坦，晶面上仅有氢原子显露。

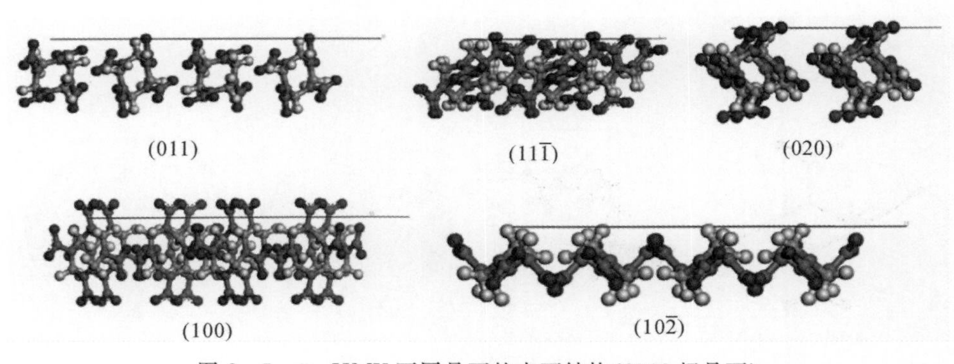

图 2-5 β-HMX 不同晶面的表面结构(2×2 超晶面)

不同晶面除了化学结构不同，表面的拓扑结构（台阶）也差异很大，为了定量表征这种结构差异，计算了不同晶面的溶剂可接触面积 A_{acc}。A_{acc} 用 Connolly 面来表示，计算时的格网间距为 0.400 0 Å，探针半径为 1.0 Å，计算结果见表 2-2。考虑到不同晶面面积的差异，A_{acc} 用晶面面积进行归一化，即表 2-2 中的 R 参数，以方便对比。正如图 2-5 所示，(100)的 R 值最大，说明该晶面受溶剂的影响有可能最大，其次是$(11\bar{1})$和(020)。

表 2-2　β-HMX 不同晶面的溶剂可接触面积

晶面	$A_{acc}/Å^2$	$A_{hkl}/Å^2$	R
(011)	112.560	86.208	1.306
$(11\bar{1})$	143.902	94.041	1.530
(020)	73.899	47.003	1.572
(100)	197.793	96.135	2.057
$(10\bar{2})$	139.432	120.299	1.159

从晶面化学基团和拓扑结构可以预测，在极性的质子溶剂中，(100)可与溶剂分子发生强的氢键相互作用，使脱溶剂过程变得困难，溶质分子在该晶面上的沉积受阻，晶面生长速率降低，因而发展为形态学上重要的晶面。相反，$(10\bar{2})$的显露面将变小甚至消失。Berkovitch-Yellin 通过计算溶剂分子和晶面主体分子的相互作用大小来预测晶体形貌，并讨论了溶剂效应。他将晶面按极性大小排序，认为在极性溶剂中极性晶面的重要性增加，而在非极性溶剂中非极性晶面的显露面增加。这已作为一个基本的法则，用来初步判断各种溶剂中晶体的大致形貌。因此，可以预测在非极性溶剂中，$(10\bar{2})$在形态学上的重要性有所增加。可见，从晶面结构可以预测可能的溶剂和晶面的相互作用，为 HMX 溶液结晶过程中溶剂的选择提供理论依据。

3. 真空中 α-HMX 形貌预测

BFDH 模型和 AE 模型主要从结构和能量因素出发来确定真空中的晶体形貌，晶体形貌上的相似性也说明分子结构和单胞结构对真空中形貌的预测起着非常重要的作用。为了进一步说明这一点，选择分子构象和晶体结构与 β-HMX 差异较大的 α-HMX 作为研究对象，采用相同的理论方法研究了其在真空中的晶体形貌。α-HMX 晶体属于正交晶系，$P2_1/c$ 空间群，每个晶胞内有 8 个分子，如图 2-6 所示，常温常压下为亚稳态，在 103～162℃ 温度区间内稳定存在，结晶密度仅次于 β 相，其晶胞参数为 $a=15.140$ Å，$b=23.890$ Å，$c=5.913$ Å。β 与 α 是属于不同构象分子引起的多晶型现象，β-HMX 分子有一个对称中心，呈椅式构象。α-HMX 分子有一个二重对称轴，所有的胺硝基都位于环的同侧而呈船式构象。

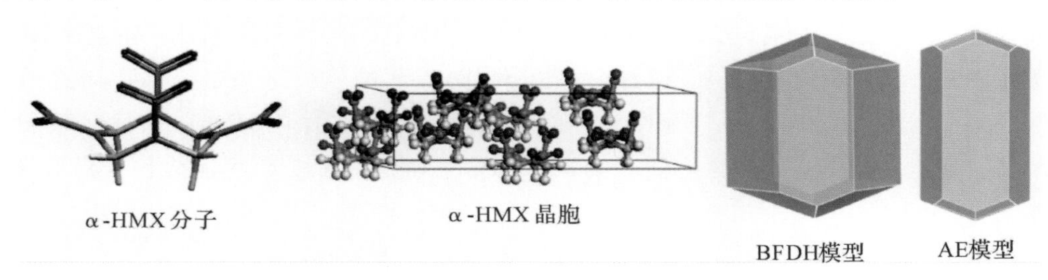

图 2-6　α-HMX 分子和晶胞结构及模拟的晶体形貌

α－HMX在实验上的结晶形貌为不明显的针状或斜方晶系的棱柱状。采用AE模型和BFDH模型预测的晶体形貌如图2－6所示，呈双锥棱柱状，与实验形貌较为相似。BFDH模型的主要显露面为(220)(040)(111)和$(11\bar{1})$，独立晶面数为4，长径比为1.47；AE模型的两个最大显露面为(220)和(040)，占总显露面的78.24%，而其他6个较为重要的晶面在BFDH模型中均未出现，其独立晶面数为10个，长径比为3.02。可见，两种预测模型的结果有一定的差异，从而也说明在α－HMX的形貌预测中，能量因素的重要性较β－HMX有所增加。AE模型中两个主要显露面(220)和(040)的附着能分别为－150.34 kcal/mol和－113.36 kcal/mol。具体见表2－3。

表2－3　BFDH和AE模型预测α－HMX的晶体形貌

晶面	多重度	D_{hkl}/Å	占总暴露面的百分比/(%)	
			BFDH模型	AE模型
(220)	4	6.39	41.01	42.44
(040)	2	5.97	18.69	35.80
(111)	4	5.37	20.15	0
$(11\bar{1})$	4	5.37	20.15	0
(131)	4	4.53	0	1.11
$(13\bar{1})$	4	4.53	0	1.11
(202)	2	2.75	0	5.74
$(20\bar{2})$	2	2.75	0	5.74
(242)	4		0	4.03
$(24\bar{2})$	4		0	4.03

同样，在图2－7中显示了10个显露面的表面结构，可以看出：在分子水平上最开放和粗糙的表面是(220)和(040)，大约半个HMX分子突出于晶面之外；在分子水平上最为平坦的晶面为(202)(242)和(131)，晶面上的显露基团为硝基氧原子；而其他5个晶面则主要为碳上的氢原子。采用与β－HMX相同的方法计算了10个晶面的溶剂可接触面A_{acc}，结果见表2－4。计算得到的R值最大的为(220)，它也是两种模型预测的形态学上最重要的晶面，其次是(111)和$(11\bar{1})$。结合表面化学基团和拓扑结构，可以预测(220)在极性的质子溶剂中，可与溶剂分子发生非常强的氢键、静电和范德华力相互作用，晶面的生长速率大大降低，在形态上的重要性进一步增强；其次是(111)晶面，暴露的硝基基团和较大的溶剂可接触面积，可导致其生长面增加。其他几个晶面的变化可能不大。在非极性溶剂中，$(11\bar{1})$可能成长为形态学上的重要晶面，其次是$(13\bar{1})$和$(24\bar{2})$。

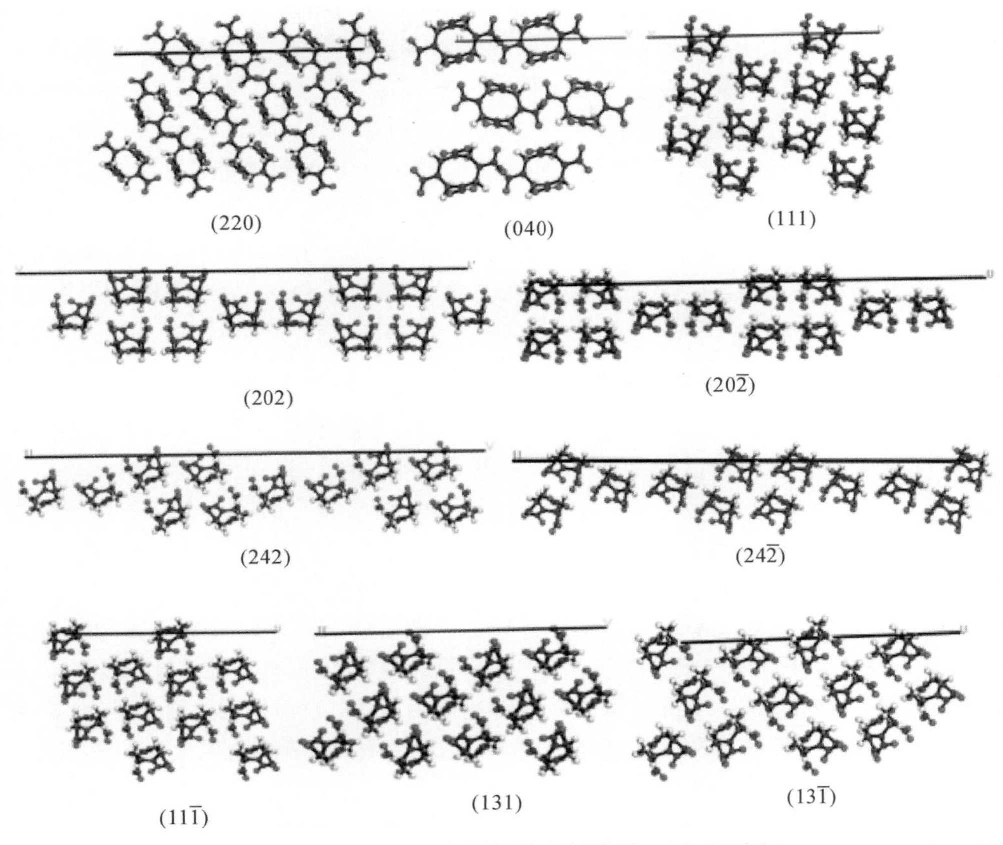

图 2-7　α-HMX 不同晶面的表面结构(2×2 超晶面)

表 2-4　α-HMX 不同晶面的溶剂可接触面积

晶面	$A_{acc}/Å^2$	$A_{hkl}/Å^2$	R
(220)	152.02	83.62	1.82
(040)	58.29	44.76	1.30
(111)	176.06	99.62	1.77
(11 $\bar{1}$)	176.66	99.62	1.77
(131)	176.24	118.03	1.49
(13 $\bar{1}$)	176.21	118.03	1.49
(202)	262.92	194.15	1.35
(20 $\bar{2}$)	262.63	194.15	1.35
(242)	302.74	209.74	1.44
(24 $\bar{2}$)	302.51	209.74	1.44

对比 β-HMX 和 α-HMX 在真空中的形貌预测结果可以看出，对同一物质不同的多晶型，在分子和晶体结构对称性上的差异，导致其成长为不同形貌。由图 2-5 和图 2-6 可以看出，对同一晶面(11 $\bar{1}$)，两种晶型的表面化学和拓扑结构完全不同，晶面附着能的差异也很大，α-HMX 两个主要显露面(220)和(040)的附着能分别为 −150.34 kcal/mol 和 −113.36 kcal/mol，而 β-HMX 两个主要晶面(011)和(11 $\bar{1}$)的附着能仅为 −26.01 kcal/mol 和 −39.52 kcal/mol。正是这种表面结构的差异导致其附着能大小不同，从而生成不同的晶体形貌。对不同晶型真空形貌的预测结果，可为炸药结晶过程中晶型的控制提供理论指导。比如，针对晶面结构的差异性，选择合适的溶剂或添加剂，通过抑制其晶面的生长从而达到抑制某种晶型的目的。

2.2.1.2 真空中 LLM-105 形貌预测

不管是 β-HMX 还是 α-HMX，晶体中分子间相互作用主要为范德华力和重原子之间的静电相互作用，氢键作用力弱，且晶体感度高。因此，本小节选用具有强分子内和分子间氢键的 LLM-105 作为研究对象。LLM-105 于 1995 年由美国劳伦斯·科弗莫尔国家实验室首次合成，是综合性能优异的新型高能低感炸药。单个 LLM-105 分子由于 π—π 共轭和分子内氢键而呈平面结构，晶格采用层层堆垛的波浪形结构，层内 LLM-105 分子形成了强的分子内和分子间氢键，层与层之间为范德华力。针对此类晶体结构开展形貌预测，探究特殊的分子和晶体结构以及分子间相互作用对晶体生长形貌的影响。基于剑桥晶体数据中心获取的 LLM-105 的晶体结构数据(剑桥晶体数据中心编号为 YEKQAG)，构建其晶胞模型，并扩展为 3×2×3 的超胞，分子结构和晶体结构如图 2-8 所示。本小节结构优化和形貌预测方法与 HMX 完全相同，在此不再赘述。

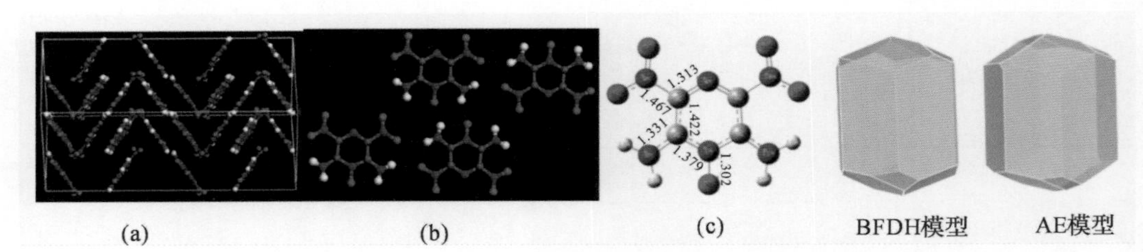

图 2-8 LLM-105 的晶体和分子结构及预测的晶体形貌

(a)3×2×3 超胞；(b)层内分子内和分子间氢键；(c)分子结构

采用 Hirshfeld 面来表征 LLM-105 晶体中的分子间相互作用。晶体中的 Hirshfeld 面按照电子分布来构建，通过计算球形原子电子密度之和得到。归一化接触距离 d_{norm} 由 d_i，d_e 和原子的范德华半径 r_c^{vdW} 共同决定：

$$d_{\text{norm}}=\frac{d_i-d_i^{\text{vdW}}}{r_i^{\text{vdW}}}+\frac{d_e-r_e^{\text{vdW}}}{r_e^{\text{vdW}}} \tag{2-15}$$

式中：d_i——从平面到平面内最邻近原子之间的距离；

d_e——从平面到平面外最邻近原子之间的距离。

图 2-9(a)所示为晶体中 LLM-105 分子的二维指纹图谱，图 2-9(b)所示为分子间不同相互作用所占的比例，图 2-9(c)所示为 Hirshfeld 面。从图 2-9 可以发现，LLM-105 晶体中分子间主要相互作用为 O…H 氢键，占到了总相互作用的 41.2%，其次是重原子之间的静

电相互作用O⋯N,C⋯O 和 O⋯O,分别占 14.3%,12.7%和 12.3%。从显示在图 2-9(c)的 Hirshfeld 面可知,强的分子间相互作用主要位于同一平面上—NH_2,—NO_2 和—N→O 基团间形成的氢键(以红色显示),层与层之间为弱的范德华力相互作用。

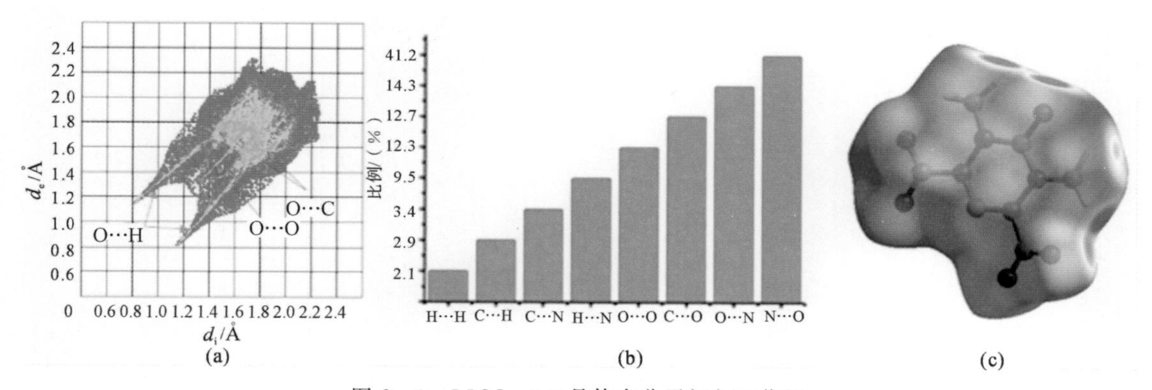

图 2-9　LLM-105 晶体中分子间相互作用

(a)二维指纹图谱;(b)不同相互作用所占的比例;(c)Hirshfeld 面

从图 2-8 和表 2-5 可以看出,两种模型模拟得到的形貌非常类似,主要显露面及其占比基本接近,AE 模型多了一个独立晶面(101),其显露面占比仅为 0.37%。其中,BFDH 模型预测的形貌长径比为 1.66,AE 模型为 1.82,说明在最终形貌的形成过程中,相对于能量因素,结构因素所起作用更大。不同晶面的表面化学和拓扑结构如图 2-10 所示。从图 2-10 可以看出,各个晶面的显露基团种类、密度、暴露程度以及晶面的台阶、扭折结构均不相同。由于各个晶面在化学组成和结构上的差异,导致其附着能 E_{att} 也各不相同。比如,表面积最小的晶面(020),其附着能 E_{att} 为−43.45 kJ/mol,其中静电能为−14.78 kJ/mol,范德华力能为−28.67 kJ/mol。该晶面附着能的绝对值远远小于晶面面积最大、在形貌中显露面最小的(101),其值为−78.12 kJ/mol。同时,表 2-6 中也列出了各个晶面的溶剂可接触面积。可以看出:晶面面积最小的(020),其溶剂可接触面积也最小,仅 57.71 $Å^2$,反映单位晶面溶剂可接触面积的 R 值也是最小的;而(101)拥有最大的溶剂可接触面积(267.88 $Å^2$),但其 R 值小于(110)和(11$\bar{1}$)。图 2-11 形象地显示了各个晶面的溶剂可接触面。

表 2-5　BFDH 和 AE 模型预测 LLM-105 的晶体形貌特征

晶面	多重度	d_{hkl}/Å	占总暴露面的百分比/(%)	
			BFDH 模型	AE 模型
(020)	2	7.31	23.15	28.70
(011)	4	7.06	40.82	35.72
(10$\bar{1}$)	2	5.51	9.34	10.25
(110)	4	5.44	21.01	20.03
(11$\bar{1}$)	4	5.16	5.67	4.92
(101)	2	4.22	0	0.37

表 2-6 LLM-105 真空中各个晶面的溶剂可接触面积

晶面	A_{hkl}/Å^2	A_{acc}/Å^2	R
(020)	49.17	57.71	1.17
(011)	101.85	135.48	1.33
(10$\bar{1}$)	130.45	171.12	1.31
(110)	132.14	244.38	1.75
(11$\bar{1}$)	139.41	224.32	1.61
(101)	170.23	267.88	1.57

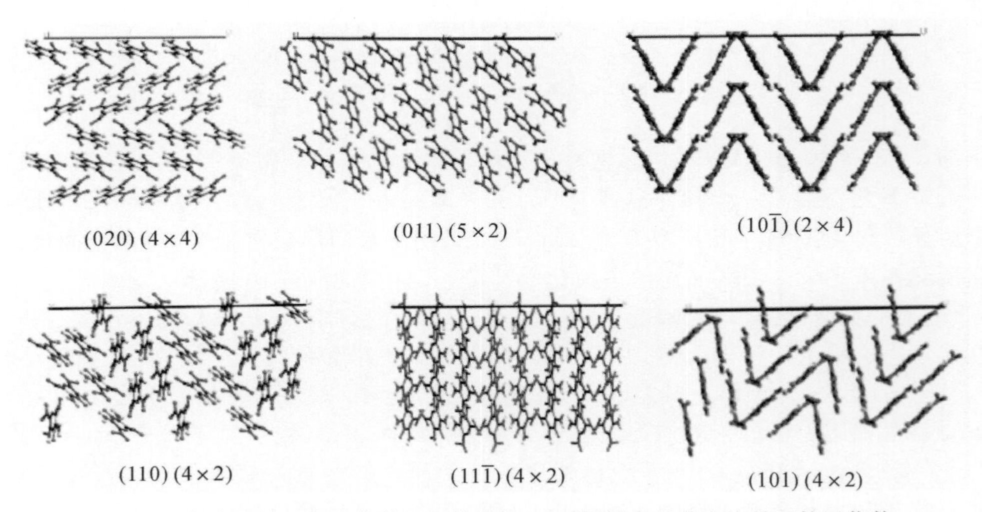

图 2-10 各个晶面的表面化学和拓扑结构(后面括号内的数字为晶面扩展倍数)

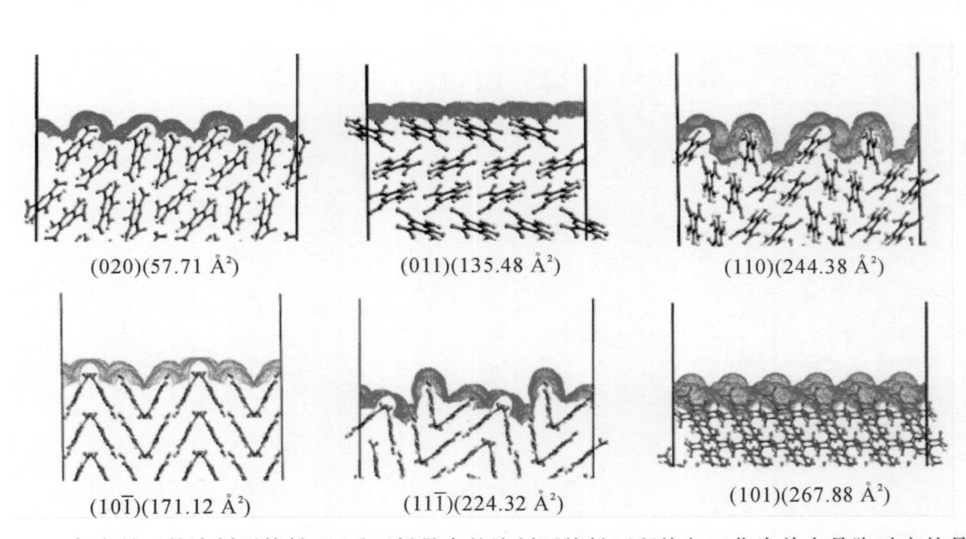

图 2-11 各个晶面的溶剂可接触面(后面括号中的溶剂可接触面积均归一化为单个晶胞对应的晶面)

2.2.2　溶液中炸药形貌预测

2.2.2.1　丙酮中 β－HMX 形貌预测

2.2.1 节对比研究了 β－HMX，α－HMX 以及 LLM－105 在真空中的形貌，通过晶面结构分析预测了可能的溶剂-晶面相互作用及其对形貌的影响。本小节以 β－HMX 为研究对象，选用丙酮(偶极矩为 2.88 D)为溶剂，采用双层模型来校正真空中不同晶面的附着能，获得溶液中的晶体生长形貌并和实验结果做对比，探究溶剂在晶体形貌形成过程中的影响机制，为通过溶剂的合理选取来控制结晶形貌提供理论依据。

1. 模拟方法

2.2.1 节已经通过 AE 模型预测了 β－HMX 的真空形貌和形态学上重要的生长晶面，按照图 2－3 所示步骤构建双层模型。先沿着特定生长晶面的($h\ k\ l$)指数，对晶胞进行切割并扩展为 3×3 超晶面，晶面层厚度设定为 3 层。对所构建的超晶面依次进行分子力学优化和分子动力学模拟，所得稳定结构作为晶面层模型。按照丙酮溶剂密度(0.78 g/cm^3)、切割晶面大小和随机排列的方式建立一个包含 200 个丙酮分子的溶剂盒子，对其依次进行分子力学优化和分子动力学模拟，获得溶剂层模型。将溶剂层沿晶面的法向方向进行拼接，并在溶剂层上方建立 50 Å 的真空层。对所建双层模型依次进行分子力学优化和分子动力学模拟。分子力学优化参数设置：精度为“fine”，力场 Compass，力场指定电荷，静电和范德华力求和方法“Ewald”。分子动力学模拟参数设置：NVT 系综，温度为 550 K，温度控制方法为“Andersen”，时间步长为 1 fs，模拟时间为 140 ps，其他参数同分子力学优化。对基于分子动力学模拟的最终结构进行结构分析和能量计算。

2. β－HMX 在丙酮溶液中的重结晶

将 0.75 g HMX 边搅拌边加入 25 mL 的丙酮溶剂中(分析纯)，水浴加热到 60℃并保温至其完全溶解，再缓慢冷却至室温，HMX 在溶液中结晶析出，过滤、冷冻干燥得到样品，用扫描电镜(TM－1000，Hitachi，Japan)观察样品形貌。

3. 丙酮溶液中的形貌预测

β－HMX -丙酮溶剂双层界面模型的分子动力学模拟结果如图 2－12 所示，显示了丙酮分子与特定晶面的结合情况，其相互作用能列在表 2－7 中。结合结构和能量计算结果可以看出，5 个晶面均与丙酮溶剂层发生了不同程度的相互作用。对于(100)，可以观察到溶剂分子已经进入晶面层的台阶结构，在其表面形成了一层致密的溶剂层。表 2－7 中显示其相互作用能最大，为－177.28 kcal/mol，其中范德华力能为－103.94 kcal/mol，静电相互作用能为－73.34 kcal/mol。由于采用 Compass 力场，氢键相互作用包含在静电作用力中。和(100)相反，(020)和溶剂层的相互作用能最小，仅为－80.08 kcal/mol，由范德华力能－58.63 kcal/mol和静电相互作用能－21.45 kcal/mol 组成。

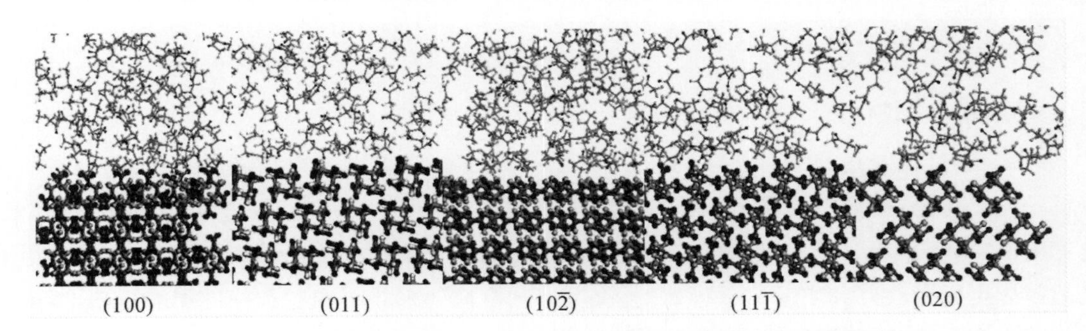

图 2-12　分子动力学模拟的 β-HMX 晶面-丙酮溶剂层的界面结构

表 2-7　β-HMX 主要晶面在真空和丙酮溶剂中的附着能和相对生长速率①

晶面	d_{hkl}	E_{att}	R^{b}②	E_s	E_{att}^{s}	R^{*}③
(011)	6.025	−26.01	1	−102.52	−10.60	1
(11 $\bar{1}$)	5.523	−39.52	1.52	−138.74	−15.70	1.48
(020)	5.525	−37.06	1.42	−80.08	−23.74	2.24
(100)	5.403	−51.59	1.98	−177.28	−9.57	0.90
(10 $\bar{2}$)	4.317	−42.28	1.62	−137.53	−23.47	2.21

注：①附着能 E_{att}，E_s，E_{att}^{s} 单位为 kcal/mol，晶面间距 d_{hkl} 单位为 Å；
②真空中不同晶面的相对生长速率；
③丙酮溶剂中不同晶面的相对生长速率。

基于真空中的附着能值，采用式(2-10)计算得到丙酮溶液中的附着能值 E_{att}^{s}，从而推出溶液中不同晶面的生长速率 R^{*}，由不同晶面的 R^{*} 即可获得溶液中的生长形貌(见图 2-13)。由表 2-7 可知，(011)的相对生长速率不变，而(100)则从生长最快的晶面变为生长最慢的晶面，从而成为形态学上的重要晶面。和(100)相反，(020)则由生长较慢的晶面变为生长最快的晶面，在生长过程中慢慢减小直至消失。(10 $\bar{2}$)的生长速率和(020)非常接近，也在最终形貌中消失。采用溶剂校正的 AE 模型预测的形貌与 2.2.1 节基于表面化学基团和拓扑结构对晶面-极性溶剂相互作用预测结果基本一致。此外，预测结果和实验形貌也吻合较好。

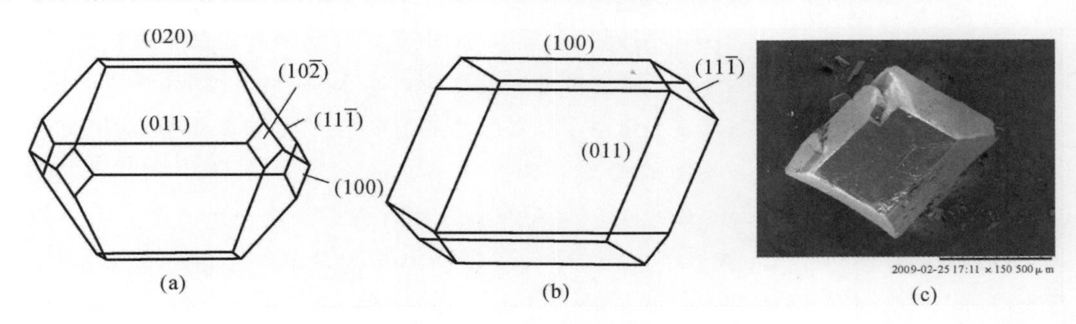

图 2-13　生长形貌

(a)AE 模型预测 β-HMX 在真空中的生长形貌；(b)校正后的 AE 模型预测 β-HMX 在丙酮溶剂中的生长形貌；(c)在丙酮溶剂中的重结晶形貌

在此工作之后，丙酮溶液中β-HMX的生长形貌引起了炸药研究者的广泛关注。同样采用溶剂校正后的AE模型，模拟得到的晶体形貌也有差异(见图2-14)。造成差异的原因很多，比如，模型的构建、模拟参数的设置、晶面-溶剂相互作用能的计算以及采用的附着能校正公式等，这些都将直接影响晶体形貌的预测结果。对晶体形貌预测研究一方面有助于结晶溶剂的选择，另一方面也可加深理解溶剂效应对晶面生长的影响。比如，刘英哲等探索了丙酮溶剂在晶面上的微观吸附行为，发现丙酮分子在HMX晶面法向上呈层状不均匀分布。从图2-15(a)显示的质量密度分布图可以看出，随着法向距离的增加，溶剂峰的波动逐渐减小，直至趋于体密度，说明此处溶剂分子已经不受晶面作用的影响，与体相中的分布一致。因此，在构建理论模型时，需在计算精度和效率之间进行平衡，合理选取溶剂层厚度。由图2-15(a)显示的丙酮溶剂和HMX(黑色)沿生长晶面(001)法向方向上的质量密度分布图可知，溶剂层厚度只需介于L1和L2层之间，就可获得所需的计算精度。除了溶剂在晶面法向方向分布的不均匀性，溶剂与晶面的相互作用也是不均匀的。溶剂分子与晶面上的某些位置(吸附位点)具有最强的结合力，能够长时间停留在这些位点，对溶质生长起着最大的阻碍作用。然而，在计算溶液中的附着能时，溶剂效应是通过“平均化”的晶面-溶剂相互作用能来体现[见式(2-14)]，掩盖了对溶质生长最为重要的吸附位点。这些吸附位点处的溶剂-晶面相互作用是决定晶面生长速率的关键因素。在图2-15(b)所示的晶体表面生长过程中，由于溶剂在吸附位点处的结合能力最强，所以可将溶质替换吸附位点处的溶剂看作是晶面生长的控制步骤。为此，刘英哲等基于附着能模型的理论框架，提出了一种晶体形貌预测新策略，即采用吸附位点处溶剂与溶质的结合能代替晶面-溶剂相互作用能，采用吸附位点处溶质与溶质的结合能代替真空中的附着能。采用这种新策略预测了丙酮溶液中HMX的生长形貌[见图2-14(d)]。显然，相比于基于溶剂-晶面相互作用能来校正附着能的计算方法，从晶体生长过程来看，这种对溶液中晶体形貌的预测策略更能揭示溶质和溶剂在晶面上的竞争机制以及具体的作用图像。

除了校正后的AE模型，文献中也报道了基于其他模型预测丙酮溶液中β-HMX的生长形貌，比如，占有率模型、螺旋生长模型和界面结构分析模型等(见图2-16)。可见，不同模型预测的晶体形貌均存在差异。

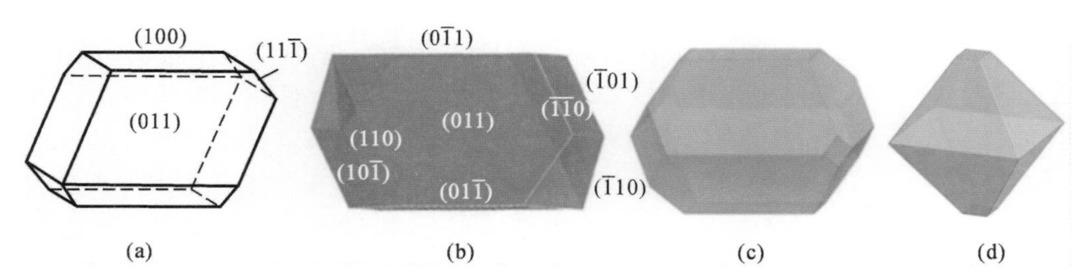

图2-14 基于不同校正方法的AE模型预测的丙酮溶液中β-HMX晶体形貌

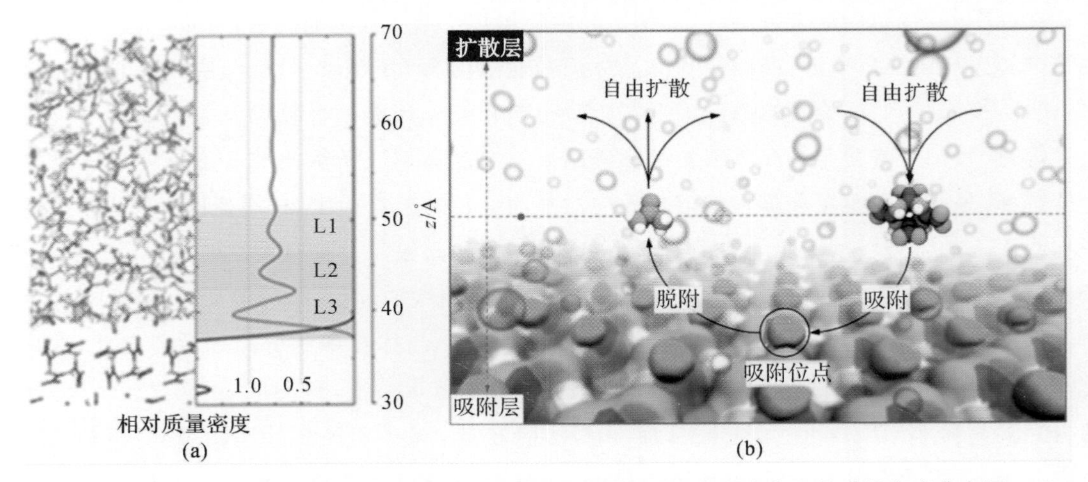

(a) (b)

图 2-15 (a)丙酮溶剂和 β-HMX(黑色)沿生长晶面(001)法向方向上的质量密度分布图；(b)晶体表面生长过程示意图

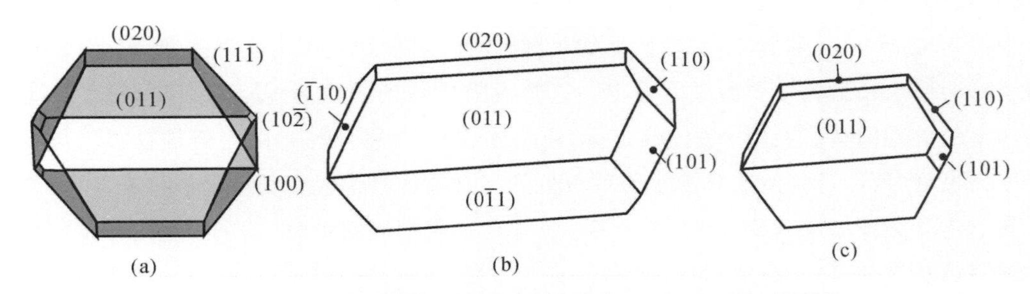

(a) (b) (c)

图 2-16 基于不同模型预测丙酮溶液中 β-HMX 的生长形貌

2.2.2.2 DMSO 和 DMSO+H_2O 中 LLM-105 的晶体形貌

现在将对比研究 DMSO 和 DMSO+H_2O 溶剂中 LLM-105 的晶体形貌。对于具有氢键良给体和受体的 LLM-105，重点考察强极性溶剂 H_2O 的加入对能量因素的影响，为通过溶剂来调控炸药形貌提供理论参考。基于双层界面模型的分子动力学模拟，计算得到在 DMSO 和 DMSO+H_2O(物质的量比为 1∶1，下同)混合溶剂中的附着能 E_{att}，结果见表 2-8。从表 2-8 可以看出，两种溶剂均与各个晶面发生了一定程度的相互作用，包括静电相互作用和范德华力，其中范德华力占主要地位。但各个晶面的表面化学和拓扑结构的不同，导致相互作用能差异较大。比如，DMSO 与(020)的相互作用能为 -12.46 kcal/mol(E_{van} = -9.28 kcal/mol，E_{ele} = -3.18 kcal/mol)，而与(101)的相互作用则为 -49.36 kcal/mol(E_{van} = -34.35 kcal/mol，E_{ele} = -15.28 kcal/mol)。在 DMSO 中加入相等的物质的量的 H_2O 后，总的相互作用稍有增加，其中静电相互作用明显增强，范德华力则相应减弱。这是因为，H_2O 可以提供比 DMSO 更好的氢键受体和给体，更易与 LLM-105 晶面上的—NH_2，—NO_2 和—N→O 形成氢键。不同晶面相互作用能的差异也可直观地从 MD 模拟的最终结构上得到体现。图 2-17 作为例子仅展现了三个晶面 MD 模拟前后的界面结构，表现出空间结构和基团的差异导致溶剂和晶面相互接触面和结合强度的不同。表 2-8 的最后两行为两种溶剂中校正后的附着能，即

E_{att}。相对于真空中的附着能，其绝对值均降低。其中，(101)晶面的变化最大，其绝对值从真空中的 78.12 kcal/mol 降低到 28.49 kcal/mol(DMSO)和 25.42 kcal/mol(H_2O+DMSO)，说明该晶面的溶剂效应更为突出，从而也使该晶面从真空中生长速率最快的晶面，变为两种溶剂中生长速率最慢的晶面，大大增加了其形态学上的重要性。两种溶剂中附着能绝对值最大的均为$(10\bar{1})$，在生长过程逐渐变小直至消失。

表 2-8　溶剂效应校正后的附着能计算　　单位：kcal/mol

晶面	(020)	(011)	$(10\bar{1})$	(110)	$(11\bar{1})$	(101)
E_{att}	−43.45	−53.34	−64.71	−65.58	−69.35	−78.12
E_{int}(DMSO)	−12.46	−24.62	−25.26	−35.41	−37.23	−49.36
E_{van}(DMSO)	−9.28	−18.78	−20.21	−27.52	−27.73	−34.35
E_{ele}(DMSO)	−3.18	−5.84	−5.04	−7.88	−9.50	−15.28
E_{int}(DMSO+H_2O)	−12.32	−26.78	−26.84	−37.85	−37.01	−52.70
E_{van}(DMSO+H_2O)	−7.29	−16.64	−16.85	−24.86	−22.55	−25.14
E_{ele}(DMSO+H_2O)	−5.03	−10.14	−9.98	−12.98	−14.46	−27.56
E'_{att}(DMSO)	−30.99	−28.72	−39.45	−30.17	−32.12	−28.49
E'_{att}(DMSO+H_2O)	−31.13	−26.56	−38.74	−27.73	−32.34	−25.42

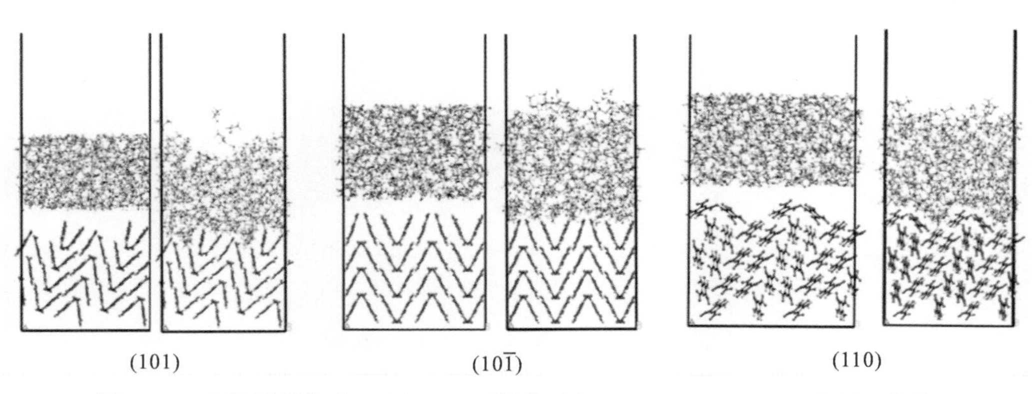

图 2-17　MD 模拟前后 LLM-105 不同晶面和 DMSO+H_2O(1∶1)的界面结构

根据校正后的附着能预测的晶体形貌如图 2-18 所示。为了对比方便，实验形貌图也一并显示在图 2-18 中。溶剂中各个晶面的显露面占总显露面的百分数列于表 2-9 中。首先，理论模拟形貌和实验形貌吻合较好。其次，和真空形貌相比，$(10\bar{1})$消失，(101)和$(11\bar{1})$的显露面增加，(020)的显露面减小，导致溶液中 LLM-105 晶体的长径比降低。此外，H_2O 的加入对结晶形貌起到了一定的调控作用。

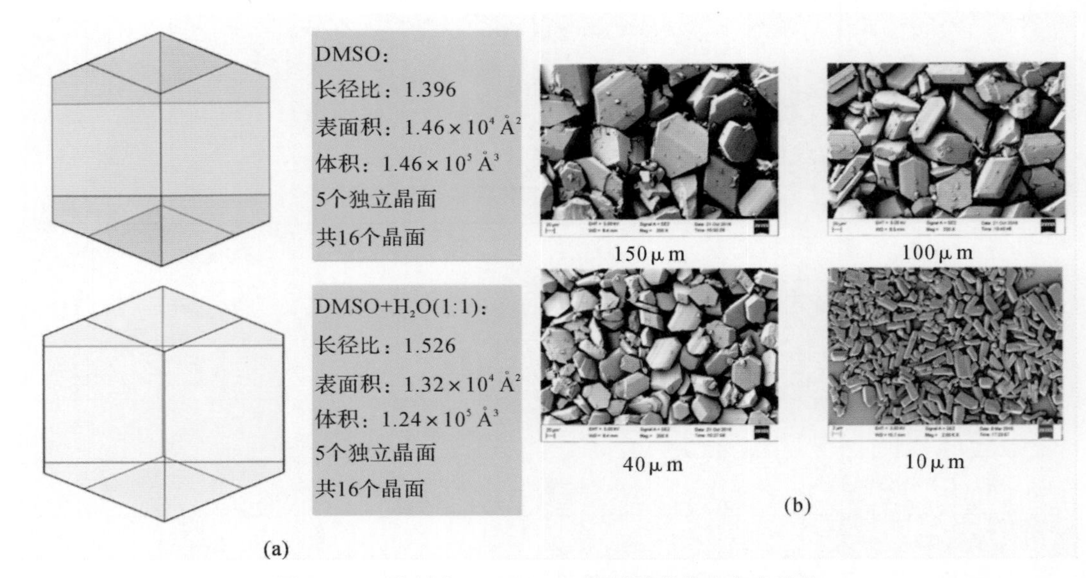

图 2－18　溶剂中 LLM－105 的预测形貌和实验形貌

(a)预测形貌；(b)实验形貌

表 2－9　LLM－105 溶剂和真空中的形貌(显露面占总显露面的百分数)对比 单位：%

晶面		(020)	(011)	$(10\bar{1})$	(110)	$(11\bar{1})$	(101)
$S_{显}/S_{总显}$	DMSO	16.95	33.64		20.93	18.87	9.61
	DMSO＋H_2O	14.28	36.72		24.92	13.69	10.39
	真空	28.60	35.72	10.21	20.07	5.01	0.39

图 2－19 和图 2－20 显示了 H_2O 和 DMSO 分子在垂直于界面方向的分布和扩散情况。可以看出，不同的晶面对 H_2O 和 DMSO 的亲和程度不同，分布浓度表现出了较强的方向性和不均匀性。有的晶面亲水性更强，比如(101)和(110)面上 H_2O 的浓度明显高于其他晶面，而$(11\bar{1})$面上 H_2O 的浓度就低得多。DMSO 在浓度分布方面的变化趋势不如 H_2O 明显。此外，两种分子在不同晶面上的扩散速率也表现出了较强的差异性。比如，H_2O 在(011)上的扩散系数 D 最大，为 $0.235\times10^{-8}\ m^2\cdot s^{-1}$，而在(101)面最小，为 $0.158\times10^{-8}\ m^2\cdot s^{-1}$。对 DMSO 而言，扩散系数在不同晶面的差异更大。其中(020)$(10\bar{1})$和$(11\bar{1})$三个晶面上的扩散系数最小，约为 $0.06\times10^{-8}\ m^2\cdot s^{-1}$，(011)最大，为 $0.137\times10^{-8}\ m^2\cdot s^{-1}$。此外，$H_2O$ 的扩散速率比 DMSO 快，这与 H_2O 的体积比 DMSO 小得多有关。不同溶剂分子在界面上的浓度分布和扩散系数大小与它们和晶面的相互作用强弱有关，从而影响到晶体的最终形貌。

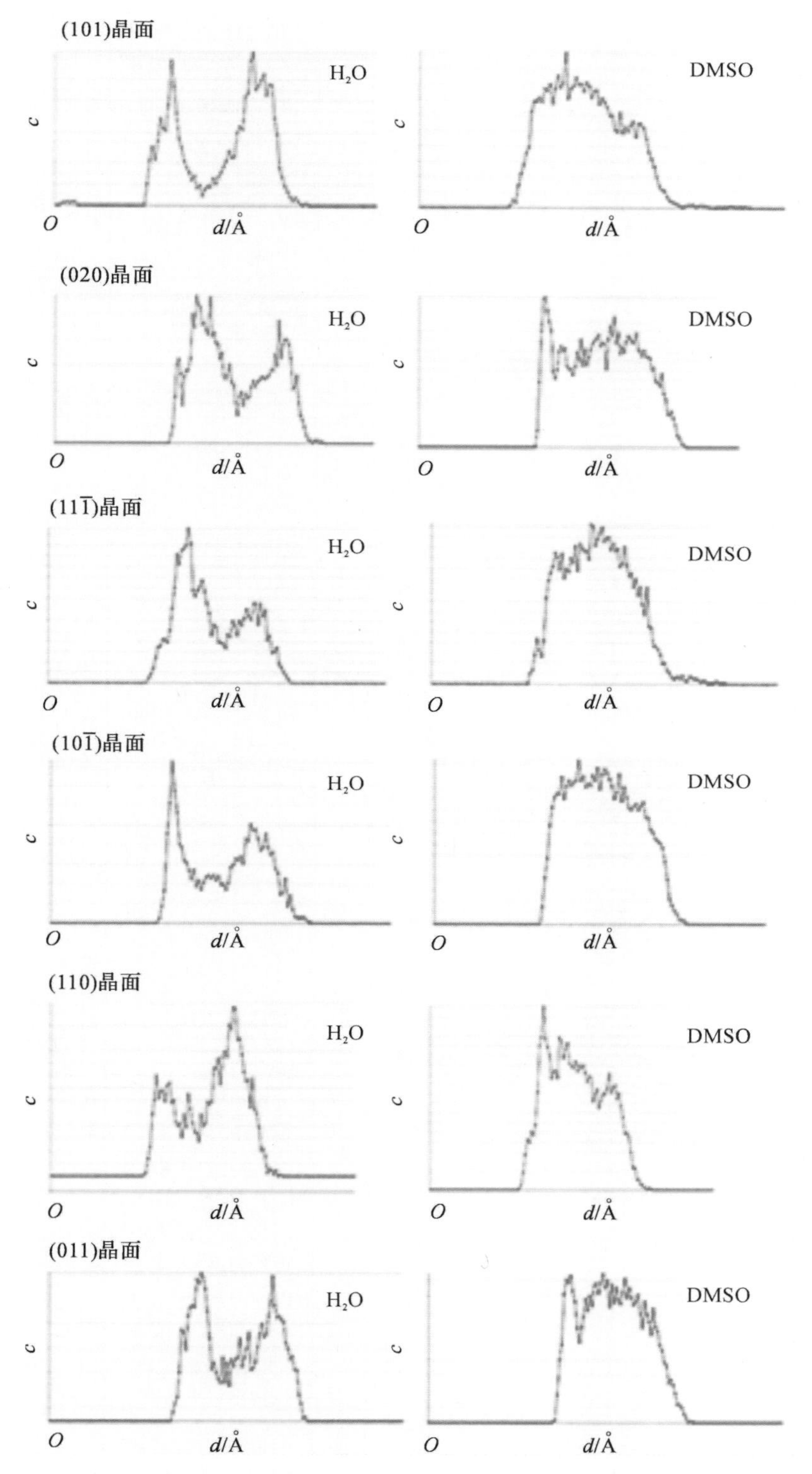

图 2-19　沿 z 轴方向 H_2O 和 DMSO 的浓度分布图(横坐标 d 为距离，纵坐标 c 为相对浓度)

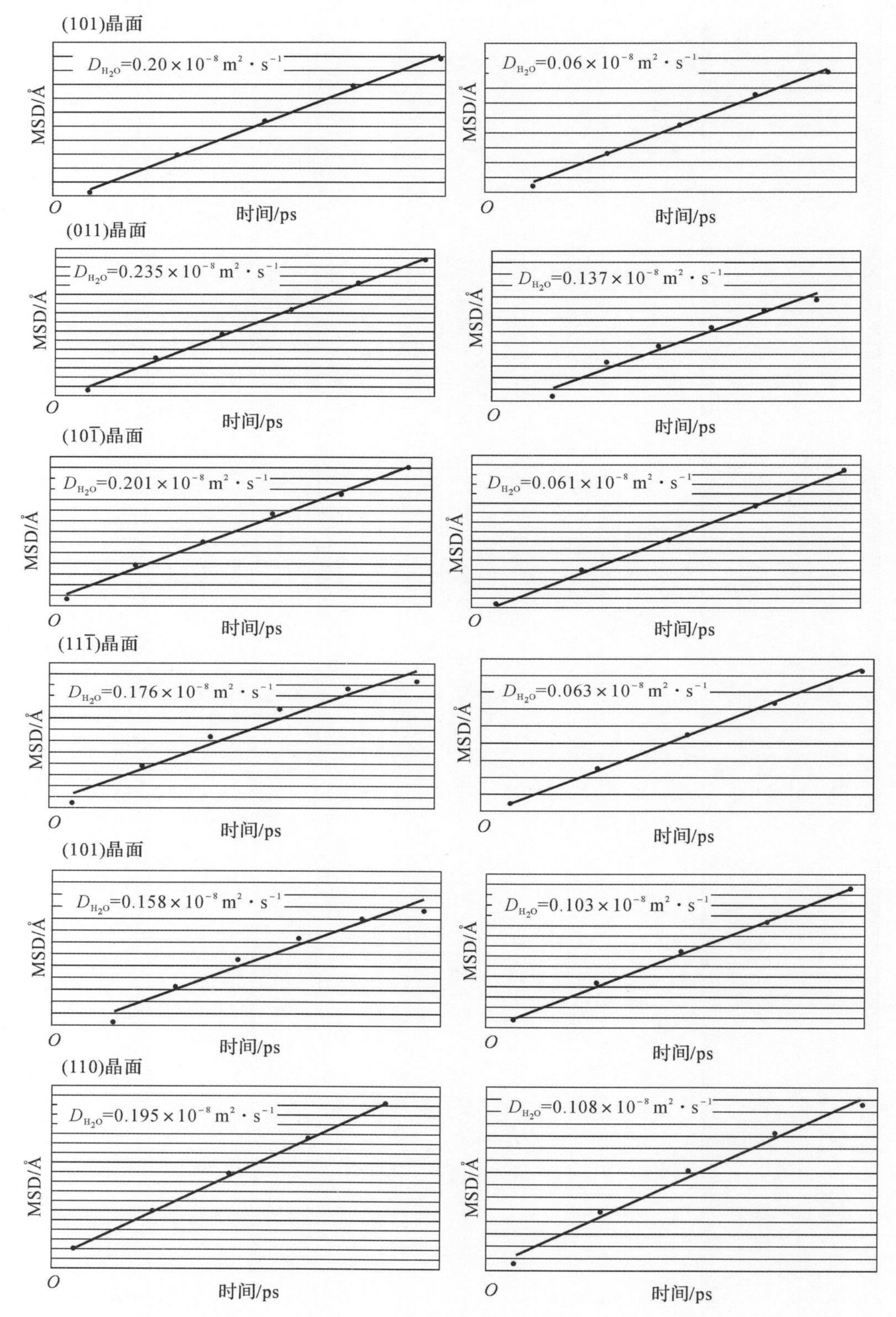

图 2-20 在垂直界面方向(z 轴)H_2O(左图)和 DMSO(右图)的均方位移(MSD)和扩散系数(D)

以上研究表明，作为一个强极性、体积小，同时具有氢键良受体和良给体的溶剂分子，采用混合溶剂，通过控制 H_2O 的比例来调控晶体形貌是可行的。

通过对 LLM－105 的分子、晶体及晶面结构、分子间相互作用以及真空和溶剂中晶体形貌的理论模拟，可以得出以下结论。

(1)LLM－105 晶体中分子间主要相互作用为 O…H 氢键，占到了总相互作用的 41.2%，而重原子之间的静电相互作用 O…N，C…O，O…O，分别占 14.3%，12.7%和 12.3%。

(2)采用 AE 模型预测真空中 LLM－105 的晶体形貌长径比为 1.816，由 6 个独立晶面组成，分别为(020)(011)($10\bar{1}$)(110)($11\bar{1}$)和(101)，其中显露面最大晶面为(011)，占整个显露面的 35.72%，其次是(020)(28.60%)和(110)(20.07%)，显露面最小的为(101)，仅为0.39%。这 6 个晶面的化学组成和拓扑结构各不相同，表现在显露面上—NO_2，—NH_2，—N→O 等基团的分布、密度和溶剂可接触面积上。溶剂可接触面积最大的是(101)(267.88 $Å^2$)，随后为(110)(244.38 $Å^2$)和($11\bar{1}$)(224.32 $Å^2$)，最小的为(020)(57.71 $Å^2$)。

(3)采用校正后的 AE 模型，预测在溶剂 DMSO 和 DMSO＋H_2O(1：1)中，LLM－105 的结晶形貌由独立的 6 个晶面减少到 5 个。($10\bar{1}$)在两种溶剂中的附着能绝对值最大，生长速率最快，从而在最终的形貌中消失。(101)和($11\bar{1}$)的显露面明显增加，而(020)显著降低。最大显露面(011)变化不大。相较于 DMSO 单一溶剂，混合溶剂中 H_2O 的加入使附着能中静电相互作用增强，范德华力减弱，总的相互作用稍有增加。

(4)混合溶剂在垂直界面方向的浓度分布以及扩散系数模拟结果表明，两种溶剂在该方向上的浓度分布表现出了明显的方向性和不均匀性，有的晶面 H_2O 的浓度高于其他晶面，DMSO 的变化趋势不如 H_2O 明显。两种溶剂分子在不同晶面的扩散系数也差异较大，并且，H_2O 的扩散速率明显比 DMSO 快。

2.2.3　炸药形貌预测的研究进展

目前，在几种预测模型中，AE 模型由于其预测精度更高而被广泛用于炸药晶体形貌预测，研究对象已从最初的 HMX，TATB 等分子晶体发展到离子晶体和含能共晶，其时间进程如图 2－21 所示。这些工作采用分子动力学模拟技术，预测了炸药在真空、(混合)溶剂、添加剂等不同生长条件的晶体形貌，并讨论了温度效应对晶体形貌的影响。此外，结合径向分布函数、扩散系数等计算分析方法，揭示了溶剂与生长晶面的微观作用状态。在理论模型建立、模拟方法选择和模拟参数设置、溶剂-晶面相互作用能计算、附着能的校正方法等方面，为炸药晶体形貌预测奠定了基础，为炸药晶体形貌的实际调控提供了理论和方法支撑，加深了对晶体生长微观过程的认识。由于 AE 模型仅仅基于恒定生长速率的简单假设，即每个晶面的生长速率是恒定的，无法同时考虑热力学和动力学因素，与晶体实际生长条件相差甚远，预测的晶体形貌有时与实验结果相差较大。因此，炸药晶体生长形貌的准确预测还有很长的路要走，不仅需要从源头上克服理论模型的缺陷，发展新的晶体形貌预测方法，还需进一步提高理论模拟精度，开发新的源程序。此外，目前大部分模拟工作主要研究了单一因素，比如溶剂、添加剂、温度等，对炸药晶体形貌的影响，而实际的结晶过程是在诸多因素的协同作用下进行的，因此，如何建立耦合多种因素的理论模型和校正方法，也是形貌预测工作进一步发展的方向。

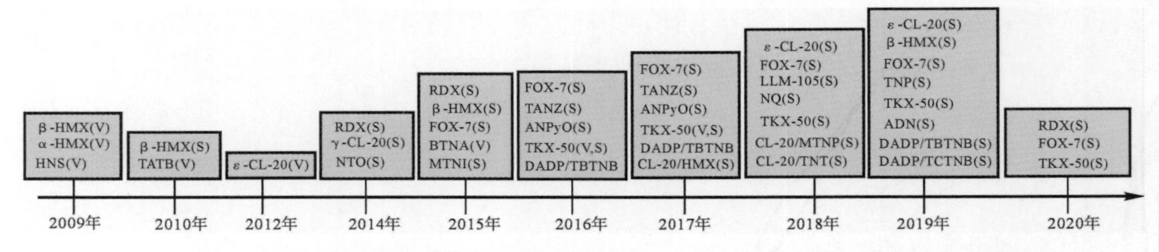

图 2-21　近 10 年炸药形貌预测研究进程(括号中的 V 表示真空形貌,S 表示溶液中的形貌)

2.3　专题:β-HMX 晶体生长中孔隙生成与演化机制

HMX 晶体内部缺陷、颗粒尺寸、表面形态对炸药感度均有影响。研究表明,引起 HMX 爆炸的热点源,往往是晶体内部的孔隙、分子空位、位错、气孔以及其他缺陷等。在这些缺陷中,究竟是哪种缺陷对感度起决定作用,目前还未有定论。一些研究人员认为,冲击波作用下孔隙的塌陷是引发炸药爆炸的一个重要机理。一些理论模拟也给出了可能的解释,即孔隙或空位能诱导引发键 N — NO_2 的弱化,降低 HMX 分解反应的活化能,加速反应的动力学过程。由此可以看出,通过构建孔隙缺陷的微结构模型,理论模拟孔隙缺陷随时间演化的动态过程,可为热点形成机制提供原子分子层次的微观信息。

2.3.1　β-HMX 晶体内孔隙演化

2.3.1.1　模拟方法

对 β-HMX 的单胞进行分子力学优化,优化晶胞参数,精度为“Fine”,方法为“Smart”。然后扩展单胞为 5×5×5 的超胞,超胞含 250 个 HMX 分子,7 000 个原子,其(100)投影图如图 2-22(a)所示。随后,按图 2-22(b)~(d)所示,从超胞中依次移去 25 个 HMX 分子,对应于材料中 10%的空位率。孔隙 A 仅含一个尺寸为 25 的孔隙,孔隙 B 含两个孔隙(尺寸分别为 5 和 20),孔隙 C 含两个孔隙(尺寸分别为 10 和 15)。这里孔隙尺寸用取代的 HMX 分子个数来表示。所建模型一方面可用来考察孔隙大小对其演化趋势的影响,另一方面,还可用来考察孔隙相互作用引起的贯穿现象。

采用和单胞完全相同的方法对以上所建模型进行结构优化,在最优结构的基础上,采用退火分子动力学方法调整晶胞参数、弛豫分子结构,以适应孔隙存在所带来的内应力变化。每个退火循环所得到的最低能量结构在输出之前用“Smart”方法在“Fine”精度上进行优化。在运行退火分子动力学时,初始温度和中间温度分别为 300 K 和 400 K,一次循环加热过程中的温度梯度步数为 5,每步梯度运行动力学 10 000 步。MD 模拟采用 NVT 系综、步长 1fs、Ewald 法,计算库伦和范德华力相互作用,精度为“Fine”,温度用“Nose”控温法,采用默认的 Q 值。在 MD 模拟中采用 Compass 力场,该力场已成功用于 HMX 的晶面、HMX 和 RDX 与氟聚物的界面、HMX 的多晶型转换等 MD 模拟中,表明其可有效用于 HMX 的理论模拟。

基于退火动力学获得的最低能量孔隙结构,运行 1 ns 的 MD 模拟,以研究孔隙演化的动力学特征,其他 MD 模拟参数与以上退火动力学相同。

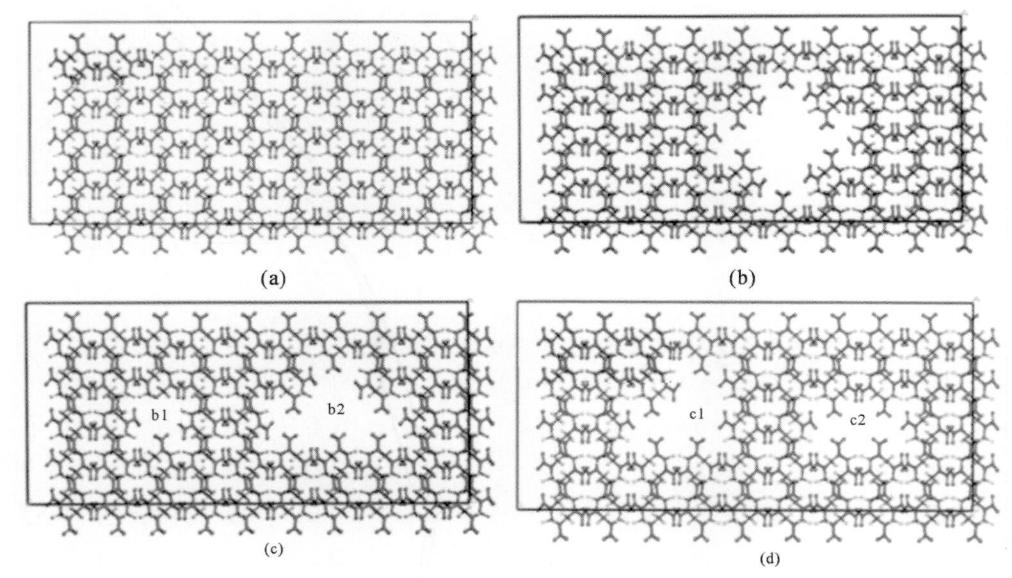

图 2-22　完美体系和含孔隙的理论模型

(a)完美单晶；(b)孔隙 A；(c)孔隙 B；(d)孔隙 C

气相 HMX 分子不同构象之间转换所需活化能的计算采用 QST3 方法。该方法运用协同转化引导的准牛顿方法来搜寻过渡态，即用二次方程协同变换反应物和产物，或者再加上一个过渡态的猜测结构，逼近过渡态势能面的二次近似区域，然后用准牛顿或本征向量跟踪算法来完成优化。采用密度泛函(DFT)方法，泛函为 B3LYP，基组为 6－31＋＋G(d, p)，收敛标准设为“Tight”。首先在 B3LYP/6－31＋＋G(d, p)水平上优化各个构象的分子结构，其次采用 QST3 法搜寻过渡态，最后在优化结构的基础上计算谐振子振动频率。

2.3.1.2　孔隙的能量计算

采用退火动力学得到的最低能量结构，计算孔隙缺陷的生成能、每个分子的平均结合能以及局域结合能。

生成能的计算公式如下：

$$E_{\mathrm{f}(n)}=E_{\mathrm{syst}(n)}+nE_{\mathrm{mol}}-E_{\mathrm{syst}(0)} \tag{2-16}$$

式中：$E_{\mathrm{f}(n)}$——生成能，kcal/mol；

n——孔隙中可含的分子个数；

$E_{\mathrm{syst}(n)}$——孔隙中可含分子个数为 n 的体系基态能量，kcal/mol；

E_{mol}——气态 β-HMX 分子的能量，kcal/mol；

$E_{\mathrm{syst}(0)}$——不含孔隙的完美体系基态能量，kcal/mol。

生成能代表了从晶格中移除和分离 n 个分子所需的能量，计算中考虑了孔隙带来的晶格弛豫。每个分子的平均结合能 E_{b} 用来考察将晶格分离成独立分子所需的能量，其值按下式计算：

$$E_{\mathrm{b}}=\frac{(N-n)E_{\mathrm{mol}}-E_{\mathrm{syst}(n)}}{N-n} \tag{2-17}$$

式中：N——完美体系中的分子个数，计算所得能量值见表 2-10。

表 2-10　不同类型孔隙的能量　　单位：kcal/mol

		$E_{f(n)}/n$	E_b
能量	孔隙 A	55.80	33.40
	孔隙 B	60.80	32.85
	孔隙 C	62.20	32.69

生成能是由移除分子与各个方向的分子间相互作用决定的，对一个大的孔隙，其相互作用的数目和强度相对于小孔隙而言有所降低。从不同模型的能量计算结果可以看出，当一个大的孔隙分成两个小孔隙时，每个分子的生成能 $E_{f(n)}/n$ 增加，且孔隙越大生成能越小。

由于孔隙体积仅占整个晶格的 10%，其对 E_b 的影响很小。对所有体系而言，其值在 32～34 kcal/mol 之间。此值非常接近采用相同力场和方法计算的 HMX 晶格能（35.64 kcal/mol）。相对于实验值（40.71 kcal/mol），计算相对误差为 12%。

晶格某点 x 的局域结合能 $E_{n(n,x)}$ 按下式计算：

$$E_{n(n,x)}=E_{(n,x)}-E_{(n)} \tag{2-18}$$

式中：$E_{(n)}$—— 孔隙中可含分子个数为 n 的体系基态能量，kcal/mol；

$E_{(n,x)}$—— 同一体系从 x 点移去一个分子后的基态能量，kcal/mol。

式(2-18)的计算包含分子间相互作用和构象弛豫。式(2-18)只计算了孔隙 A 的 $E_{(n,x)}$，以此表征晶体由于孔隙而产生的能量变化。对孔隙表面或附近的分子，$E_{(n,x)}$ 的平均值为 264.32 kcal/mol，相对于完美单晶体系的 300.34 kcal/mol，该值大大降低，这是表面或邻近分子与其他分子的相互作用减少以及构象变化所致。此后，$E_{(n,x)}$ 随着离开孔隙表面的距离增加而逐渐增加。当距离增加到 10 Å 时，$E_{(n,x)}$ 围绕 300 kcal/mol 上下波动，表明此时结构非常接近完美晶体。

2.3.1.3　孔隙 A 中 HMX 分子的热行为

以孔隙 A 为例研究孔隙动力学演化特征的温度效应。在 300 K，350 K 和 400 K 三个温度下进行 MD 模拟。模拟温度的选取基于如下考虑：①低于 β-HMX 晶体的熔点；②MD 模拟过程中没有晶型转变。文献报道 β-HMX 晶体的熔点位于 540～550 K。Landers 和 Brill 的实验研究结果表明：如果压力 $p<0.12$ GPa，β→δ 晶型转变发生在 $T=422～463$ K；如果 $p>0.12$ GPa，β-HMX 在 551 K 下均可稳定存在。采用 ReaxFF 力场的 MD 模拟预测，常压下 β-HMX 在 303～423 K 温度范围内是稳定的，最终选择 300 K，350 K 和 400 K 作为模拟温度。

模拟结果表明，随着模拟过程的推进，孔隙最终完全塌陷。模拟温度越高，孔隙塌陷越快。在最终的结构中，有约 50 个 HMX 分子塌陷到孔隙中。对这些塌陷的分子，计算了每个分子在不同温度下的能量，其能量分布如图 2-23 所示。单个分子的能量在 300 K 时围绕 −202.19 kcal/mol，350 K 围绕 −198.19 kcal/mol，400 K 时围绕 −195.17 kcal/mol 上下波动。可以看出，模拟温度越高，塌陷分子的能量越大。

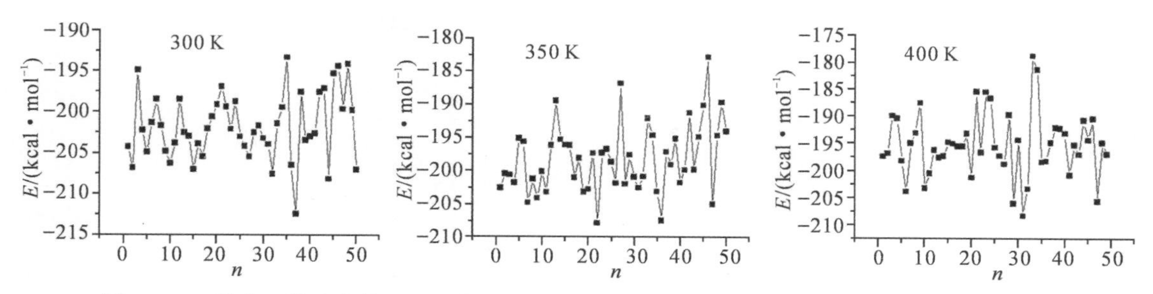

图 2-23　塌陷于孔隙中的 HMX 分子在不同温度下的能量分布(横坐标 n 为 HMX 分子数)

HMX 质心的均方位移随时间的演化行为如图 2-24 所示，由此可区分固相和液相。对于液相体系，由于没有内在的周期结构，均方位移随时间增加逐渐增加。对于固态体系，均方位移则围绕一个平均值上下振荡。从图 2-24 中的曲线可明显看出，均方位移随时间而增加，表现出液态结构特征。350 K 和 400 K 的分子运动速率比较接近，但比 300 K 时快得多。随着运行时间的增加，分子扩散越来越快，特别是 800 ps 以后，这可能是由于孔隙塌陷导致相互作用的数目和强度发生了变化。失去了晶格束缚，液态 HMX 的快速运动可能会加速 HMX 的分解反应。

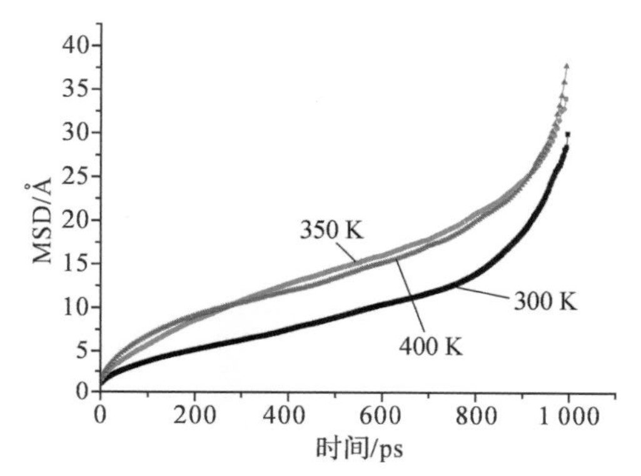

图 2-24　孔隙 A 中塌陷的 HMX 分子在不同温度下的 MSD 曲线

2.3.1.4　孔隙中 HMX 的分子构象

已知具有 C_2 对称性的“α”构象对应于 α-HMX 晶体中的分子结构，与 γ 晶型和 δ 晶型中的构象非常接近。具有 C_1 对称性的“β”构象，则对应 β-HMX 晶体中的分子结构。除了这些分子构象，Smith G. D.等人通过理论计算还发现了两种能量更低的构象，即 C_1 对称性的能量最低的 BC 构象和 C_2 对称性的 BB 构象。对孔隙中塌陷的分子，类似的这四种构象均被发现(见图 2-25)，各构象所占比例见表 2-11。由于变形，这些构象没有任何对称性，属于何种构象仅从硝基的相对位置来加以判断。

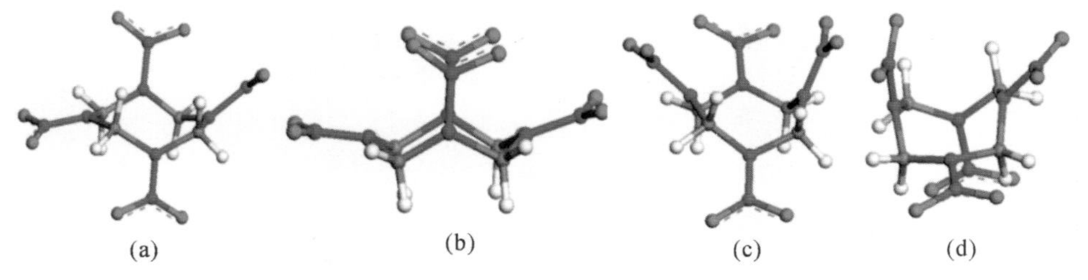

图 2-25　塌陷在孔隙中的 HMX 分子的不同构象

(a)β-HMX；(b)α-HMX；(c) BC-HMX；(d)BB-HMX

表 2－11　塌陷在孔隙中的 HMX 分子各构象所占比例

孔隙	尺寸[①]/μm	温度/K	n[②]	R_{β}[③]/%	R_{α}[③]/%	R_{BC}[③]/%	R_{BB}[③]/%
孔隙 A	25	300	50	35.3	2	52.9	9.8
孔隙 A	25	350	50	28	10	50	12
孔隙 A	25	400	50	31.4	16.3	34.7	16.3
孔隙 B_1	5	300	0	0	0	0	0
孔隙 B_2	20	300	43	48.8	2.3	39.5	9.3
孔隙 C_1	10	300	0	0	0	0	0
孔隙 C_2	15	300	5	0	0	40	60

注：①尺寸用分子个数来表示，下同；
②塌陷在孔隙中的 HMX 分子数目；
③HMX 分子不同构象所占比例。

对孔隙 A，塌陷到孔隙中的分子数为 50。在这 50 个分子中，图 2－25 所示四种构象均被观察到，但各构象所占比例不同。300 K 时，BC－HMX 构象所占比例最大(52.9%)，其次是 β－HMX 构象，α－HMX 分子在所塌陷的分子中是最少的。可以看出，失去了晶格束缚，分子趋向于低能状态。在这 4 种构象中，BC－HMX 和 BB－HMX 能量最低。因此，由 β－HMX 向 BC－HMX 和 BB－HMX 的转换是放热反应，而向 α－HMX 的转换则是吸热反应。按照阿仑尼乌斯公式，温度的升高有利于该反应向正方向进行，导致 α－HMX 分子的比例大大增加。比如孔隙 A 中，α－HMX 分子的比例从 2%增加到 16.3%。其次，BB－HMX 构象的比例也增加，然而 BC－HMX 构象的比例则大大降低，这可由各构象间相互转换的活化能垒加以解释，其转换的活化能见表 2－12。

表 2－12　HMX 分子的各构象转换活化能

	活化能/(kcal·mol^{-1})					
	β—α	β—BB	β—BC	α—BB	α—BC	BB—BC
正向	7.82	7.94	2.47	5.13	−0.87	1.16
逆向	5.13	6.11	2.29	6.11	1.30	2.29

从表 2－12 可见，β－HMX 到 BB－HMX 的正、逆活化能均高于 BC－HMX，因此 β－HMX 到 BB－HMX 的构象转换对温度变化更敏感。此外，所有构象中 BC－HMX 所占比例最大，这不但与 BC－HMX 在这 4 种构象中能量最低有关，还与从 β－HMX 向 BC－HMX 转换的活化能最低有关。此外，随着温度升高，α－HMX 构象的分子数目增加。高能不稳定的 α－HMX 分子可降低 N—NO_2 键断裂反应的活化能，加快分解反应，导致起爆感度更高，这与热点形成机制吻合。模拟结果表明，孔隙附近的一部分 α－HMX 分子可能最早发生分解，进而引发邻近 HMX 分解，使孔隙成为热点源。

随着孔隙尺寸变小,孔隙的塌陷变得困难。对孔隙 B 和孔隙 C 而言,尺寸为 5 和 10 的小孔隙几乎没有塌陷,仅是孔隙的尺寸变小。孔隙尺寸为 20 的孔隙完全塌陷,共有 43 个分子迁移到孔隙中。在这 43 个分子中,主要构象仍为 β - HMX(48.8%),其次是 BC - HMX 构象(39.5%),α - HMX 分子仅占 2.3% [见表 2 - 8 和图 2 - 26(b)]。尺寸为 15 的孔隙,有 5 个分子迁移到孔隙中,其中 3 个分子是 BB - HMX 构象,2 个是 BC - HMX。这也进一步证实了失去晶格束缚(比如气相和液相),HMX 分子趋向于低能的 BB - HMX 和 BC - HMX 构象。显然,相对于大孔隙,小孔隙附近的分子应力大大降低,将分子拉向孔隙的净作用力变小,因此小孔隙不易塌陷。此外,对孔隙 B 和孔隙 C,在现有模拟尺度上未观察到孔隙的贯穿现象。

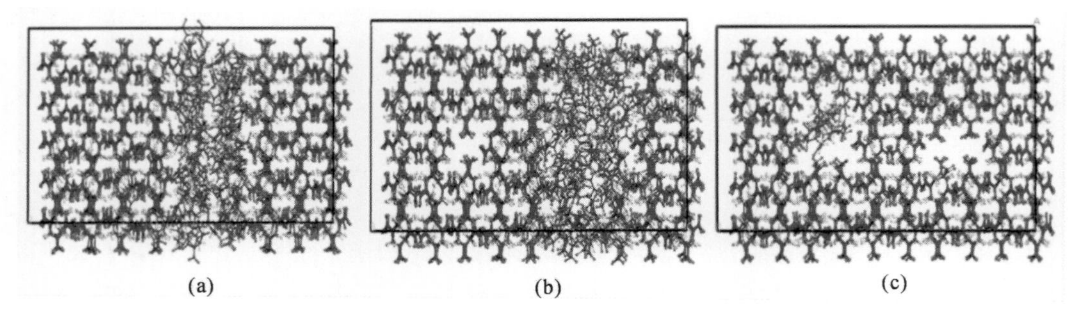

图 2 - 26　1 ns 后孔隙结构在[100]方向的投影

(a)孔隙 A;(b)孔隙 B;(c)孔隙 C

通常来讲,晶体中插入一个孔隙趋向于改变平衡晶格参数。Boyd 等人的研究表明,在所研究的孔隙尺寸中,伴随孔隙形成所带来的晶格参数的变化小于 0.3%。当孔隙尺寸为 30 时,其变化最大,但也仅为 0.29%。在本书中,由于采用 NVT 系综,其体积保持不变,孔隙的形成必将带来压力增加。表 2 - 13 列出了 MD 模拟确定的不同模型的压力值。和大气压力相比,系统压力大大增加。也就是说,压力在某种程度上也促进了孔隙的塌陷。此外,从表 2 - 13 还可看出,系统压力随模拟温度的增加而增加,而孔隙的塌陷有利于压力的降低。并且,按照 Landers 和 Brill 的实验结果,在这些压力下,β - HMX 在 300～400 K 的温度范围内仍然稳定。

表 2 - 13　不同温度下不同类型孔隙的压力

孔隙	温度/K	初始压力/GPa	终点压力/GPa	平均压力/GPa
孔隙 A	300	0.427	0.029	0.053
孔隙 A	350	0.466	0.110	0.100
孔隙 A	400	0.535	0.487	0.162
孔隙 B	300	0.412	0.209	0.233
孔隙 C	300	0.392	0.340	0.418

在 Boyd 等人的工作中,对一个仅含 216 个 RDX 分子的小体系,即使孔隙尺寸高达 30,孔隙浓度为 13.9%,仍未观察到孔隙塌陷。可认为,造成差异的主要原因是模拟温度和压力。Sylke 等人采用分段模拟退火方法,将体系从最初的 250 K 冷却到 10 K,压力为 1 atm(1 atm≈1.01×10^5 Pa),模拟时间为 500 ps。可以看出,Sylke 等人采用的模拟温度和

压力都低于本研究的模拟值。另外，包括力场和 MD 参数设置以及平衡质量等模拟条件也会对计算结果产生影响。

对 4 种 HMX 不同构象的能量计算表明，Compass 力场在重现 HMX 量子化学构象能方面可提供可靠结果。以 400 K 时塌陷到孔隙 A 中的 HMX 分子为例，分子力场得到不同构象 HMX 分子的平均能量见表 2－14。

表 2－14　4 种 HMX 分子构象的能量

	能量/(kcal・mol^{-1})			
	α－HMX	β－HMX	BC－HMX	BB－HMX
ff①	3.7	0.9	0	−0.6
qc②	4.3	0.8	0	0.5

注：①400 K 时塌陷到孔隙 A 中的 HMX 分子平均能量；

②在 B3LYP/6－311G＊＊//MP2/6－311G＊＊水平上计算得到的量子化学能量。

表 2－14 中，ff 表示采用力场计算方法获得的能量，qc 表示采用量子化学计算方法获得的能量。相对于 BC－HMX 构象，力场方法准确地再现了 β－HMX 构象的能量。计算给出 β－HMX 构象的相对能量为 0.9 kcal/mol，而量子化学方法的计算值为 0.8 kcal/mol。对力场在 HMX 结晶模拟方面的应用，能否再现 α－HMX 和 β－HMX 构象的能量差很重要。采用力场方法计算的差值为 2.8 kcal/mol，在 MP2 水平上的量子化学计算差值则为 3.5 kcal/mol。此外，和量子化学计算相反，力场方法表明 BB－HMX 构象的能量低于 BC－HMX。

上述结果表明，孔隙越大越易塌陷，塌陷到孔隙中的 HMX 分子显示了液态特征，能量更高，运动速率更快。对迁移到孔隙中的分子，其构象发生了变化和重构。除了在结晶相 HMX 中发现的 α－HMX 和 β－HMX 两种构象外，在塌陷的分子中还观察到了另外两种在结晶相中未发现的低能构象 BB－HMX 和 BC－HMX。4 种构象所占比例随温度而改变，其中 α－HMX 构象随温度增加而增加。可以预测，当温度足够高时，所有的 HMX 分子都可能转为 α－HMX 构象，这将大大增加 HMX 的起爆感度。

2.3.2　δ－HMX 和 β－HMX 晶体孔隙缺陷演化对比

HMX 的四种晶相(α，β，δ 和 γ)在室温下的相对稳定性为 β>α>γ>δ，其密度大小也遵从相同顺序。当温度升高到 435 K 时，单斜 β 晶相将转变为六方 δ 晶相，而 δ 晶相是 4 种晶相中反应活性最高的结晶态。另外，当发生 β→δ 转换时，晶格和分子构象产生较大变化，晶体密度降低，晶格膨胀导致材料中出现裂缝，形成大量热点，加速化学反应，这些因素均会增加 δ 相的感度。因此，δ－HMX 的化学分解实际上伴随着 β→δ 的晶相转变和 β 相的分解。

对 δ 晶相的高感度，实验上给出了多种解释。许多因素，比如密度、缺陷、电子激发以及粒度，对其感度都有影响，其中，孔隙、分子空位、位错、表面以及界面的缺陷对炸药的起爆感度起重要作用。目前，对表面缺陷加速 δ 晶相的分解研究较少。考虑到 δ 晶相在分解的初始反应中所起的特殊作用，包含缺陷的 δ 晶相的动态特征对进一步理解 HMX 的反应机理是非常重要的。

前述研究主要针对 β 晶相中孔隙缺陷的生成与演化。为了更好地理解孔隙缺陷的分子动态特征，对结晶态 δ 晶相和 β 晶相中的孔隙缺陷做对比研究，包括孔隙随模拟时间的演化和分子构象的转变。为了排除系统压力的影响，采用恒压、恒温（NPT）系统。该研究可为解释相对于 β 晶相而言 δ 晶相感度增加，提供一些原子分子层次的微观细节。同时也可说明，HMX 处于不同晶型时，由于晶格堆积、分子构象以及分子间相互作用的差异，孔隙缺陷表现出了不同的演化趋势。

2.3.2.1　模拟方法

δ - HMX 晶体属六方晶系，空间群为 $P6_1$，单胞中含有 6 个独立的 HMX 分子。δ 晶相和 β 晶相的晶体结构和分子构象如图 2 - 27 所示。将单胞分别扩展为 5×5×2(δ)和 5×5×6(β)超胞（300 个分子，8 400 个原子）。从超胞中依次移去 30 个分子，获得空位浓度为 10%的孔隙缺陷模型。

实验上，δ 晶相在 433～553 K 温度范围内是稳定的，而 β 晶相稳定存在于常温常压下，其熔点介于 540～550 K 之间。因此，设定模拟温度为 200 K，300 K 和 500 K，包含了 δ 晶相和 β 晶相两个相的稳定和不稳定温度点。MD 模拟采用 NPT 系综，Nose 控温法控制温度，Berendsen 法控制压力，电荷的计算采用基于原子静电势和局域电荷分布的平衡 QEd 方法，其他参数设置同 2.3.1.1 小节。

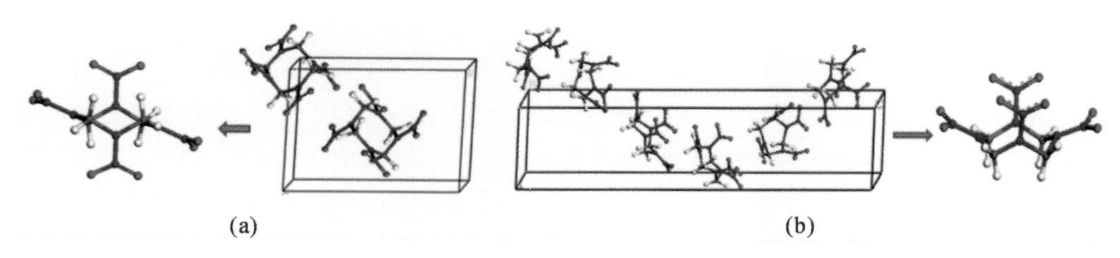

图 2 - 27　两种晶相 HMX 的单胞结构与分子构象

(a)β - HMX；(b)δ - HMX

2.3.2.2　孔隙的动态演化

基于不同温度下的 MD 模拟，针对两种不同晶相(δ 晶相和 β 晶相)中的孔隙，观察到了不同的演化趋势，如图 2 - 28 所示。对于 δ 晶相，在 3 个温度下孔隙均完全塌陷，在 200 K 和 300 K 时，迁移到孔隙中的分子表现出了部分液态特征，但当温度升到 500 K 时，不仅孔隙附近的分子，就连整个晶格都熔化成液态。这可进一步由图 2 - 29 所示的均方位移分析得到证实。从图 2 - 28 还可看出，在 200 K 和 300 K 的低温下，除了孔隙表面或附近的分子，整个晶格发生了很大变形，失去了严格的周期结构。然而对于 β 晶相，在 200 K 和 300 K 时，孔隙仍被保留下来，仅发生了孔隙的收缩和少量分子向孔隙中心的迁移。在 500 K 的高温下，情况和 δ 晶相相同，即整个晶格完全塌陷成液态。

与初始模型相比，模拟时间经过 1 ns 后，系统的密度和体积发生了变化。在 200 K 和 300 K 的低温下，δ - HMX 的晶格收缩导致体积降低和密度增加。比如，密度从初始的 1.67 g/cm^3 增加到 200 K 的 1.70 g/cm^3 和 300 K 的 1.73 g/cm^3。伴随孔隙塌陷带来的体积变化率分别为 1.53%和 3.20%。然而当温度达到 500 K 时，晶格扩张了 10.5%，相应地，密度降低到 1.51 g/cm^3。和 δ 晶相不同，β 晶相的体积随着模拟温度的增加而增加。当温度由 200 K 上升到 300 K 时，体积增加了 2.1%，温度上升到 500 K 时，体积增加了 16.4%。在 500 K 时不管是 β 晶相还是 δ

晶相，系统均塌陷为液相，因此它们有相同密度 1.51 g/cm^3。

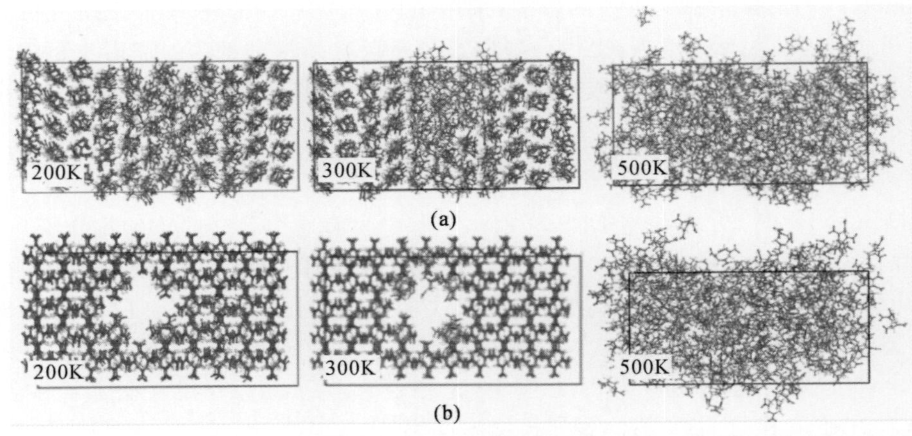

图 2-28　在 200 K，300 K 和 500 K 温度下，包含孔隙缺陷的 δ 晶相和 β 晶相在 NPT 模拟 1 ns 后的结构
(a)δ-HMX；(b)β-HMX

不同的演化趋势起源于不同的晶格排列和分子间相互作用。β 晶相和 δ 晶相的升华焓分别为 44.16 kcal/mol 和 42.04 kcal/mol。结构的稳定性和升华焓的高低对理解不同晶相中 HMX 的稳定性非常有用。升华焓越高，意味着当固态含能材料转换为小的气相分子时，系统需要更多的能量去克服晶格束缚和分子间相互作用。此外，尺度为 n 的孔隙缺陷的生成能 $E_{f(n)}$ 也能为 δ 和 β 相的不同演化趋势提供佐证。对结晶的 δ 相而言，$E_{f(30)}$ 的计算值为 1633.21 kcal/mol，移除一个分子的生成能为 54.44 kcal/mol。而 β 晶相的这两个值分别为 1675.35 kcal/mol 和 55.84 kcal/mol。这些定量的计算值显示了两个结晶相在晶格堆积、分子构象以及微结构方面的差异，同时也表明 β 晶相比 δ 晶相更稳定。模拟结果揭示出包含相同尺寸孔隙缺陷的 β-HMX 仍比 δ 晶相稳定。根据热点理论，孔隙塌陷被认为是冲击波起爆的重要机制。因此，δ 晶相和 β 晶相中孔隙缺陷不同的演化趋势，可为解释 δ 晶型感度的增加以及 HMX 最初反应机理提供一些微观信息。

包含一个孔隙缺陷 δ-HMX 的均方位移随时间的演化曲线如图 2-29 所示。从该图可以看出，200 K 和 300 K 时 δ 晶体表现出了部分的液态特征，这和图 2-28 显示的结构相吻合。当模拟温度升到 500 K 时，系统显示出了标准的线性扩散行为，这意味着晶格已完全塌陷成液态。其中，δ 晶相在 500 K 的扩散系数计算值为 1.2×10^{-10} m^2/s，远高于分子扩散的基线，数量级为 10^{-12} m^2/s。该值在完美单晶的分子扩散中观察到，它受限于分子在其平衡位置的热涨落。

包含一个孔隙缺陷 β-HMX 的均方平移随时间的演化曲线如图 2-30 所示。从图中可以看出，在 200 K 的温度下，均方平移围绕一个平均值上下波动，表现出明显的固态特征。300 K 时，仍能观察到波动现象，但均方平移值随时间缓慢增加，表明晶格束缚缓慢下降。当温度升高到 500 K 时，情况非常类似于 δ 晶相。也就是，经过 1 ns 的模拟计算后，系统演化成了液态。不同之处在于 β 晶相的线性区间出现在约 800 ps 后，这表明晶格塌陷速率比 δ 晶相缓慢。此外，基于 800～1 000 ps 线性区间的均方平移数据确定的扩散系数为 1.5×10^{-10} m^2/s，和 δ 晶相非常接近。

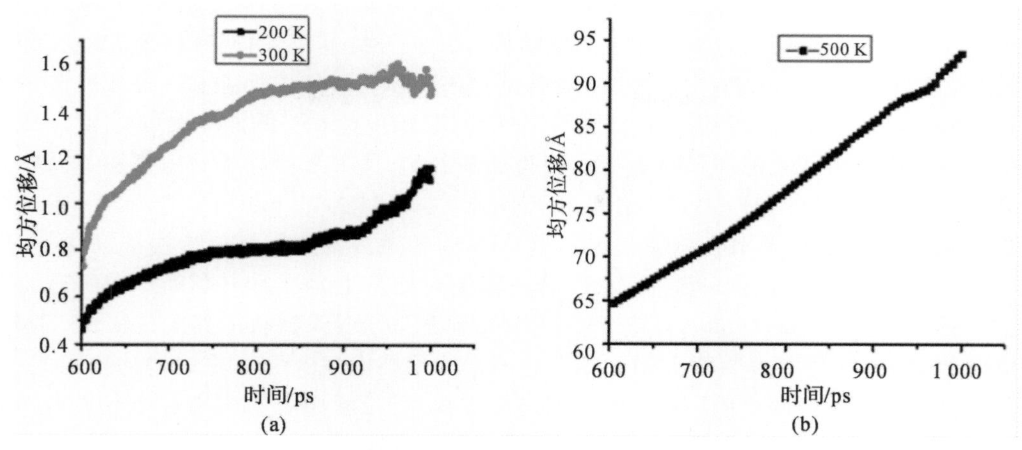

图 2-29　包含一个孔隙缺陷的 δ-HMX 在不同温度下的均方平移曲线

(a)200 K,300 K; (b)500 K

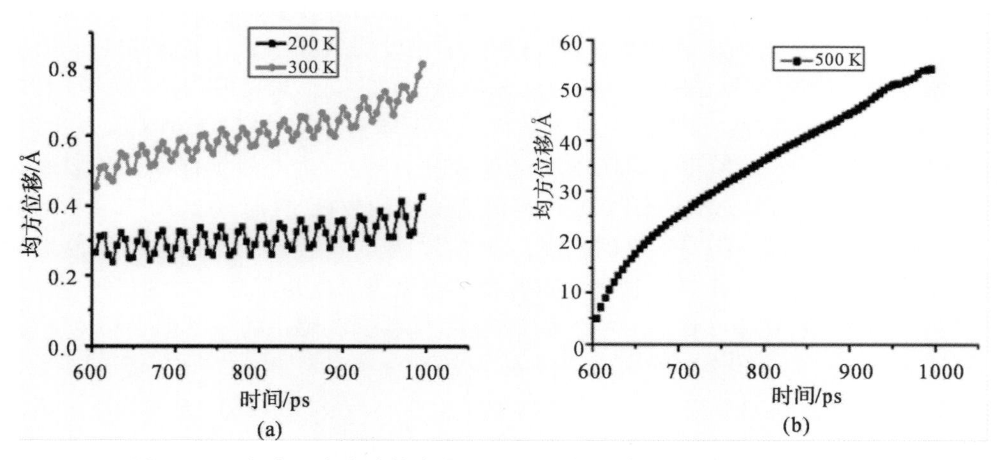

图 2-30　包含一个孔隙缺陷的 β-HMX 在不同温度下的均方平移曲线

(a)200 K,300 K; (b)500 K

2.3.2.3　单个分子的构象随时间的演化

对塌陷在孔隙中的液态分子,跟踪单个分子随运行时间的变化,可以观察到分子在不同构象间频繁转变。为了说明这一点,从 500 K 下的 MD 模拟轨迹中列出了时间周期为 20 ps 的分子构象图像,如图 2-31 所示。

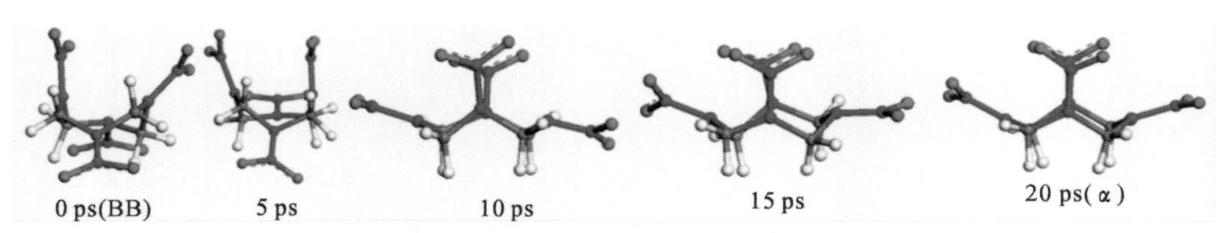

图 2-31　以 BB-HMX 构象为计时起点时在 20 ps/500 K 内的构象转换

在 20 ps 的运行时间内，观察到了明显的构象转换，即从 BB－HMX 到 α－HMX。此外，还俘获了该转换过程经历的过渡态或中间体结构，出现了两个向下的硝基基团的反转和环结构的调整。当系统还未完全熔化成液态时，例如 200 K 和 300 K 时塌陷在 δ 晶相孔隙中的分子，分子构象的转换仍可观察到，但由于晶体场效应，其转换速率要低得多。

频繁的转换可由活化能和孔隙的生成能得到解释。2.3.1 节计算了 β 晶相和 δ 晶相晶格中的孔隙生成能，其值分别为 1 675.35 kcal/mol 和 1 633.21 kcal/mol。从表 2－12 中构象间转换的活化能可以看出，从其他构象向 BC－HMX 的转换活化能较低。特别是，从 α－HMX 向 BC－HMX 转换具有负的活化能，意味着该转换在能量上是非常有利的。在所有的转换中，能垒最高的为 7.94 kcal/mol，对应于 β－HMX 到 BB－HMX 转换。其次是从 β－HMX 向 α－HMX 的转换，活化能为 7.82 kcal/mol。这两个能垒在温度为 500 K 时约为室温的 7 倍，其他能垒都远远低于这两个值。基于阿仑尼乌斯方程，可推断所有的构象转换在热力学上均易发生。因此，对比孔隙的生成能和构象转换的活化能可知，孔隙的生成能足可诱导分子的构象改变、旋转及质心的位移，甚至晶格的熔化。

2.3.2.4 最终模拟体系中各构象的分布

当模拟温度为 500 K 时，不管是 δ－HMX 还是 β－HMX 晶型，经过 1 ns 的 MD 模拟后，含有一个孔隙缺陷的体系均塌陷为液态，具有相同的密度 1.51 g/cm^3。由此可认为，最终液态体系的构象分布是差不多的，通过后来的构象分析确实如此。结果发现，有一些分子处于稳定的构象态，大部分分子具有过渡态或中间体结构。在不同构象中，BC－HMX 所占比例最大，其次是 BB－HMX，α－HMX 和 β－HMX 的比例较低，原因可能与转换能垒和构象本身的稳定性有关。例如，所有构象向 BC－HMX 转换的活化能均较低，并且在 BC－HMX 的能量比较低，这两个因素导致 BC－HMX 比例较高。此外，大量的过渡态或中间体结构使塌陷后的体系处于高能活化状态。这为冲击波加载下孔隙的塌陷为引爆炸药最重要的机理提供依据。

对 δ－HMX 体系，在 200 K 和 300 K 的温度下，迁移到孔隙中的分子由于晶体场效应，大部分仍保持了晶格中的 α 构象。在剩余分子中，除少数分子具有 BC－HMX 或 BB－HMX 构象，过渡态或中间体占据了多数。对 β－HMX 体系，200 K 和 300 K 时，观察到孔隙表面的分子向孔隙中心迁移。对迁移的分子而言，主要发生了从 β 构象到 BC 构象的转变，见表 2－12。当然，在孔隙表面仍发现有过渡态和中间体结构。这些分子具有比 β 构象更高的能量，在 HMX 的分解反应中具有更高的活性。这已在耦合过渡态理论的密度泛函理论计算中得到证实。

参考文献

[1] DANDEKAR P，KUVADIA Z B，DOHERTY M F. Engineering crystal morphology [J]. Annu Rev Mater Res，2013，43(1)：359－386.

[2] HARTMAN P，PERDOK W G. On the relation between structure and morphology of crystals[J]. Acta Cryst，1955，8(9)：525－529.

[3] DOCHERTY R，CLYDESDALE G，ROBERTS K J，et al. Application of Bravais－Friedel－Donnay－Harker，attachment energy and Ising models to predicting and understanding the morphology of molecular crystals[J]. J Phys D，1991，24(2)：89.

[4] BERKOVITCH Y Z. Toward anab initio derivation of crystal morphology[J]. J Am Chem Soc, 1985, 107(26): 8239 - 8253.

[5] ZHANG C, JI C, LI H, et al. Occupancy model for predicting the crystal morphologies influenced by solvents and temperature, and its application tonitroamine explosives[J]. Cryst Growth Des, 2013, 13(1): 282 - 290.

[6] LIU N, ZHOU C, WU Z, et al. Theoretical study on crystal morphologies of 1,1 - diamino - 2,2 - dinitroethene in solvents: Modified attachment energy model and occupancy model[J]. J Mol Graphics Modell, 2018, 85: 262 - 269.

[7] ZEPEDA R L A, MAITI A, GEE R, et al. Size and habit evolution of PETN crystals: a lattice Monte Carlo study[J]. J Cryst Growth, 2006, 291(2): 461 - 467.

[8] MAITI A, GEE R H. Modeling growth, surface kinetics, and morphology evolution in PETN[J]. Propellants Explos Pyrotech, 2009, 34(6): 489 - 497.

[9] SHIM H M, KIM H S, KOO K K. Molecular modeling on supersaturation dependent growth habit of 1,1 diamino 2,2 dinitroethylene[J]. Cryst Growth Des, 2015, 15(4): 1833 - 1842.

[10] SEO B, KIM S, LEE M, et al. Prediction of the crystal morphology of β - HMX using a generalized interfacial structure analysis model[J].Cryst Growth Des, 2018, 18(4): 2349 - 2357.

[11] SONG L, ZHAO F Q, XU S Y, et al. Uncovering the action of ethanol controlled crystallization of 3,4 - bis(3 - nitrofurazan - 4 - yl)furoxan crystal: A molecular dynamics study[J]. J Mol Graphics Modell, 2019, 92: 303 - 312.

[12] SHIM H M, KOO K K. Molecular approach to the effect of interfacial energy on growth habit of ε - HNIW[J]. Cryst Growth Des, 2016, 16(11): 6506 - 6513.

[13] SHIM H M, KOO K K. Prediction of growth habit of β - cyclotetramethylene - tetranitramine crystals by the first - principles models[J]. Cryst Growth Des, 2015, 15(8): 3983 - 3991.

[14] SHIM H M, KOO K K. Crystal morphology prediction of hexahydro - 1,3,5 - trinitro - 1,3,5 - triazine by the spiral growth model[J]. Cryst Growth Des, 2014, 14(4): 1802 - 1810.

[15] LU J J, ULRICH J. An improved prediction model of morphological modifications of organic crystals induced by additives[J]. Cryst Res Technol, 2003, 38(1): 63 - 73.

[16] HORST J H T, GEERTMAN R M, HEIJDEN A E V D. The influence of a solvent on the crystal morphology of RDX[J]. J Cryst Growth, 1999, 198(1): 773 - 779.

[17] HORST J H T, GEERTMAN R M, ROSMALEN G M V. The effect of solvent on crystal morphology[J]. J Cryst Growth, 2001, 230(1): 277 - 284.

[18] DUAN X, WEI C, LIU Y, et al. A molecular dynamics simulation of solvent effects on the crystal morphology of HMX[J]. J Hazard Mater, 2010, 174(1): 175 - 180.

[19] CHEN J, WANG J, ZHANG Y, et al. Crystal growth, structure and morphology of hydrocortisone methanol solvate[J]. J Cryst Growth, 2004, 265(1/2): 266 - 273.

[20] HAMMOND R B, PENCHEVA K, ROBERTS K J. A structural kinetic approach to model face - specific solution/crystal surface energy associated with the crystallization of acetyl salicylic acid from supersaturated aqueous/ethanol solution [J]. Cryst Growth Des, 2006, 6(6): 1324 - 1334.

[21] WALKER E M, ROBERTS K J, MAGINN S J. A Molecular dynamics study of solvent and impurity interaction on the crystal habit surfaces of ε - caprolactam[J]. Langmuir, 1998, 14(19): 5620 - 5630.

[22] VERED B L, MICHAEL F D. Modeling the crystal shape of polar organic materials: prediction of urea crystals grown from polar and nonpolar solvents[J]. Cryst Growth Des, 2001, 1(6): 455 - 461.

[23] LIN C H, GABAS N. Prediction of the growth morphology of aminoacid crystals in solution I α - Glycine[J]. J Cryst Growth, 1998, 191(4): 791 - 802.

[24] BONDARCHUK S V. Significance of crystal habits phericity in the determination of the impact sensitivity of bistetrazole - based energetic salts[J]. Cryst Eng Comm, 2018, 20(38): 5718 - 5725.

[25] SONG X, WANG Y, AN C, et al. Dependence of particle morphology and size on the mechanical sensitivity and thermal stability of octahydro - 1,3,5,7 - tetranitro - 1,3,5,7 - tetrazocine[J]. J Hazard Mater, 2008, 159(2): 222 - 229.

[26] CHOI C S, BOUTIN H P. A study of the crystal structure of β - cyclotetramethene tetranitramine by neutron diffraction[J]. Acta Cryst, 2010, 26(9): 1235 - 1240.

[27] CADY H H, LARSON A C, CROMER D T. The crystal structure of α - HMX and refinement of the structure of β - HMX[J]. Acta Cryst, 1963, 16: 617 - 623.

[28] BERKOVITCH Y Z. Toward anab initio derivation of crystal morphology[J]. J Am Chem Soc, 1985, 107 (26): 8239 - 8253.

[29] BERKOVITCH Y Z, VAN M J, ADDADI L. Crystal morphology engineering by "tailor - made" inhibitors: a new probe to fine intermolecular interactions[J]. J Am Chem Soc, 1985, 107 (11): 3111 - 3122.

[30] TRAN T D, PAGORIA P F, HOFFMAN D M, et al. Small - scale safety and performance cheracterization of new plastic bonded explosives containing LLM - 105 [C]. Livermore: [s. n.], 2002.

[31] TARVER C M, URTIEW P A, TRAN T D. Sensitivity of 2 - diamino - 3,5 - dinitropyrazine - 1 - oxide[J]. J Energ Mater, 2005, 23(3): 183 - 203.

[32] TAO J, WANG X. Crystal structure and morphology of β - HMX in acetone: A molecular dynamics simulation and experimental study[J]. J Chem Sci, 2017, 129 (4): 495 - 503.

[33] LIU Y, NIU S, LAI W, et al. Crystal morphology prediction of energetic materials grown from solution: insights into the accurate calculation of attachment energies[J]. Cryst Eng Comm, 2019, 21(33): 4910 - 4917.

[34] LIU Y, YU T, LAI W, et al. Deciphering solvent effect on crystal growth of

energetic materials for accurate morphology prediction[J].Cryst Growth Des，2020，20(2)：521－524.

[35] 段晓惠，卫春雪，裴重华，等. HMX晶体形貌预测[J]. 含能材料，2009，17(6)：655－659.

[36] 杨利，任晓婷，严英俊，等. 六硝基芪的晶体结构及形貌模拟[J]. 火炸药学报，2009，32(6)：1－5.

[37] 任晓婷，杨利，张国英，等. TATB晶体形貌的计算模拟[J]. 火炸药学报，2010，33(6)：43－46.

[38] CHEN H，LI L，JIN S，et al. Effects of additives on ε－HNIW crystal morphology and impact sensitivity[J].Propell Explos Pyrotech，2012，37(1)：77－82.

[39] WANG D，CHEN S，LI Y，et al. An investigation into the effects of additives on crystal characteristics and impact sensitivity of RDX[J]. J Energ Mater，2013，32(3)：184－198.

[40] CHEN G，XIA M，LEI W，et al. Prediction of crystal morphology of cyclotrimethylene trinitramine in the solvent medium by computer simulation：A case of cyclohexanone solvent[J]. J Phys Chem A，2014，118(49)：11471－11478.

[41] 马松，袁俊明，刘玉存，等. NTO结晶形貌的预测[J]. 火炸药学报，2014，37(1)：53－57.

[42] CHEN G，CHEN C，XIA M，et al. A study of the solvent effect on the crystal morphology of hexogen by means of molecular dynamics simulations[J]. RSC Adv，2015，5(32)：25581－25589.

[43] YAN T，WANG J，LIU Y，et al. Growth and morphology of 1,3,5,7－tetranitro－1,3,5,7－tetraazacy－clooctane (HMX) crystal[J]. J Cryst Growth，2015，430：7－13.

[44] 任晓婷，叶丹阳，丁宁，等. 溶剂效应对FOX－7晶体形貌影响的分子动力学模拟研究[J]. 兵工学报，2015，36(2)：272－278.

[45] 任晓婷，杜涛，何金选，等. 双(2,2,2－三硝基乙基)胺的晶体形貌预测及控制[J]. 含能材料，2015，23(8)：737－740.

[46] 冯璐璐，曹端林，王建龙，等. 1－甲基－2,4,5－三硝基咪唑的晶体形貌预测[J]. 含能材料，2015，23(5)：443－449.

[47] ZHAO Q，LIU N，WANG B，et al. A study of solvent selectivity on the crystal morphology of FOX－7 via a modified attachment energy model[J]. RSC Adv，2016，6(64)：59784－59793.

[48] 刘宁，王伯周，舒远杰，等. FOX－7结晶形貌的分子动力学模拟[J]. 火炸药学报，2016，39(2)：40－44.

[49] SHI W，CHU Y，XIA M，et al. Crystal morphology prediction of 1，3，3－trinitroazetidine in ethanol solvent by molecular dynamics simulation[J]. J Mol Graph Model，2016，64：94－100.

[50] 石文艳，王风云，夏明珠，等. 2,6－二氨基－3,5－二硝基吡啶－1－氧化物晶体形貌的

MD模拟[J]. 含能材料，2016，24(1)：19－26.
[51] XIONG S，CHEN S，JIN S，et al. Additives effects on crystal morphology of dihydroxylammonium 5，5′－bistetrazole－1，1′－diolate by molecular dynamics simulations[J]. J Energ Mater，2016，34(4)：384－394.
[52] 任晓婷，张国涛，何金选，等. 1,1′-二羟基-5,5′-联四唑二羟胺盐的晶形计算及控制[J]. 火炸药学报，2016，39(2)：68－71.
[53] GAO H，ZHANG S，REN F，et al. Theoretical insight into the temperature－dependent acetonitrile（ACN）solvent effect on the diacetone diperoxide（DADP)/1，3,5－tribromo－2,4,6－trinitrobenzene（TBTNB）cocrystallization[J]. Comp Mater Sci，2016，121：232－239.
[54] SONG L，CHEN L，WANG J，et al. Prediction of crystal morphology of 3,4－Dinitro－1H－pyrazole（DNP）in different solvents[J]. J Mol Graph Model，2017，75：62－70.
[55] HAN G，LI Q，GOU R，et al. Growth morphology of CL－20/HMX cocrystal explosive：insights from solvent behavior under different temperatures[J]. J Mol Model，2017，23(12)：360.
[56] LAN G，JIN S，LI J，et al. The study of external growth environments on the crystal morphology of ε－HNIW by molecular dynamics simulation[J]. J Mater Sci，2018，53(18)：12921－12936.
[57] 刘宁，周诚，武宗凯，等. FOX－7在H_2O/DMF溶剂中的结晶形貌预测[J]. 含能材料，2018，26(6)：471－476.
[58] LIU N，ZHOU C，WU Z，et al. Theoretical study on crystal morphologies of 1,1－diamino－2,2－dinitroethene in solvents：Modified attachment energy model and occupancy model[J]. J Mol Graph Model，2018，85：262－269.
[59] LI J，JIN S，LAN G，et al. Morphology control of 3－nitro－1,2,4－triazole－5－one（NTO）by molecular dynamics simulation[J]. Cryst Eng Comm，2018，20(40)：6252－6260.
[60] 李蓉，甘强，于谦，等. LLM－105晶体形貌分子动力学模拟[J]. 火炸药学报，2018，41(3)：223－229.
[61] SONG L，CHEN L，CAO D，et al. Solvent selection for explaining the morphology of nitroguanidine crystal by molecular dynamics simulation[J]. J Cryst Growth，2018，483：308－317.
[62] 刘英哲，毕福强，来蔚鹏，等. 5,5′-联四唑-1,1′-二氧二羟铵在不同生长条件下的晶体形貌预测[J]. 含能材料，2018，26(3)：210－217.
[63] ZHU S，ZHANG S，GOU R，et al. Understanding the effect of solvent on the growth and crystal morphology of MTNP/CL－20 cocrystal explosive：experimental and theoretical studies[J]. Cryst Res Technol，2018，53(4)：1700299.
[64] WU C，ZHANG S，GOU R，et al. Theoretical insight into the effect of solvent polarity on the formation and morphology of 2，4，6，8，10，12－

hexanitrohexaazaisowurtzitane(CL－20)/2,4,6－trinitro－toluene(TNT) cocrystal explosive[J]. Comput Theor Chem, 2018, 1127: 22－30.

[65] LI J, JIN S, LAN G, et al. The effect of solution conditions on the crystal morphology of β－HMX by molecular dynamics simulations[J]. J Cryst Growth, 2019, 507: 38－45.

[66] LAN G, JIN S, LI J, et al. Molecular dynamics investigation on the morphology of HNIW affected by the growth condition[J]. J Energ Mater, 2019, 37(1): 44－56.

[67] LAN G, JIN S, LI J, et al. Molecular dynamics simulation on the morphology of 1,1－diamino－2,2－dinitroethylene (FOX－7) affected by dimethyl sulfoxide (DMSO) and temperature[J]. Can J Chem, 2019, 97(7): 538－545.

[68] CHEN L, SHE C, PAN H, et al. Habit prediction of 3,4,5－trinitro－1H－pyrazole in four solvent mediums using a molecular dynamics simulation[J]. J Cryst Growth, 2019, 507: 58－64.

[69] DONG W, CHEN S, JIN S, et al. Effect of sodium alginate on the morphology and properties of high energy insensitive explosive TKX－50[J]. Propell Explos Pyrot, 2019, 44(4): 413－422.

[70] CHEN F, ZHOU T, LI J, et al. Crystal morphology of dihydroxylammonium 5,5′－bistetrazole－1,1′－diolate (TKX－50) under solvents system with different polarity using molecular dynamics[J]. Comput Mater Sci, 2019, 168: 48－57.

[71] CHEN X, HE L, LI X, et al. Molecular simulation studies on the growth process and properties of ammonium dinitramide crystal[J]. J Phys Chem C, 2019, 123(17): 10940－10948.

[72] LI J, ZHANG S, GOU R, et al. The effect of crystal－solvent interaction on crystal growth and morphology[J]. J Cryst Growth, 2019, 507: 260－269.

[73] CHEN F, ZHOU T, WANG M. Spheroidal crystal morphology of RDX in mixed solvent systems predicted by molecular dynamics[J]. J Phys Chem Solids, 2020, 136: 109196.

[74] SONG L, ZHAO F, XU S, et al. Crystal morphology prediction and anisotropic evolution of 1,1－diamino－2,2－dinitroethylene (FOX－7) by temperature tuning [J]. Sci Rep, 2020, 10(1): 1－9.

[75] XU X, CHEN D, LI H, et al. Crystal morphology modification of 5, 5′－Bisthiazole－1,1′－dioxyhydroxyammonium Salt[J]. Chemistry Select, 2020, 5(6): 1919－1924.

[76] SHARIA O, KUKLJA M M. Rapid materials degradation induced by surfaces and voids: ab initio modeling of β octatetramethylene tetranitramine[J]. J Am Chem Soc, 2012, 134(28): 11815－11820.

[77] KUKLJA, MAIJA M. Thermal decomposition of solid cyclotrimethylene trinitramine [J]. J Phys Chem B, 2001, 105(42): 10159－10162.

[78] SHARIA O, TSYSHEVSKY R, KUKLJA M M. Surface－accelerated decomposition of δ HMX[J]. J Phys Chem Lett, 2013, 4(5): 730－734.

[79] XIAO J, WANG W, CHEN J, et al. Study on the relations of sensitivity with energy properties for HMX and HMX - based PBXs by molecular dynamics simulation[J]. Physica B, 2012, 407(17): 3504 - 3509.

[80] XIAO J, LI S, CHEN J, et al. Molecular dynamics study on the correlation between structure and sensitivity for defective RDX crystals and their PBXs[J]. J Mol Model, 2013, 19: 803 - 809.

[81] CUI H, JI G, CHEN X, et al. Phase transitions and mechanical properties of octahydro - 1,3,5,7 - tetranitro - 1,3,5,7 - tetrazocine in different crystal phases by molecular dynamics simulation[J]. J Chem Eng Data, 2010, 55(9): 3121 - 3129.

[82] SMITH G D, BHARADWAJ R K. Quantum chemistry based force field for simulations of HMX[J]. J Phys Chem B, 1999, 103(18): 3570 - 3575.

[83] BOYD S, MURRAY J S, POLITZER P. Molecular dynamics characterization of void defects in crystalline (1, 3, 5 - trinitro - 1,3,5 - triazacyclohexane)[J]. J Chem Phys, 2009, 131(20): 204903.

[84] LANDERS A G, BRILL T B. Pressure - temperature dependence of the beta - delta polymorph interconversion in octahydro - 1, 3, 5, 7 - tetranitro - 1, 3, 5, 7 - tetrazocine[J]. J Phys Chem, 1980, 84(26): 3573 - 3577.

第 3 章　炸药晶态控制方法

晶体生长是物质在一定热力学条件下的相变过程，通过这一过程使物质达到符合所需的结晶状态和性质。晶体生长受热力学与动力学等多种因素及其相互作用的影响。由热力学可知，任何一个过程都必然有某种驱动力，物质（炸药）从溶剂相进入非溶剂相的结晶过程是新相形成和增长的过程；动力学主要阐明不同生长条件下晶体生长的机制，以及晶体生长速率与生长驱动力之间的关系。

晶体的生长速率取决于生长驱动力，当改变晶体生长介质的热量或质量输运时，晶体生长速率随之改变；晶体的生长形貌取决于晶体各晶面间的相对生长速率，生长较慢的晶面最后成为晶体裸露面；晶体的生长机制取决于晶体生长的界面结构，晶体生长界面的稳定性涉及晶体质量的优劣，当晶体生长为块状较大的晶体时，相变必须在稳定的生长界面上发生，以保证晶体结构基元排列的均一性。另外，不同的生长机制表现出不同的生长动力学规律。

结晶过程包括生长基元的形成、物质的输运、生长界面的重排等一系列动力学过程。从宏观来看，晶体的生长过程实际上是一个热量、质量和动量的转化输运过程，大致可分为成核和长大两个过程。对成核而言，从晶簇形成到按照某一生长机理长大至肉眼或者仪器能检测的水平，此时的晶体称为晶核；对长大而言，溶液中的溶质继续按照某种机理在晶核上堆积生长，此时称为晶体的长大。由于晶体生长是一个空间不连续与非均匀化的过程，且由于结晶作用仅发生于生长界面，所以，保持晶体生长过程中界面的稳定性对生长出理想形态的晶体至关重要。

3.1　溶液结晶热力学

3.1.1　结晶热力学条件

体系内发生结晶的驱动力是不同相之间存在化学势差，它是不同相之间质量与能量的传递，体系中不同相在热力学水平上的不平衡性是驱动力产生的源泉。溶液结晶可看作是溶剂为载体的溶质由液相转变为固相的过程，以单组分熔体冷却结晶为例，熔体结晶需在过冷条件下进行，它取决于熔体的热力学性质，只有自由能降低，结晶才可能自发进行。或者说，只有当新相的自由能比旧相的自由能低时，新相才可能产生。由热力学第二定律可知，熔体的自由能随熵增而降低，熔体中固相的比热容较液相小，导致了液相与固相自由能与温度的变化关系存在很大差别，其关系如图 3－1 所示。

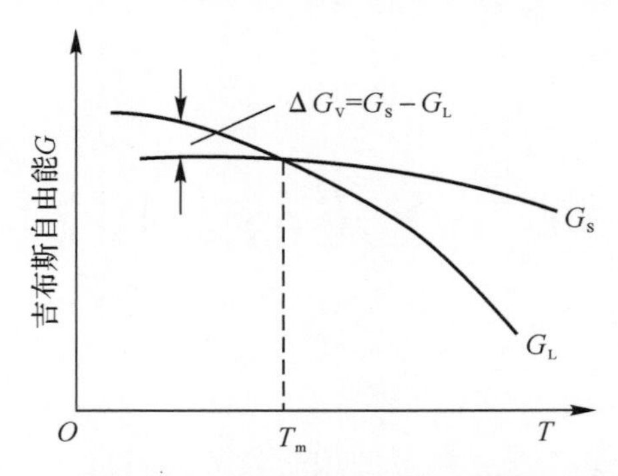

图 3-1 固-液吉布斯自由能与温度的关系

在温度小于 T_m 时，固相的内能比液相的要小，表现在图 3-1 中，固相曲线的吉布斯自由能起点位置更低。因此，在一定温度下，固相和液相的自由能与温度的变化曲线必然会有一个交点，此点即为物质熔点，对应到横坐标温度 T_m，即理论结晶温度，此时 $G_L = G_s$，$\Delta G = 0$，体系处在热力学平衡态。当温度小于 T_m 时，体系过冷，液相自发向固相转变，此即结晶能够发生所需的热力学条件。

3.1.2 溶液结晶相变驱动力

在一定过饱和度下，晶体生长过程是固-液界面在流体中推移的过程。设定固液界面接触面积为 A，在过饱和度作为驱动力的作用下，固-液界面向着流体中推进了 Δx 的距离，发生这一过程导致体系的吉布斯自由能变化，变化量为 ΔG。假定界面上单位面积受到驱动力为 f 的作用，则上述过程驱动力做的功就等于体系吉布斯自由能的变化量，即

$$fA\Delta x = -\Delta G \tag{3-1}$$

式中，"—" 表示体系吉布斯能降低，于是有

$$f = -\frac{\Delta G}{A\Delta x} = -\frac{\Delta G}{\Delta V} \tag{3-2}$$

式(3-2) 中，晶体生长过程的驱动力在数值上等于晶体生长时单位体积变化引起的体系吉布斯能降低。式(3-2) 中，$\Delta V = A\Delta x$，若其密度为 ρ，相对分子质量为 M，物质的量为 n，则式(3-2) 可写成

$$f = -\frac{\Delta G\rho}{\Delta V\rho} = -\frac{\Delta G\rho}{\Delta m} = -\frac{\frac{\Delta G\rho}{M}}{n} = -\frac{\rho}{M}\frac{\Delta G}{n}v = -\frac{\rho}{M}\Delta\mu \tag{3-3}$$

式中：$\Delta\mu$——1 mol 晶体生长引起体系吉布斯能的减少量，J；

v——1 mol 晶体的分子体积，cm^3。

假设 1 mol 晶体包含 N 个分子，且每个原子所引起的体系吉布斯自由能减少量为 Δg，则有 $\Delta\mu = N\Delta g$，代入式(3-3)，得

$$f = -\frac{\rho}{M}N\Delta g \tag{3-4}$$

式(3-4) 中，当温度和压力一定时，$\frac{\rho}{M}N = \frac{1}{v_m}$，$v_m$ 为单个分子的体积，故$\frac{\rho}{M}N$ 为常数，则

$$f=-\frac{1}{v_{m}}\Delta g \tag{3-5}$$

式(3-5)是相变驱动力的一般表达式。为了方便,有时将 Δg 也称为驱动力。如果 $\Delta g>0$,则 $f<0$,此时的驱动力为熔化、升华和溶解驱动力,晶体相是亚稳相;若 $\Delta g<0$,则 $f>0$,此时的驱动力为晶体生长驱动力,流体相为亚稳相。

理想溶液中,溶质i的化学势为

$$\mu_{i}^{L}=\mu_{i}^{0}pT+RT\ln c \tag{3-6}$$

式中:μ_{i}^{0}—— 纯溶质(液相或固相)的化学势,J;

c—— 溶液浓度,g/mL。

在溶液-晶体两相平衡系统中,假设溶液的平衡浓度为 c_0,溶液的压强和温度分别用 p_0,T_0 表示,则溶质i处于液相时的化学势为

$$\mu_{i}^{L}(c_0)=\mu_{i}^{0}p_0T_0+RT_0\ln c_0 \tag{3-7}$$

当溶液-晶体两相平衡时,溶质i在溶液中和晶体中的化学势相等,则

$$\mu_{i}^{s}c_0=\mu_{i}^{l}c_0=\mu_{i}^{0}p_0T_0+RT_0\ln c_0 \tag{3-8}$$

假设在溶液压强 p_0 和温度 T_0 不变情况下,溶液浓度由 c_0 增大至超溶解度 c_1,此时溶液处于过饱和状态,溶质i的化学势为

$$\mu_{i}^{l}c_1=\mu_{i}^{0}p_0T_0+RT_0\ln c_1 \tag{3-9}$$

结合式(3-8)和式(3-9),可知由浓度为 c_1 的过饱和溶液中生成每摩尔晶体时,溶液的吉布斯自由能减少量为

$$\Delta\mu=-RT_0\ln\frac{c_1}{c_0} \tag{3-10}$$

根据 $\Delta\mu=N\Delta g$,则有

$$\Delta g=\frac{\Delta\mu}{N}=-\frac{R}{N}T_0\ln\frac{c_1}{c_0}=-kT_0\ln\alpha \tag{3-11}$$

式中:k——R/N,玻尔兹曼常数,$k=R/N$;

α——c_1/c_0,过饱和浓度与饱和浓度比,$\alpha=c_1/c_0$。

设定:$\alpha=1+S$,$S=(c_1-c_0)/c_0$。当过饱和浓度较低时,$\ln\alpha$ 可按 $\ln(1+S)$ 展开,即得

$$\Delta g=-kT_0\ln\alpha\approx-kT_0S \tag{3-12}$$

式(3-12)表示一个溶质原子由液相转为晶相,引起的体系吉布斯自由能减小量,将其代入式(3-5),可得到溶液中晶体生长的驱动力:

$$f=\frac{kT_0}{v_{m}}\ln\alpha\approx kT_0\frac{S}{v_{m}} \tag{3.13}$$

3.1.3 溶液结晶介稳区

3.1.3.1 平衡浓度

溶液中固相与液相之间存在的化学平衡主要为溶解平衡,所谓溶解平衡,即在不同化学物质的液相和固相之间的平衡。结晶过程中,对于产品的收率往往取决于结晶所形成的固体与该溶液两者之间的平衡关系。若在该体系中,物质在液相中的化学势大于固相中的化学势 μ,溶液中析出固相。在一定操作条件下,如温度、搅拌速率、降温速率、pH值等,使溶液体系中溶质的

化学势与结晶出来的固相或添加的晶种的化学势相同时，溶液体系就处于平衡态，此时的溶液定义为饱和溶液，溶液的浓度就叫平衡浓度。许多物质的平衡浓度都是温度的函数，对于某些物质，其平衡浓度可以随着随温度升高而增大，而另外有些物质的平衡浓度会随温度升高而减小。

在某一温度下，当溶液浓度恰好等于溶质的平衡浓度，即达到液相与固相平衡状态时，称其为饱和溶液，此时固液平衡关系通常用固体在溶剂中的平衡浓度来表示。固体物质的平衡浓度是指在一定温度下，每 100 g 溶剂中达到饱和状态时，固体溶质溶解的质量，其单位可用 g/100 g，而平衡浓度数据也常用摩尔溶解度来表示，单位为 mol/mol。

平衡浓度是温度和压力的状态函数。

3.1.3.2 超溶解度

在某一温度下，如果溶液含有超过饱和量的溶质，则称为过饱和溶液，过饱和溶液中的溶解度称为过饱和度，也叫超溶解度。将一个完全纯净的溶液在不受任何扰动（无搅拌，无振荡）及任何刺激（超声波等作用）条件下，缓慢冷却，就可以得到过饱和溶液。但超过一定的限度之后，澄清的过饱和溶液就会开始析出晶核，晶核逐渐长大成晶体。当溶液处于过饱和状态而又欲自发产生晶核时，此时溶质的极限溶解度称为该溶质的超溶解度。超溶解度受很多因素的影响，比如是否有进行搅拌、是否添加了晶种以及冷却速率等。

3.1.3.3 介稳区

根据晶体是否能够自发成核可将溶液状态分为 3 种：①会发生瞬间爆发成核的不稳区；②没有受到外来条件干预不会成核的稳定区；③经历一段时间后自发成核的介稳区。溶液结晶介稳区如图 3-2 所示。

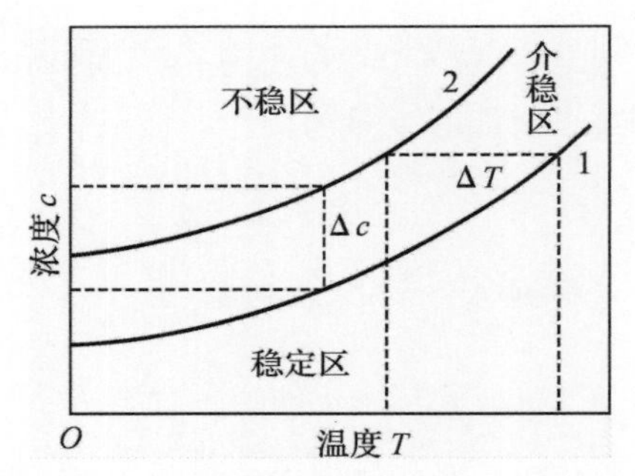

图 3-2　溶液结晶介稳区示意图

1—平衡浓度曲线；2—超溶解度曲线

介稳区是指平衡浓度曲线 1 和超溶解度曲线 2 之间的区域。处于介稳区的溶液已经饱和，但不会自发成核，但如果向溶液中加入一些晶种，这些晶种就会长大，因此溶液实际上处于超溶解的非平衡状态。超溶解度与平衡浓度不同，一个特定物系只有一根明确的平衡浓度曲线，而超溶解度却受很多因素影响，它可能有多条曲线，如有无搅拌、降温速率、流体力学条件、晶种、杂质、物理场（磁场、超声波）等。因此，介稳区的宽度并非一成不变，而是上述变量的函数，可将其视为一簇曲线。

介稳区宽度也叫绝对过饱和度，是指物系的超溶解度与平衡浓度曲线之间的距离，垂直距离代表最大过饱和度 $\Delta c_{\max}$，水平距离代表最大过冷却度 $\Delta T_{\max}$，根据 Nyvlt 介稳区理论，两者之间的关系为

$$\Delta c = \frac{\mathrm{d}c}{\mathrm{d}T}\Delta T \tag{3-14}$$

式中：Δc—— 溶液的最大过饱和度，g/mL；

ΔT—— 溶液的最大过冷度，即介稳区宽度的最大值，K；

$\mathrm{d}c/\mathrm{d}T$—— 计算点在平衡溶解度曲线上的斜率，g/(mL · K)。

溶液的介稳区是研究溶液结晶的重要依据，为了更好地控制结晶，需要将过饱和度控制在一个较宽范围内。介稳区越宽说明该物质的过饱和溶液越稳定，越有利于结晶操作。工业结

晶中，为确保得到均匀分布的大粒度结晶产品，要求结晶操作应控制在介稳区内进行。

3.2　溶液结晶介稳区的测量

3.2.1　介稳区的测量方法

3.2.1.1　平衡浓度测量方法

平衡浓度测量采用平衡法。在一定温度和压力下，溶液中的固相与液相处于溶解-析晶平衡时，测量固相在液相中的质量分数或摩尔分数的方法称为平衡法。平衡法测量平衡浓度很成熟。

平衡法按测定方式可分为静态法和动态法。静态法是指在一定温度和压力条件下，加入过量溶质到定量溶剂中，完全平衡后对上层清液进行分析的方法。该方法的优点在于对达到溶解平衡时的速率没有限制，只要操作仔细，选择合适的分析方法即可得到可靠的平衡浓度数据，如重量法、比色法和色谱法等。动态法是指已知被测溶液的物系组成，通过改变温度或组成，观察溶液中固相的消失来确定平衡浓度。相对于静态法，动态法对达到平衡较快的物质有独特优势，测定效率相对较高且不必对所测体系建立专门的分析方法，但不适用于对光、辐射等敏感的物质，如激光法、滴定法、分光光度计法等。

3.2.1.2　超溶解度测量方法

超溶解度测量方法与平衡浓度测量大致相同，主要有诱导期法、直接法和间接法。

对于诱导期法，主要是根据测量溶液体系的成核诱导期来对其进行研究，采用此法测定介稳区，需要先将不同过饱和度下的成核诱导期 t_{ind} 测量出来，再将成核诱导期数据用 $(1/t_{ind})$ 对相应的过饱和度 ΔT 作图，然后对所得的图形外推至 $1/t_{ind}=0$ 处，此时对应的横坐标即为极限过饱和度，最后再确定介稳区宽度。

采用目测、Coulter 计数仪、激光等来直接判定过饱和溶液产生首批晶核的方法称为直接法。当精度要求不是很高时，目测法简单实用，但对于溶液中加入了表面活性剂等导致溶液呈半透明状时，此法误差较大。而 Coulter 计数法因为本身的噪声大，对样品溶液的要求较高，需要导电，所以测量精度低，并难以准确地检测出第一批晶核出现的真实时间。激光法由于亮度高、方向性好、单色性好等优点，精度较高，所以得到广泛应用。

采用折射率、电导率、浊度等来测定过饱和溶液中出现首批晶核导致物性改变的方法称为间接法。其中，折射率法的缺点是难以判断出饱和溶液中首批晶核出现的真实时间；电导率法的测量精度不够；浊度法总是难以判断出过饱和溶液中首批晶核出现的时间，因为浊度计读数突变点的温度会略低于真实的过冷温度。

3.2.2　激光法测量溶液结晶介稳区

3.2.2.1　激光法测量装置

根据结晶过程中晶浆的光学效应，光在通过非均相体系时会发生弹性散射现象。在形成晶核的时刻，光被晶核散射而导致接收到的透射光强度减弱，溶液中晶核浓度与接收到的光强度具有正相关性，通过测量溶液的透射光强度随时间的变化可检测溶液中晶体的溶解和成核过程，进而获得平衡浓度和超溶解度。

整套装置是由 He－Ne 激光(633 nm)测量系统、带有夹套和螺带式搅拌器的玻璃结晶器、光电接收器和记录仪组成，并配置测温仪、搅拌测速仪。结晶器夹套中的介质温度由外置恒温槽控制(精度为 0.1℃)。测试时，通过固定温度和搅拌速率，进而获得炸药处于不同条件的平衡浓度和超溶解度。实验装置如图 3－3 所示。

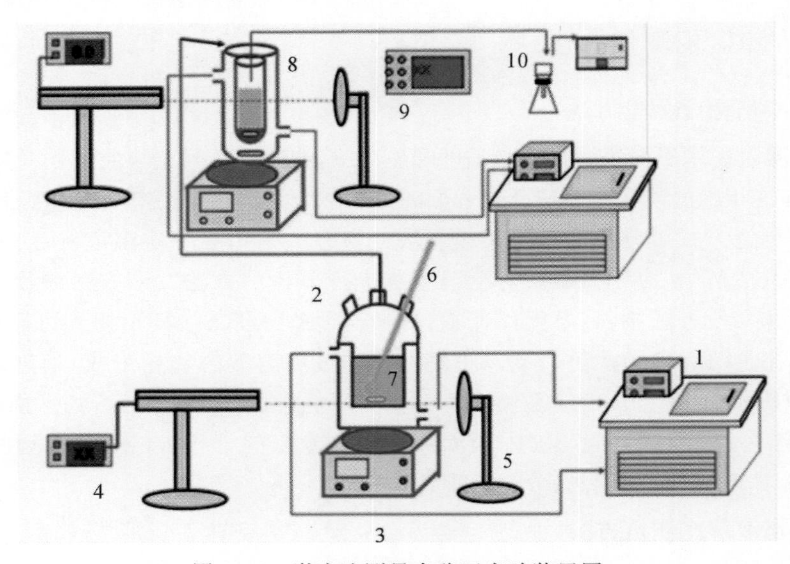

图 3－3　激光法测量介稳区实验装置图

1—恒温水槽；2—夹套结晶器；3—磁力搅拌器；4—激光发射器；

5—激光接收器；6—温度计；7—磁力搅拌子；8—夹套结晶器；9—计时器；10—布氏漏斗

3.2.2.2　平衡浓度的测量

按照图 3－3 实验装置，待激光测量系统工作稳定后，称取一定量炸药，量取一定量溶剂加入结晶器内，打开磁力搅拌器促进炸药溶解，保持搅拌速率不变，待激光接收器示数无变化时，用滴定管开始缓慢滴加同温度的溶剂。随着溶剂加入，溶质逐渐溶解，晶体的散射和衍射效应越来越弱，透射光强度越来越大，激光接收器的数值也越来越大，由初始的迅速变化，到此后变化逐渐缓慢，直到最后稳定在某一数值，表明固体已全部溶解。

以下是采用间歇动态法对 HMX 在 γ－丁内酯中的冷却结晶过程的平衡浓度研究示例。

(1)将激光器预热，维持大约 30 min，然后称取一定量的 HMX，量取 89 g 溶剂 γ－丁内酯加入结晶器内，打开磁力搅拌器加快 HMX 溶解；

(2)保持搅拌速率不变，待激光接收器示数无变化时，用滴定管开始缓慢滴加该比例下的 γ－丁内酯溶剂，激光接收器的示数逐步增大；

(3)当激光接收器的示数由一开始的迅速增大，到此后变化逐渐缓慢直到最后稳定在某一数值时，表明固体已全部溶解；

(4)以初始饱和温度为变量，重复(2)(3)，并记录激光示数、温度等参数。

激光法测量平衡浓度需要缓慢进行，以利于固液平衡。

3.2.2.3　超溶解度的测量

采用激光法测定 HMX 的超溶解度，实验装置如图 3－3 所示，先配制一定浓度的炸药溶液，在测试温度下恒温并维持恒速搅拌一段时间，然后按照一定的降温速率降温。当激光接收示数由固定不变到突然减小并持续降低时，说明有新相形成。记录示数变化时刻。改变炸药溶液的浓度和温度，重复上述步骤，即可得到在一定降温速率、不同温度下的超溶解度。

以下是采用间歇动态法对 HMX 在 γ-丁内酯中的冷却结晶过程的超溶解度研究示例：

(1)先配制一定浓度的 HMX 溶液，在测试温度下恒温 30 min；

(2)恒定搅拌速率(400 r/min)，按照 0.2℃/min 的降温速率开始降温；

(3)激光示数由定值到突然减小，说明有新相形成，记录示数变化时刻；

(4)改变 HMX 溶液的浓度和实验温度，重复上述步骤，即可得到在一定降温速率、不同温度下的超溶解度。

3.2.3　平衡浓度模型

3.2.3.1　平衡浓度经验模型

采用固液平衡理论可推导得到多种平衡浓度求解模型，这些模型在建立过程当中均做了较多假设，这使得这些模型的预测功能不甚理想。为此，另有学者提出了一些经验或半经验的数据模型，这些模型中的参数都是通过实验测得的平衡浓度数据，然后将这些数据进行回归求解。这些模型很多，这里介绍两种。

(1)关联平衡浓度与温度的 Apelblat 经验方程：

$$\ln c_0 = b_0 + \frac{b_1}{RT} + b_2 \ln T \tag{3-15}$$

式中：c_0—— 平衡浓度，g/mL；

T—— 温度，K；

b_0, b_1, b_2—— 实验数据回归得到的经验常数。

式(3-15)能够较好地对极性或非极性溶质，单组分溶剂或混合溶剂等各种体系的平衡浓度随温度变化规律进行关联，误差小。

(2) 等温条件下二元溶剂体系的平衡浓度经验方程：

$$\ln c_0 = x_1 \ln c_1^* + x_2 \ln c_2^* + x_1 x_2 \sum_{i=0}^{N} A_i (x_1 - x_2)^i \tag{3-16}$$

式中：c_0—— 平衡浓度，g/cm^3；

c_1^*, c_2^*—— 溶质分别在纯溶剂 1 和纯溶剂 2 中的平衡浓度，g/mL；

x_1, x_2—— 无溶质存在时二元混合溶剂中纯溶剂 1 和纯溶剂 2 的摩尔分数；

A_i—— 两种溶剂间的作用系数，无量纲。

式(3-16)能较好关联双组分混合溶剂中溶剂组成变化时的平衡浓度。

3.2.3.2　平衡浓度的依存关系

1. 平衡浓度与温度的依存关系

不同溶剂中，RDX 平衡浓度(c)与温度(T)的依存关系见表 3-1，表明了 RDX 在丙酮(AC)、γ-丁内酯(Bt)、氮甲基吡咯烷酮(NMP)中的平衡浓度与温度基本呈指数关系。而 HMX，RDX 在二甲基亚砜(DMSO)和 N，N-二甲基甲酰胺(DMF)中的平衡浓度与温度基本呈对数关系，说明平衡浓度受溶剂的影响较大，当溶剂与溶质有溶剂化倾向，即在不同分子间有强的取向作用力时，实际平衡浓度可能大于理想饱和溶解度。

表 3-1 不同溶剂中 RDX 平衡浓度与温度的关系

溶液类型	平衡浓度(c)与温度(T)的关系	相关系数
RDX-AC	$c=0.0514e^{0.0195T}$	0.969 5
RDX-Bt	$c=0.0814e^{0.0212T}$	0.964 8
RDX-NMP	$c=0.2691e^{0.0147T}$	0.993 0
RDX-DMSO	$c=0.1290\ln T+0.2056$	0.991 9
RDX-DMF	$c=0.2613\ln T+0.2312$	0.983 6
HMX-DMSO	$c=0.2449\ln T-0.215$	0.960 6

2. 平衡浓度与溶液密度的依存关系

两种溶剂混合时，其分子之间存在相互作用，溶质在二元溶剂中的平衡浓度并非简单加和关系。当 HMX 溶于 DMSO 与 H_2O 的二元溶剂时，其平衡浓度与二元溶剂中水的质量分数的依存关系如图 3-4 所示；HMX 在 DMSO/H_2O 中的溶液密度与平衡浓度关系见表 3-2。

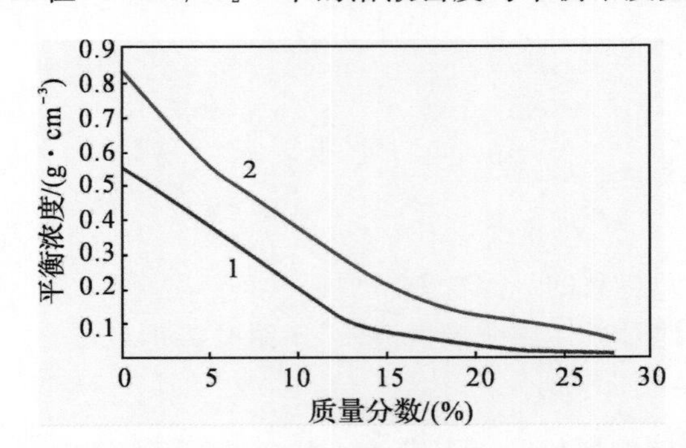

图 3-4 HMX 平衡浓度与二元溶剂(DMSO/H_2O)中水的质量分数关系

1—25℃平衡浓度曲线；2—75℃平衡浓度曲线

表 3-2 HMX 在 DMSO/H_2O 中的溶液密度与平衡浓度关系

水的质量分数/(%)	溶液密度(d)与平衡浓度(c)的关系	相关系数
0	$d=1.0952+0.0043c$	0.999 88
5	$d=1.0969+0.0043c$	0.999 85
10	$d=1.0985+0.0042c$	0.999 87
15	$d=1.0988+0.0041c$	0.999 98
20	$d=1.0979+0.0040c$	1.000 00
25	$d=1.0958+0.0042c$	0.999 93
30	$d=1.0923+0.0040c$	0.999 95

续 表

水的质量分数/(%)	溶液密度(d)与平衡浓度(c)的关系	相关系数
35	$d=1.0882+0.0040c$	0.999 87
40	$d=1.0822+0.0046c$	0.999 73
45	$d=1.0759+0.0045c$	0.999 07
50	$d=1.0688+0.0047c$	0.999 97

3.3 溶液结晶介稳区的性质

3.3.1 理论基础

对激光法测量的平衡浓度、超溶解度数据需用到经典成核理论和初级均相成核速率的经验式来处理，具体为

$$J=K_0(\Delta c)^a N^n \tag{3-17}$$

式中：J—— 成核速率，mol/(mL·s)；

K_0—— 成核速率常数，无量纲；

Δc—— 过饱和度，g/mL；

a—— 受过饱和度影响的成核级数，无量纲；

N—— 搅拌速率，r/min；

n—— 受搅拌速率影响的成核级数，无量纲。

当过饱和度由冷却产生时，Nyvlt 认为成核速率可以表示为过饱和度的产生速率：

$$\left.\begin{aligned} J&=mv \\ m&=\xi\frac{\mathrm{d}c}{\mathrm{d}T}\end{aligned}\right\} \tag{3-18}$$

式中：m—— 溶液冷却1℃时，每单位质量溶液结晶析出溶质晶体的质量，kg/(m³·℃)；

v—— 降温速率，℃/min；

ξ—— 物系常数。

将式(3-14)、式(3-18)带入式(3-17)中，可得

$$\xi\left(\frac{\mathrm{d}c}{\mathrm{d}T}\right)v=K_0\left(\frac{\mathrm{d}c}{\mathrm{d}T}\right)^a N^n(\Delta T)^a \tag{3-19}$$

取对数，并整理得

$$\left.\begin{aligned} \ln\Delta T&=\frac{1}{a}\ln v-\frac{n}{a}\ln N-\frac{K}{a} \\ K&=(a-1)\ln\frac{\mathrm{d}c}{\mathrm{d}T}-\ln\xi+\ln K_0\end{aligned}\right\} \tag{3-20}$$

当搅拌速率一定时，式(3-20)简化为

$$\ln\Delta T = K_1 + \frac{1}{a}\ln v \tag{3-21}$$

当降温速率一定时,式(3-20)简化为

$$\ln\Delta T = K_2 - \frac{n}{a}\ln N \tag{3-22}$$

将 $\ln v$,$\ln N$ 分别对 $\ln\Delta T$ 作图,均可得一直线,直线的截距分别为 K_1,K_2。由直线斜率可以计算出成核级数 a 和 n,$(a+n)$ 表示总的成核级数。

3.3.2 HMX 在γ-丁内酯中的介稳区特性

3.3.2.1 溶解特性

由于 HMX 的超溶解度受到搅拌速率、降温速率的影响,超溶解度曲线表现为一簇曲线。在实验过程中,测定了 HMX 在γ-丁内酯溶剂中的介稳区,实验温度为 20~90℃,恒定搅拌速率为 400 r/min,降温速率为 0.2 ℃/min。其平衡浓度和超溶解度数据例于表 3-3 中。

表 3-3 HMX 在γ-丁内酯中的溶解度数据

平衡浓度		超溶解度	
T/K	c/[g·(100 g)$^{-1}$]	T/K	c_1/[g·(100 g)$^{-1}$]
283.15	9.38		
293.15	10.89	275.48	10.89
303.15	12.25	284.88	12.25
313.15	13.36	293.77	13.36
323.15	16.14	301.30	16.14
333.15	18.85	310.70	18.85
343.15	21.14	319.14	21.14
353.15	25.42	326.45	25.42
363.15	30.67	335.70	30.67

由于实验只采用γ-丁内酯作为溶剂,所以选用 Apelblat 经验方程[见式(3-15)],通过最小二乘法对所得数据拟合。将最小二乘法拟合得到的参数 b_0,b_1,b_2 代入式(3-15),得到 HMX 在γ-丁内酯中平衡浓度对温度的关系式:

$$\ln c = -112.91 + \frac{4\ 189.45}{T} + 17.58\ln T \tag{3-23}$$

式(3-23)的线性相关系数为 0.995。利用下式对拟合的经验方程的准确性进行评估:

$$\mathrm{RMSD} = \left[\frac{1}{N_i}\sum_{i=1}^{N_i}(x_i^{\mathrm{cal}} - x_i^{\mathrm{exp}})^2\right]^{1/2} \tag{3-24}$$

式中:N_i—— 实验次数;

x_i^{cal}—— 平衡浓度计算值,g/100 g;

x_i^{exp}—— 平衡浓度实验值,g/100 g。

根据其均方根偏差(Root Mean Square Devlation，RMSD)值的大小进行判定。计算得到的 RMSD 值为 1.995×10^{-3}。

平衡浓度和超溶解度与温度的关系曲线如图 3-5 所示，图 3-5(c)为拟合方程[式(3-23)]对应的曲线。图示表明 HMX 在 γ-丁内酯中的超溶解度与平衡浓度变化趋势基本一致，均随着温度升高而升高。同时，随着温度升高介稳区也逐渐变宽，这说明 HMX 在 γ-丁内酯(Bt)中的成核能垒随温度升高而增加，成核越来越难。图 3-5(c)和图 3-5(a)吻合很好，结合式(3-11)所计算的 RMSD 值，表明 HMX 在 Bt 中的溶解度测定准确度较高。

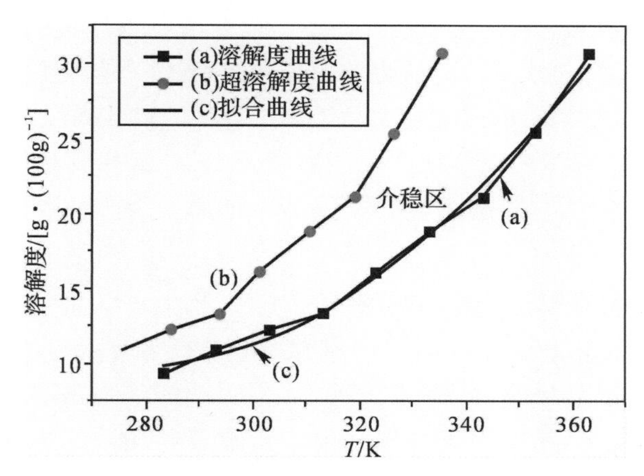

图 3-5　温度对 Bt-HMX 溶解特性的影响

(a)平衡浓度曲线；(b)超溶解度曲线；(c)拟合方程的曲线

3.3.2.2　降温速率对介稳区宽度影响

针对一定饱和温度(20℃，30℃，40℃，50℃，60℃)下的 Bt-HMX 饱和溶液，讨论降温速率对介稳区宽度的影响。根据经典成核理论和 Nyvlt 关于冷却结晶实验结果的推导，介稳区宽度与降温速率可用简化方程式(3-21)表示。

当搅拌速率一定(400 r/min)时，实验测定了 0.1℃/min，0.2℃/min，0.5℃/min，0.75℃/min 四种降温速率下，Bt-HMX 饱和溶液在不同饱和温度(30℃，40℃，50℃，60℃)降温至 20℃时的溶液介稳区宽度，其结果如图 3-6 所示。

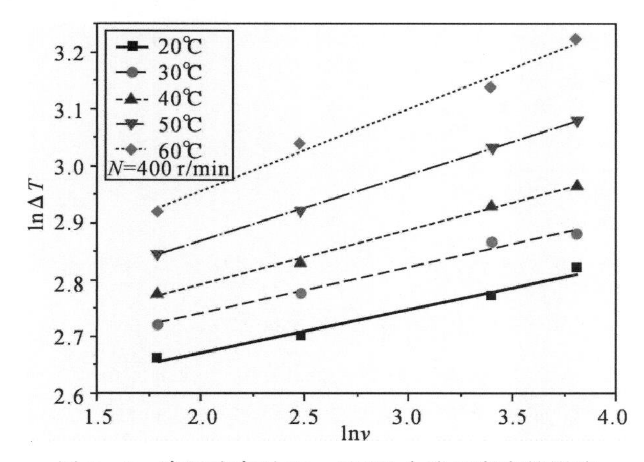

图 3-6　降温速率对 Bt-HMX 介稳区宽度的影响

将不同降温速率和不同饱和温度下的 HMX 在 γ-丁内酯的介稳区宽度实验数据进行关联，得到如下成核方程。

$T=20℃$：$\ln\Delta T=0.075\ln v+2.537$　$a=13.33$；

$T=30℃$：$\ln\Delta T=0.082\ln v+2.568$　$a=12.23$；

$T=40℃$：$\ln\Delta T=0.109\ln v+2.580$　$a=9.17$；

$T=50℃$：$\ln\Delta T=0.129\ln v+2.620$　$a=7.75$；

$T=60℃$：$\ln\Delta T=0.144\ln v+2.677$　$a=6.99$。

图 3-6 表明，不同饱和温度下的 $\ln\Delta T$ 与 $\ln v$ 均近似呈直线关系，且随着降温速率的增加，介稳区宽度增大。不同温度下计算所得的成核级数(a 值) 随着温度升高而减小。成核级数小，表明不易成核。虽然恒定的过饱和度是结晶过程中的最佳操作条件，但在实际的实验过程中却很难做到。因此，将结晶控制在一个相对较宽、成核级数较小的介稳区宽度内更为可靠。相对而言，饱和温度 60℃、降温速率 0.75℃/min 的操作条件对 HMX 在 γ-丁内酯中的降温结晶较为适宜。

3.3.2.3　搅拌速率对介稳区宽度的影响

为了确定 Bt-HMX 饱和溶液中的搅拌速率对介稳区宽度的影响，测定了温度为 40℃、降温速率为 0.2 ℃/min，搅拌速率分别为 100 r/min，250 r/min，400 r/min，550 r/min，700 r/min 时的介稳区宽度，结果如图 3-7 所示。实验表明，介稳区宽度随搅拌速率的增加而略微变窄，可能的原因是搅拌速率增加，传质速率增大，导致分子间的碰撞概率增大。同时，由于传热速率也增大，有利于体系中热量的扩散，从而增大过饱和度，使结晶成核的时间提前。

当降温速率一定(0.2℃/min)时，考察受搅拌速率影响的成核级数与温度的关系，实验测定了 Bt-HMX 饱和溶液在不同饱和温度(20℃，30℃，40℃，50℃，60℃)，搅拌速率对介稳区宽度的影响，结果如图 3-8 所示。

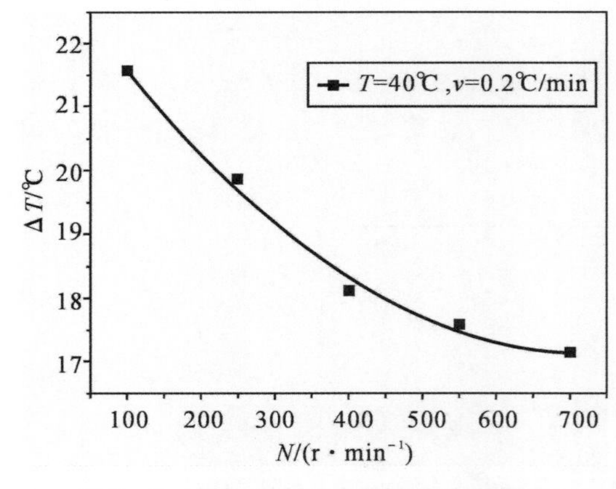

图 3-7　搅拌速率对介稳区宽度的影响

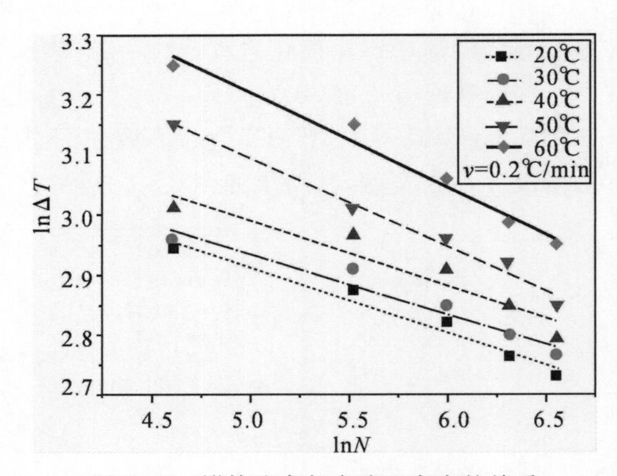

图 3-8　搅拌速率与介稳区宽度的关系

结合式(3-22)推导出搅拌速率与介稳区宽度的关系式，由于 a 值已知，可计算出受搅拌速率影响的成核级数 n。从图 3-8 看出，在不同饱和温度下，$\ln N$ 与 $\ln\Delta T$ 之间均呈线性关系，且直线斜率不相等，表明成核级数与饱和温度相关。分别对不同饱和温度下的线性方程进行拟合，结果为

$T=20℃:\ln\Delta T=3.462-0.112\ln N \quad n=1.46$；

$T=30℃:\ln\Delta T=3.431-0.091\ln N \quad n=1.10$；

$T=40℃:\ln\Delta T=3.520-0.112\ln N \quad n=1.00$；

$T=50℃:\ln\Delta T=3.827-0.124\ln N \quad n=0.93$；

$T=60℃:\ln\Delta T=3.981-0.130\ln N \quad n=0.90$。

成核级数(n 值)对饱和温度而言，随温度的升高而减小，介稳区宽度随搅拌速率升高而降低。因此，对于 HMX 在 γ-丁内酯的结晶过程，若要得到高品质晶体应当选择适中的搅拌速率和结晶温度。

3.4　溶液结晶成核动力学

3.4.1　成核形式

溶液结晶的早期阶段对晶态(如形状、晶体形貌和纯度等)有决定性作用。例如，如果溶液中某种形式的晶体成核快，许多晶体几乎同时形成，晶体生长占据了溶液空间，这或许会导致溶液结晶的后期成核终止，最终得到的大多数晶体尺寸近似相等。相反，如果成核很慢，每次形成少量晶核，溶液饱和度会慢慢下降，最终得到许多不同尺寸的晶体。又如，如果成核被限制在溶液中的某个位置，那么溶液消耗与晶体生长将和指定位置密切相关。因此，结晶动力学是决定晶体品质(如粒度分布、颗粒尺寸、缺陷含量等)的关键因素，控制成核意味着控制晶体形态。

溶液结晶是一个包含从运动单元、晶胚、晶核，再到晶体的多阶段复杂过程。但所有过程的第一步都要求溶液处于过饱和状态，溶液中的溶质分子(称为运动单元)先聚集成生长单元(称为晶胚)，这些晶胚继续团聚成结晶中心的晶核。因此，晶核可定义为独立存在的晶体最小值。在最初亚稳相中，这些结晶中心的形成过程就叫作成核现象。成核后的生长过程指晶胚向晶核表面的扩散以及在晶格内的重排。Branson 等人率先使用粒数密度的观念对结晶过程中的成核动力学进行了研究，这奠定了结晶动力学的发展基础。

根据成核模式和过程特性可将成核分为两大类：一类是初级成核，指过饱和溶液在无晶体条件下自发成核；另一类是二次成核，指体系中有晶体存在的条件下由各种热力学和流体力学因素导致的成核。其中，初级成核又分为初级均相成核和初级异相成核。初级均相成核是指单一均相溶液中溶质自发聚集在一起形成新相、各处成核概率相同的过程；初级异相成核是指溶质分子吸附在其他固体表面或溶液中未破坏的晶种表面形成新相的过程。也就是说，初级均相成核发生在溶液内部，初级异相成核发生在相界面。在溶液中被结晶物质粒子诱导的成核行为统称为二次成核，主要包括接触成核、剪切成核、破碎成核、磨损成核等。

溶液中的成核形式如图 3-9 所示。

由于晶核的临界尺寸通常在 100～1 000 个原子或分子之间，而且对成核过程很难准确描述，故一般采用实验建模的方法。目前，主要有两种描述成核过程的方法——初级成核经典理论和二次成核经验方程。

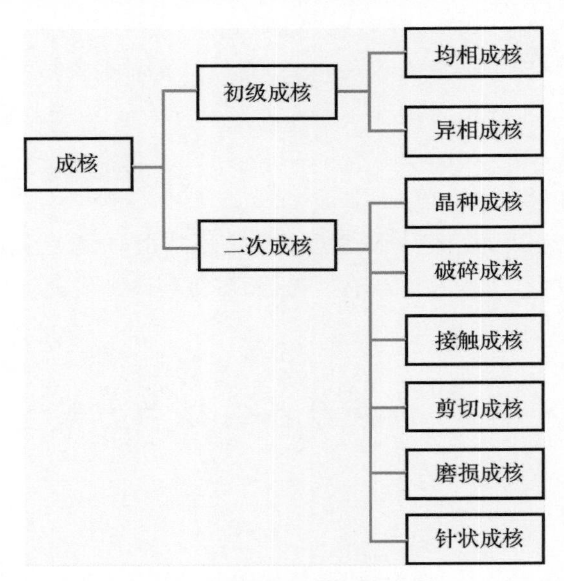

图 3-9　溶液结晶的成核形式

3.4.2　饱和溶液的本质

单一均相的饱和溶液中，溶质（分子、原子或离子）受到布朗运动、搅拌、振动等各种因素作用，时刻处于快速无规则运动状态，它们之间由于相互碰撞可形成短程规则排列的生长基元。这些大小不同、存在时间很短、时聚时散的生长基元具有和固相晶体相似的结构。这些生长基元之间也存在着一定的“自由空间”，或者是模糊边界，也可能在生长基元的边界上共享一些原子，这些生长基元实际上就是结晶过程的晶胚。晶格理论认为，由于结构起伏（也称为相起伏）的存在，一方面使一个生长基元有可能进入另一个生长基元的力场中，进而结合在一起构成固相晶体的生长中心，这些生长中心即通常所讲的晶核；另一方面这些生长基元也可以被解离重新分散到溶液中。

通过互相碰撞结合的晶胚时聚时散，在热力学上并不稳定。晶胚要发展为晶核，必须先由某个热活化过程取得一个临界尺寸 r^*，唯有尺寸大于 r^* 的晶胚才能称为有效晶核，并可能继续生长为晶体。饱和溶液中的晶胚不能生长为晶体，其原因就在于晶胚尺寸小于或等于 r^*，导致饱和溶液在宏观上表现单一均相状态。

初级成核经典理论的基本思想是，当晶体在亚稳相中成核时，体系的吉布斯自由能变化量 ΔG 为

$$\Delta G = \Delta G_V + \Delta G_S + \Delta G_E \tag{3-25}$$

式中：ΔG_V—— 新相形成时体系的体积自由能减少量；

ΔG_S—— 新相形成时表面自由能的增加量；

ΔG_E—— 新相和旧相都为固态，晶核出现时所引起的附加形变自由能差。

式(3-25)中，ΔG_S 表示新相形成时导致的表面自由能增加会阻碍成核过程的进行，由于这部分能量与相界面的面积成比例，故又称为“界面自由能”。ΔG_E 则表示新相和固相都为固

态系统所引起的附加形变能差，针对溶液结晶，ΔG_E 可以忽略不计。

为方便计算，假设亚稳相中形成一个球状、半径为 r 的晶胚，此时体系总吉布斯自由能变化为

$$\left.\begin{aligned}\Delta G(r) &= \frac{(-4/3)\pi r^3}{V_{\mathrm{m}}}\Delta g + 4\pi r^2\phi \\ \Delta g &= -kT_0\ln(1+S)\end{aligned}\right\} \tag{3-26}$$

式中：V_{m}—— 分子体积，cm^3；

ϕ—— 晶体与流体相界面的比表面自由能；

Δg—— 单分子的相变驱动力；

S—— 过饱和度比$(c_1-c_0)/c_0$，无量纲。

式(3-26)中的函数关系可用曲线表示出来，如图 3-10 所示。

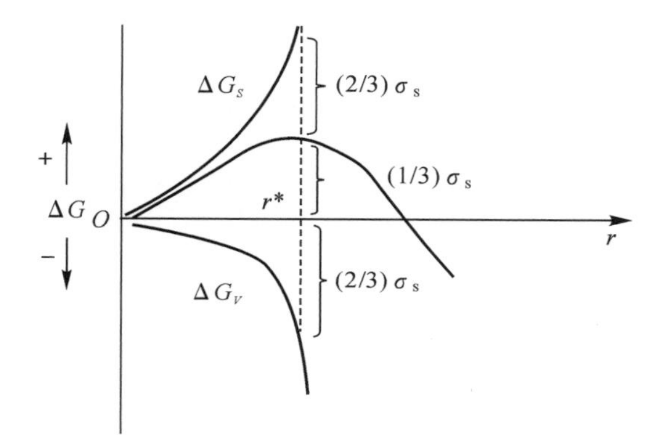

图 3-10　成核尺寸与吉布斯自由能的关系

利用极大值求解方法，令$\dfrac{\partial\Delta G(r)}{\partial r}=0$，即可求得饱和溶液中球状晶胚的最大临界尺寸 r^*：

$$r^* = \frac{2\gamma V_{\mathrm{m}}}{kT\ln S} \tag{3-27}$$

式中：V_{m}—— 分子体积，cm^3；

γ—— 固液界面张力；$\mathrm{J/cm^2}$；

S—— 过饱和度比$(c_1-c_0)/c_0$，无量纲。

从图 3-10 可以看出，当晶胚半径 r 小于 r^* 时，成核过程中界面自由能占据主导地位。随着 r 的增大(此时，因界面能的增加与 r^2 成正比，而体积自由能的降低与 r^3 成正比)，所以体积自由能逐渐起到主要作用，表现为 $\Delta G(r)$ 的总趋势为，开始的时候随 r 增大而增加。而当 r 增大至 r^* 时，$\Delta G(r)$ 增加至最大值 $\Delta G(r^*)$。随后，随着 r 的增大，$\Delta G(r)$ 开始明显下降。由此可知，当晶胚半径 $r<r^*$ 时，晶胚长大将会导致系统自由能增加，但是这样的晶胚在热力学上是不稳定的，如果是处在溶液生长系统中，它就会重新溶解而消失掉；而当晶胚半径 $r>r^*$ 时，随着晶胚半径逐渐长大，系统自由能减小，此时晶胚可以自动继续生长。当晶胚半径 $r=r^*$ 时，会出现两种可能，一种是长大，另一种是溶解，但由于饱和溶液中处于最大临界尺寸的晶胚，其周围没有一个局部过饱和度环境而不能继续长大。因此，r^* 也即是饱和溶液中球状晶胚的临界半径，其吉布斯自由能为

$$\Delta G(r^*)=\frac{16\pi r^3 V_m{}^2}{3(\Delta g)^2}=\frac{1}{3}A_c\gamma \tag{3-28}$$

式中：A_c—— 临界晶核的表面积，cm^2。

由式(3-28)可见，形成临界晶核时的自由能变化为正值，且等于形成临界晶核表面能的1/3。也就是说，形成临界晶核时，所释放的体积自由能只能补偿表面自由能增高的2/3，还有1/3的表面自由能必须从能量起伏中提供，如图3-10所示。因此，$\Delta G(r^*)$也称为成核功，这部分能量就是过饱和溶液成核前的主要障碍，过饱和溶液迟迟不能成核的主要原因也正源于此。

3.4.3 过饱和溶液的成核模型

3.4.3.1 初级均相成核及经验方程

1. 初级均相成核经典理论

初级均相成核速率可由 Arrhenius 反应速率方程表示：

$$J=A\exp\left[\frac{-4\ (f_S)^3\gamma^3 V_m{}^3}{27\ (f_V)^2 k^3 T^3\ (\ln S)^2}\right] \tag{3-29}$$

式中：S—— 过饱和度比$(c_1-c_0)/c_0$，无量纲；

V_m—— 分子体积，cm^3；

T—— 溶液温度，K；

f_V，f_S—— 晶核体积因子，晶核面积形状因子，无量纲；

γ—— 晶体与液相之间的界面张力，J/cm^2；

k—— 玻耳兹曼常数，$k=1.380\ 6\times10^{-23}$ J/K；

A—— 频率因子。

式(3-29)表明，初级均相成核速率随过饱和度和温度的增大而增大，随固液表面张力的增大而减小。

2. 基于过饱和度经验模型

工业结晶中，常用成核速率与过饱和度、搅拌速率的简单经验方程来表示初级均相成核速率：

$$J=K_0\ (\Delta c)^a N^n \tag{3-30}$$

式中：J—— 成核速率，mol/(mL·s)；

K_0—— 成核速率常数，无量纲；

Δc—— 过饱和度，g/mL；

a—— 受过饱和度影响的成核级数，无量纲；

N—— 搅拌速率，r/min；

n—— 受搅拌速率影响的成核级数，无量纲。

3. 基于成核诱导期经验模型

成核诱导期(t_{ind})法是过饱和溶液的重要参数。运用经典成核理论，不仅可利用t_{ind}推导出超溶解度，得到结晶介稳区，还可计算出成核过程中的一系列成核参数，如固-液相之间的表面张力、形成晶核的吉布斯自由能和晶核半径。需要注意的是，成核诱导期与晶体种类、溶液过饱和度大小、杂质、温度、搅拌速率等动力学条件密切相关。

t_{ind} 是指溶液从过饱和状态到产生新相之间所经历的时间。严格意义上讲，t_{ind} 的测定应以第一个晶核出现时所对应的时间来判定，由于很难直接检测到第一个晶核出现的时间，所以 t_{ind} 通常是指从过饱和状态到产生可检测到的晶核之间所经历的时间。成核诱导期越长，溶液越稳定。诱导期通常由三部分时间组成：从均相溶液到产生晶胚的松弛时间(t_{tr})，从晶胚到产生稳定晶核所需要的时间(t_n)，晶核成长为可探测到的粒度所需时间(t_g)：

$$t_{ind} = t_{tr} + t_n + t_g$$

由于 t_{tr} 在整个诱导期中所占比例相当小，故可近似为

$$t_{ind} = t_n + t_g$$

对于炸药溶液结晶而言，t_g 相对成核时间 t_n 来说很短，也可忽略不计。此时观测到的诱导期是指溶液从过饱和状态到产生可观测到的晶核这段时间。

测定不同过饱和度下的诱导期 t_{ind}，然后将 t_{ind} 与相应的过饱和度作图，外推至 $t_{ind} \to +\infty$ 所对应的过冷度，即为极限过饱和度。采用类似方法获取不同温度的极限过饱和度，即可得到超溶解度曲线。也可以通过测定不同过冷度下的诱导期 t_{ind}，把 $1/t_{ind}$ 对 ΔT 作图，外推至 $1/t_{ind} \to 0$ 所对应的过饱和度，即为极限过冷度。

由于均匀成核速率 J 与成核诱导期 t_{ind} 成反比，即

$$t_{ind} = \frac{A}{J} \tag{3-31}$$

将初级均相成核速率式(3-29)代入式(3-31)，取对数处理得

$$\ln t_{ind} = A_m + B(\ln S)^{-2} \tag{3-32}$$

显然，$\ln t_{ind}$ 与 $(\ln S)^{-2}$ 呈一直线，B 为斜率：

$$B = [4(f_S)^3\gamma^3V^3]/[27(f_V)^2k^3T^3]$$

相对应的区域为高过饱和区域，这一直线对应着均相成核过程。根据 B 可以求得炸药溶液中发生均相成核时，晶体与液相之间的界面张力(γ)。γ 是代表晶体物理性质的重要物理量，主要决定晶体的生长机理，其计算式为

$$\gamma = \sqrt[3]{\frac{27\ (f_V)^2k^3T^3B}{4\ (f_S)^3v^3}} \tag{3-33}$$

对于初级异相成核，$\ln t_{ind}$ 与 $(\ln S)^{-2}$ 之间的直线斜率表示为

$$B = \frac{16\pi\phi\gamma^3v^2N}{3R^3T^3} \tag{3-34}$$

$$\gamma = \sqrt[3]{\frac{3R^3T^3B}{16\pi\phi v^2N}} \tag{3-35}$$

式中：ϕ—— 特征因子，由初级均相成核与初级异相成核两条直线斜率比求出；

N—— 搅拌速率，r/min。

相对于二次成核速率，初级均相成核速率要大得多，并且对溶液过饱和度的变化非常敏感，成核方式往往表现为“暴发式”，后期所得到的晶体粒度往往难以控制在较窄分布区间。一般来说，除了超细粒子制造外，工业结晶中很少采用初级成核的方式。

3.4.3.2　二次成核及经验方程

二次成核是工业结晶的主要成核方式。Randolph 等人归纳了 6 种主要的二次成核机理。

(1)晶种成核:将干燥的晶种直接通过某种方式加入结晶器当中,其表面吸附着小晶粒——称为“晶尘”,这些晶尘成为二次成核的主要来源。

(2)破碎成核:晶体产品因某种原因破碎而使母晶自身分裂成两个或多个碎片,由这些碎片产生晶核。这种情况主要发生在悬浮密度大、搅拌速率快、扰动剧烈的结晶体系之中。

(3)磨损成核:在悬浮密度较大的结晶体系中,晶体与晶体之间、晶体与搅拌器之间、晶体与结晶器壁之间通过碰撞引起晶体的轻微磨损,由磨损产生晶核。一般来说,晶体磨损不会对晶体最终形态产生明显影响。

(4)针状成核:源于晶体类似树枝状生长产生晶核。

(5)剪切成核:当过饱和溶液与正在生长的晶体之间相对运动速率相差较大时,部分附着在晶体表面上的微小粒子会被存在于流体边界层之中的剪应力扫落,如果被扫落的这些粒子的粒度大于临界粒度,那么这些粒子就有可能成为新的晶核。

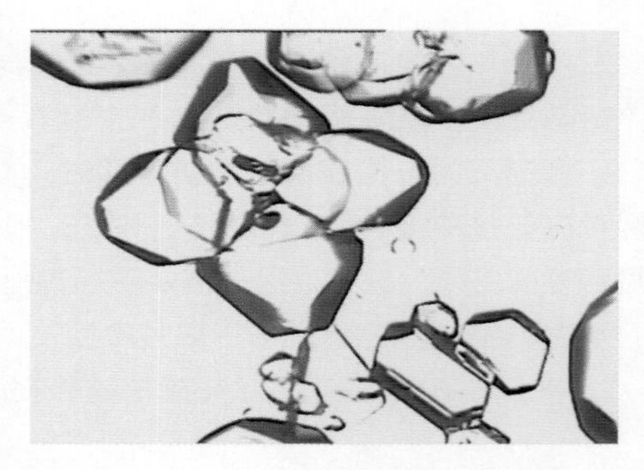

图 3-11　RDX 接触成核产生的聚晶

(6)接触成核:晶体在结晶器中与器壁、搅拌子或晶体与晶体之间发生接触,这种接触可能产生接触成核,如图 3-11 所示。接触成核是混合悬浮结晶过程当中主要的晶核来源。很多结晶现象表明接触成核与接触能量、过饱和度、温度、搅拌等因素有关。

由于二次成核呈现出的多样性和复杂性,常用经验方程来描述成核速率:

$$J_s = K_s M_T^i \omega^l (\Delta c)^n \tag{3-36}$$

式中:J_s—— 二次成核速率,mol/(mL·s);

K_s—— 与温度有关的成核速率常数,无量纲;

M_T—— 晶浆密度,kg/m^3;

ω—— 比功率输入,系统有搅拌则为搅拌速率,W/g;

i,l,n—— 受操作条件影响的常数;

Δc—— 为过饱和度,g/mL。

工业结晶中,往往通过添加晶种以大幅度减少初级成核,此时结晶器中总成核速率为初级成核速率与二次成核速率之和,因此成核速率又可以表示为

$$J_s = K_N M_T^i \omega^l (\Delta c)^n \tag{3-37}$$

式中,K_N—— 总成核速率常数。

3.4.4　HMX 在 γ-丁内酯中的成核研究

3.4.4.1　成核诱导期对过饱和度的依赖关系

为了研究不同过饱和度对 HMX 过饱和溶液成核诱导期的影响,分别在温度为 20℃,30℃,40℃,50℃,60℃时,保持搅拌速率 400 r/min,降温速率 0.2℃/min 的条件下,测量了 HMX 溶液在不同过饱和度比 S 下的诱导期 t_{ind}。以下是采用间歇动态法对 HMX 在 γ-丁内酯中冷却结晶过程的成核诱导期研究示例。

(1)准确称量一定量 HMX 和 γ-丁内酯，放入结晶器中加热使 HMX 溶解，在高于平衡浓度温度 2℃恒温一段时间，待 HMX 全部溶解后，将温度调整回到饱和温度点，调整好搅拌速率、记录激光示数。

(2)对上述溶液按一定冷却速率降温，同时开启计时器，激光示数突然变小时，说明此时有可被检测到的晶核产生。停止计时，记录时间。停止降温，将溶液温度、搅拌速率维持在晶核产生时的温度，每隔一定时间对晶浆取样分析，记录相应时间、温度和搅拌速率。

(3)将每次取出的晶浆样品进行等温抽滤，滤饼真空干燥后，称重。

(4)以初始饱和温度、过饱和度、搅拌速率、降温速率为变量，重复(2)(3)。实验初始温度 20～80℃，温度步长 10℃，降温速率 0.1℃/min，0.2℃/min，0.5℃/min，0.75℃/min，搅拌速率 100～700 r/min 可调。记录激光示数、温度、降温速率、搅拌速率等参数。

将所测定的成核诱导期 t_{ind} 对过饱和度 S 作图，如图 3-12 所示。由图中可以看出，HMX 的结晶诱导期对初始过饱和度有着很强的依赖关系。在过饱和度、搅拌速率、降温速率相同情况下，HMX 溶液的诱导期随着初始饱和温度的升高而有明显增长，也就是说，HMX 过饱和溶液的成核速率随温度的升高而迅速变小。

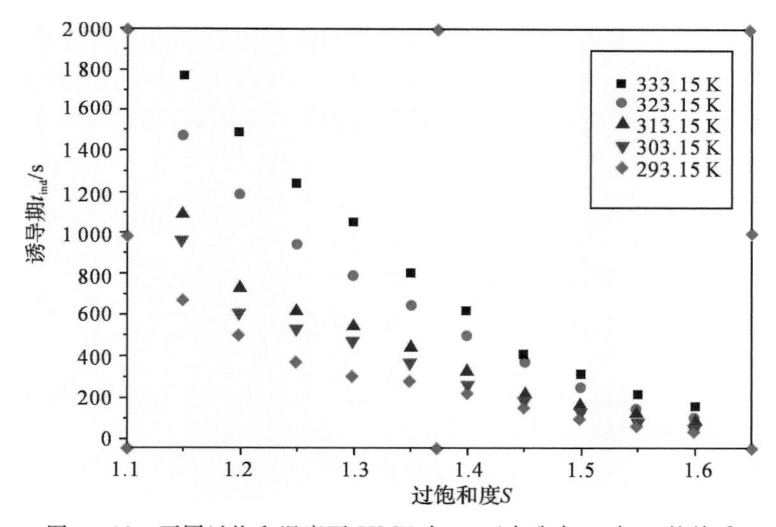

图 3-12　不同过饱和温度下 HMX 在 γ-丁内酯中 t_{ind} 与 S 的关系

另外，同一温度下，随着过饱和度增加，成核诱导期明显缩短，这说明 HMX 晶核在过饱和溶液中的生成速率随着过饱和度增大而增大，也就是说过饱和度越大，越能促进 HMX 分子聚集进而快速形成晶核。因此，在溶液成核及长大至可检测的过程中，欲得到粒度较小、数量较多的晶核，可将溶液的过饱和度维持在一个较高水平，使溶液体系中的成核类型近似于均匀成核，成核速率变大。如果想得到粒度较大的晶体，需将 HMX 溶液的过饱和度维持在较低数值，促使溶液成核速率减慢，减少成核数量，使得溶液有足够过饱和度驱动已形成的少量晶核慢慢长成大晶粒。

3.4.4.2　均相成核与异相成核

对应不同的初始过饱和温度，据式(3-32)，将 $\ln t_{ind}$ 对 $(\ln S)^{-2}$ 作图，如图 3-13 所示。

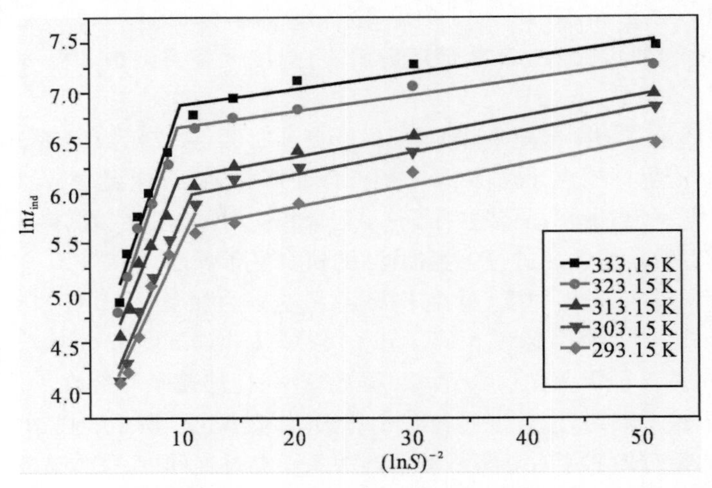

图 3-13　不同过饱和温度下 HMX 在 γ-丁内酯中 $\ln t_{ind}$ 与$(\ln S)^{-2}$的关系

由图 3-13 可见，对于不同过饱和温度下 HMX 在 γ-丁内酯中的成核情况，同一温度下可得两条斜率不同的直线，分别对应高过饱和度下的初级均相成核和低过饱和度下的初级异相成核。其中，均相成核的直线斜率均大于异相成核直线斜率。按图示的转折点估算，当过饱和度比 $S<1.35$ 时，HMX 在 γ-丁内酯中的成核机理为初级异相成核，拟合得到不同温度下的成核方程与相关系数 R^2。

$T=60℃$：$\ln t_{ind}=6.82+0.057\ (\ln S)^{-2}$　$R^2=0.908$；

$T=50℃$：$\ln t_{ind}=6.53+0.061\ (\ln S)^{-2}$　$R^2=0.870$；

$T=40℃$：$\ln t_{ind}=5.98+0.087\ (\ln S)^{-2}$　$R^2=0.967$；

$T=30℃$：$\ln t_{ind}=5.67+0.095\ (\ln S)^{-2}$　$R^2=0.914$；

$T=20℃$：$\ln t_{ind}=6.45+0.110\ (\ln S)^{-2}$　$R^2=0.955$。

当过饱和度比 $S>1.35$ 时，HMX 在 γ-丁内酯中的成核机理为初级均相成核，拟合得到不同温度下的成核方程与相关系数 R^2。

$T=60℃$：$\ln t_{ind}=4.54+0.195\ (\ln S)^{-2}$　$R^2=0.952$；

$T=50℃$：$\ln t_{ind}=4.23+0.181\ (\ln S)^{-2}$　$R^2=0.908$；

$T=40℃$：$\ln t_{ind}=3.54+0.154\ (\ln S)^{-2}$　$R^2=0.985$；

$T=30℃$：$\ln t_{ind}=3.82+0.109\ (\ln S)^{-2}$　$R^2=0.921$；

$T=20℃$：$\ln t_{ind}=4.18+0.107\ (\ln S)^{-2}$　$R^2=0.933$。

HMX 在 γ-丁内酯中的成核机制与溶液过饱和度比(S) 相关。当初始溶液的 S 值较大时，溶液能够提供较大的相变驱动力，均相溶液中的不同位置就可同时产生大量晶核，所以均相成核起主导作用；而初始溶液的 S 值很小时，溶液提供的相变驱动力相对较小，由于异相成核形成临界晶核所需的成核能要比均相成核小，故成核方式多以异相成核为主。另外，由于容器的影响以及溶液中不可避免的混有微量不溶性杂质，这些杂质或容器壁可成为晶核中心。

3.4.4.3　成核参数计算

1. 固液表面张力

成核过程中的固液表面张力(γ)是描述晶体成核与生长阶段的重要参数。γ 不仅可以反映溶质在过饱和溶液中成核的难易程度，还可以作为重要的热力学参数用以研究晶体的成核及生长过程。许多学者做了大量的理论推导和实验研究，提出了多种固液表面张力测定方法以及计算方法。其中，在理论计算方面，有 Sangwal 法、Nielsen 法、Sohnel 法、Mersmann 法等。另外，在成核参数的实验测定方面，主要有成核速率法、诱导期法以及降温法等。

通过测定诱导期的方法来计算 HMX 在 γ-丁内酯过饱和溶液中的成核参数，均相与异相成核的表面张力可由直线斜率，根据式(3-34)和式(3-35)求出，见表3-4。从表中可以看出，表面张力随着温度的升高而增大。表面张力是反映体系成核趋势的重要指标，表面张力值越小，其形成晶核趋势就越大，其诱导期值就越短。

表3-4　不同温度下，HMX 成核时的表面张力及表面熵因子

温度/℃	异相成核		均相成核	
	斜率	表面张力/(10^{-3} J·cm^{-2})	斜率	表面张力/(10^{-3} J·cm^{-2})
20	0.110	0.705	0.107	1.922
30	0.095	0.718	0.109	1.941
40	0.087	0.912	0.154	2.249
50	0.061	0.938	0.181	2.405
60	0.057	0.958	0.195	2.471

初级均相成核的表面张力远大于初级异相成核时的表面张力，这说明初级均相成核的难度高于初级异相成核。此外，成核时的固-液表面张力随着温度升高略有增大，这样的结果与经典成核理论的预测一致。表面张力是成核能力强弱的标志，其值越小，成核越容易。

2. 初级成核级数和成核速率常数

使用诱导期方法还可以获得初级成核级数和成核速率常数，将饱和溶液中球状晶胚的临界半径[见式(3-27)]和初级均相成核速率方程[见式(3-29)]，代入式(3-31)整理可导出：

$$\ln\frac{t_{\mathrm{ind}}}{(S-1)(\ln S)^3}=\ln\frac{k^2T^2}{8\rho_c\gamma^3{V_m}^3k_jc_0^{(k-1)}}-b\ln S \tag{3-38}$$

式中：t_{ind}—— 成核诱导期，s；

γ—— 固液表面张力，J/cm^2；

k—— 波尔兹曼常数，$1.380\,6\times10^{-23}$ J/K；

c_0—— 平衡溶解度，mol/cm^3；

ρ_c—— 晶体密度，g/cm^3；

T—— 溶液温度，K；

V_m—— 分子体积，cm^3；

k_j—— 成核速率常数，mL^b·g^{-b}·mL^{-3}·s^{-1}；

b—— 成核表观级数,无量纲;

S—— 过饱和度比$(c_1-c_0)/c_0$,无量纲。

令 $\ln\{t_{ind}/[(S-1)(\ln S)^3]\}=y$;$\ln S=x$,作 $x-y$ 图,并将不同温度下所得 HMX 的 SEM 图也放置其中,如图 3-14 所示。直线斜率即为初级成核过程的表观级数,利用直线的截距即可求得初级成核速率常数。其中,HMX 的晶体密度 $\rho_c=1.90\ g/cm^3$。图 3-14 表明,随着成核速率常数的增加,HMX 晶体粒度变小,表面越来越粗糙。

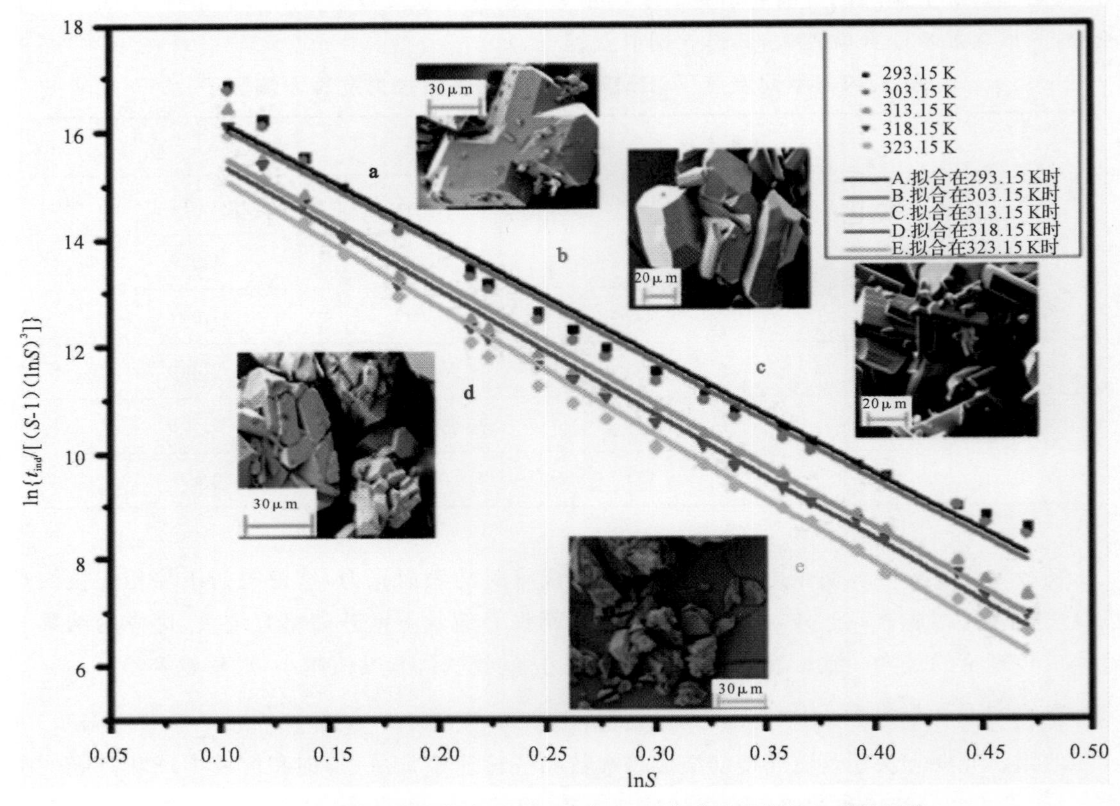

图 3-14 不同过饱和温度下 HMX 在 γ-丁内酯中的结晶与成核级数

根据表 3-4 中的表面张力,拟合的直线方程与相关系数 R^2 为

$T=20℃$:$y=18.42-22.02x$ $R^2=0.953$;

$T=30℃$:$y=18.32-22.09x$ $R^2=0.981$;

$T=40℃$:$y=17.90-23.73x$ $R^2=0.984$;

$T=50℃$:$y=17.78-23.55x$ $R^2=0.987$;

$T=60℃$:$y=17.58-24.17x$ $R^2=0.966$。

将拟合直线的斜率以及截距代入式(3-38)中,可求得成核速率常数 k_j,结果见表 3-5。在实验研究温度范围内,HMX 在 γ-丁内酯中初级成核表观级数随温度上升有增大的趋势,成核速率常数的数量级为 10^{15}。

表 3-5　平衡饱和度在 $S=1.2$ 时不同温度的成核速率常数

温度/℃	表观级数	相关系数	表面张力 10^{-3} J·cm^{-2}	成核速率常数 10^{15} mL^{b} · g^{-b} · mL^{-3} · s^{-1}
20	22.02	0.953 4	1.922	0.17
30	22.09	0.980 6	1.941	0.25
40	23.73	0.984 4	2.249	0.36
50	23.55	0.987 3	2.405	0.40
60	24.17	0.965 8	2.471	0.38

3.5　溶液结晶生长动力学

3.5.1　理论基础

广义上讲，晶体生长包含从运动单元到生长单元，到独立存在的晶体最小值晶核，再到晶体的全部过程。因此，晶体生长过程实际上是一个热量、质量和动量的转化输运过程，是空间不连续与非均匀化的相变过程。

狭义上讲，晶体生长是研究晶核形成之后，通过与母液接触的结晶界面不断向母液中某一方向或多个方向同时扩张进行的相变过程。结晶界面的宏观及微观形态与结晶过程的宏观传质特性相互耦合、相互影响，并对晶体的结晶质量，特别是晶体结构缺陷的形成具有至关重要的影响。因此，从结晶界面的弯曲特性，到结晶界面纳米，再到微米尺度的平整度特性，直至晶面原子尺度的微观特性，都是晶体生长研究的重要课题。晶体生长速率受驱动力支配，晶体的生长形态取决于晶体各晶面间的相对生长速率，改变生长介质的热量或质量输运时，不仅能使晶体生长速率发生变化，而且会影响到晶体生长形态与生长界面的稳定性，进而影响到晶体完整性和晶体形态。因此，晶体生长动力学主要阐明不同生长条件下晶体的生长机制，以及生长速率与驱动力之间的关系。

由于晶体界面结构决定了生长机制，不同生长机制表现出不同生长动力学规律。按照晶体生长理论，对于无晶种均相溶液的结晶成核与晶体生长，可通过测定成核诱导期，经过数值拟合，根据拟合度高低寻找到合适的晶体生长机理。Kashchiev 等人结合成核和生长两个因素，提出了一个通用方程：

$$t_{\mathrm{ind}}=\frac{\alpha}{(a_{\mathrm{d}}JG^{d-1})^{\frac{1}{d}}} \tag{3-39}$$

式中：a_{d}—— 形状因子，无量纲；

d—— 生长级数，无量纲；

J—— 成核速率，mol/(mL·s)；

α——c_1/c_0，过饱和浓度与平衡浓度比，无量纲；

t_{ind}—— 成核诱导期，s；

G—— 晶体生长速率，g/(mL·s)。

式(3-39)中，$d=d'v'+1$。d' 为晶体生长维度，当晶体三维生长时，如HMX在γ-丁内酯中结晶为棱柱状晶体，故 $d'=3$；v' 的取值则根据对应的生长机理模型分别取0.5或1。对于三维成核过程，成核速率方程可表示为

$$J=K_J S\exp\left(\frac{-B_0}{\ln^2 S}\right) \tag{3-40}$$

式中：K_J—— 成核速率常数；

B_0—— $\beta\gamma^3 v_m/(KT)^3$，是三维成核的特征因子。晶体生长速率 G 与过饱和度比函数 $f(S)$ 的关系为

$$G=K_G f(S) \tag{3-41}$$

式中：K_G—— 生长速率常数。

将式(3-40)、式(3-41)代入式(3-39)中，整理得

$$t_{ind}=A_0[f(S)]^{\frac{1-d}{d}}S^{\frac{-1}{d}}\exp\left[\frac{B_0}{d(\ln S)^2}\right] \tag{3-42}$$

$$A_0=\left[\frac{\alpha}{a_d K_J K_G{}^{(d-1)}}\right]^{1/d}$$

式中：A_0—— 特征因子。

Kashchiev提出均相溶液中晶体生长存在四种机理，分别为法向生长、体积扩散、螺旋生长和二维成核传递，不同生长机理对应不同的 $f(S)$ 表达式，见表3-6。

表3-6 不同生长机理下 $f(S)$ 的表达式

生长机理	$f(S)$
法向生长	$S-1$
体积扩散	$S-1$
螺旋生长	$(S-1)^2$
二维成核传递	$(S-1)^{\frac{2}{3}}S^{\frac{1}{3}}\exp\frac{-B_{2D}}{3\ln S}$

对于表3-6中的法向生长、体积扩散、螺旋生长机理，采用相同的处理方法。对式(3-42)两边取对数，整理得

$$\ln\{t_{ind}[f(S)]^{\frac{d-1}{d}}S^{\frac{1}{d}}\}=\ln A_0+\frac{B_0}{d(\ln S)^2}$$

令

$$f_u(S)=\ln(A_0)+\frac{B_0}{d(\ln S)^2} \tag{3-43}$$

通过 $f_u(S)$ 与 $[1/(\ln S)^2]$ 的线性关系即可确定出相应的生长机理。对于表3-6中的二维成核传递机理，处理方法与前三种略有不同。需将对应的 $f(S)$ 表达式带入式(3-42)中，处理得

$$f_u(S)=\ln A_0+\frac{B_{2D}}{3d\ln S}+\frac{B_0}{d(\ln S)^2} \tag{3-44}$$

式中：B_{2D}——$\beta_{2D}k^2 a/(KT)^3$；

β_{2D}——2D成核形状因子；

k—— 晶核的边界自由能；

a—— 分子面。

式(3-44)表明，$f_u(S)$与$1/(\ln S)^2$的拟合关系符合二次多项式关系。

3.5.2 HMX 在 γ-丁内酯中的生长机理

3.5.2.1 结晶生长实验

为了研究 HMX 在 γ-丁内酯中的晶体生长机理，实验同样采用了图 3-3 的结晶装置，分别考察了初始饱和温度为 20℃，30℃，40℃，50℃，60℃时，不同过饱和比下 HMX 在 γ-丁内酯中的晶体生长过程。以下是采用间歇冷却结晶法的研究示例：

(1)准确称量(精确度为±0.000 1 g)一定量的 HMX，移液管移取一定量的 γ-丁内酯，配制 60℃时的 HMX 饱和丁内酯溶液，加热使 HMX 全部溶解，并在高于溶解温度 5℃恒温 30 min，确保 HMX 全部溶解，调整好搅拌速率；

(2)按 0.1 ℃/min 的冷却速率进行降温，待晶体大量析出后，每隔一定的时间对结晶器内的晶浆取样，在相同的温度下利用布氏漏斗抽滤，所得样品真空干燥后待测，记录激光示数、温度、降温速率、搅拌速率等参数；

(3)改变温度，重复上述步骤。结晶得到的 HMX 晶体如图 3-15 所示。

图 3-15　HMX 在 γ-丁内酯中冷却结晶晶体

将不同生长机理所对应的d'，v'值带入相应的$f_u(S)$表达式中，计算结果见表 3-7。

表 3-7　不同生长机理描述 HMX 在 γ-丁内酯中冷却结晶的函数表达式

生长机理	生长维度 d'	生长因子 v'	过饱和度比函数 $f(S)$	生长机理函数 $f_u(S)$
法向生长	3	1	$S-1$	$\ln[t_{ind}(S-1)^{\frac{3}{4}}S^{\frac{1}{4}}]$
体积扩散	3	0.5	$S-1$	$\ln[t_{ind}(S-1)^{\frac{3}{5}}S^{\frac{2}{5}}]$
螺旋生长	3	1	$(S-1)^2$	$\ln[t_{ind}(S-1)^{\frac{3}{2}}S^{\frac{1}{4}}]$
二维成核传递	3	1	$(S-1)^{\frac{2}{3}}S^{\frac{1}{3}}\exp\frac{-B_{2D}}{3\ln S}$	$\ln[t_{ind}(S-1)^{\frac{1}{2}}S^{\frac{1}{2}}]$

3.5.2.2 结晶生长机理

通过拟合 $f_u(S)$ 与 $1/(\ln S)^2$ 的关系，除 2D 成核传递生长机理应当符合二次多项式方程之外，其余三种生长机理应为直线方程，如图 3-16 所示，然后再根据拟合方程的相关系数反推出 HMX 在 γ-丁内酯中的生长机理，相关系数越大，则即是最可能的生长机理。

将 HMX 在 γ-丁内酯中冷却结晶的诱导期数据分别代入对应的四个方程中，令

$$y = f_u(S), \quad x = 1/(\ln S)^2$$

法向生长机理的拟合方程与相关系数 R^2 为

$T = 20℃: y = 0.056x + 3.674 \quad R^2 = 0.5899$；

$T = 30℃: y = 0.053x + 4.136 \quad R^2 = 0.5478$；

$T = 40℃: y = 0.042x + 4.465 \quad R^2 = 0.4345$；

$T = 50℃: y = 0.035x + 5.409 \quad R^2 = 0.7459$；

$T = 60℃: y = 0.033x + 5.564 \quad R^2 = 0.6405$。

体积扩散生长机理的拟合方程与相关系数 R^2 为

$T = 20℃: y = 0.037x + 2.891 \quad R^2 = 0.5030$；

$T = 30℃: y = 0.039x + 3.318 \quad R^2 = 0.5167$；

$T = 40℃: y = 0.026x + 3.657 \quad R^2 = 0.3230$；

$T = 50℃: y = 0.034x + 3.860 \quad R^2 = 0.3726$；

$T = 60℃: y = 0.040x + 3.778 \quad R^2 = 0.7146$。

螺旋生长机理的拟合方程与相关系数 R^2 为

$T = 20℃: y = 0.009x + 3.707 \quad R^2 = 0.4104$；

$T = 30℃: y = 0.006x + 4.167 \quad R^2 = 0.1715$；

$T = 40℃: y = 0.006x + 4.408 \quad R^2 = 0.1866$；

$T = 50℃: y = 0.005x + 5.262 \quad R^2 = 0.6235$；

$T = 60℃: y = 0.003x + 5.398 \quad R^2 = 0.3928$。

二维成核传递生长机理的拟合方程与相关系数 R^2 为

$T = 20℃: y = 15.95x - 14.28x^2 + 1.583 \quad R^2 = 0.9911$；

$T = 30℃: y = 38.15x - 44.37x^2 - 4.109 \quad R^2 = 0.9943$；

$T = 40℃: y = 26.28x - 32.00x^2 - 0.802 \quad R^2 = 0.9778$；

$T = 50℃: y = 25.05x - 32.34x^2 + 1.296 \quad R^2 = 0.9389$；

$T = 60℃: y = 40.82x - 90.38x^2 + 1.549 \quad R^2 = 0.9946$。

从拟合方程的相关系数可知，法向生长、螺旋生长与体积扩散生长的方程相关系数均很低，而二维成核传递生长的方程相关系数很高，这表明 HMX 在 γ-丁内酯中的生长机理最可能是二维成核传递生长机理。

二维成核传递晶体生长模型认为，溶质分子之间相互碰撞形成二维聚集体，这种二维聚集体就是晶面上用于生长的二维粒子，也是晶面上溶质与晶体结合的接触点，这说明 HMX 在 γ-丁内酯中的晶体生长过程是 HMX 分子不断吸附在晶核表面的过程。与此同时，二维粒子在晶体表面形成之后，在晶面上也具有很大扩散速率，这进一步说明了 HMX 分子在晶核表面的脱附和扩散同时进行，宏观上晶体表面上二维粒子的生成速率即为晶体生长的控制步。

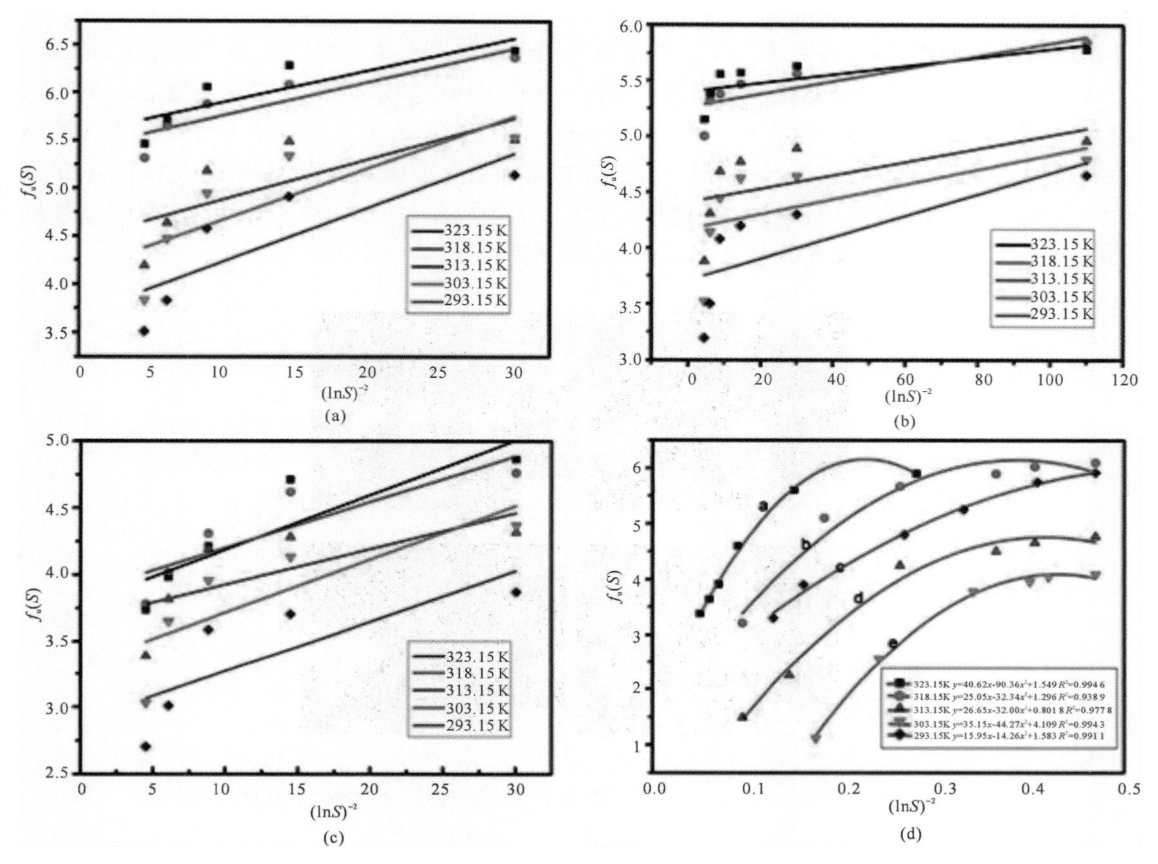

图 3-16　HMX 在 γ-丁内酯中的生长机理拟合曲线图

(a)法向生长；(b) 螺旋生长；(c) 体积扩散生长；(d) 二维成核传递生长

3.6　专题：HMX 晶体缺陷控制

3.6.1　过饱和度对晶体缺陷的影响

介稳区宽度可以用于指导结晶过程中选择合适的操作过饱和度，只有当过饱和度维持在一定数值范围或一个数值点上，才可高效率地获得最佳的晶体质量。为了找出过饱和度、温度对以 γ-丁内酯为溶剂结晶的 HMX 晶体质量的影响，可将成核理论与影响晶体缺陷的因素进行关联研究。

利用扫描电镜图像获得同一温度和不同过饱和度的 HMX 晶体形貌，过饱和度 S 分别为 1.2，1.3，1.4，1.5，如图 3-17 所示。可以看出，随着过饱和度的升高，HMX 晶体尺寸明显减小。在过度饱和 S 为 1.2 和 1.3 时，容易得到表面光滑、表面缺陷较少的大颗粒晶体。然而，实验发现过饱和度 S 为 1.4 和 1.5 时，所得晶体往往细小，并且表面和内部都含有较多缺陷。从前文结论可知，当过饱和度 $S>1.35$ 时，体系以初级均匀成核为主；当过饱和度 $S<1.35$ 时，HMX 在 γ-丁内酯中的成核机理为初级异相成核。结合前文成核参数的计算结果可知，初级

异相成核机理下的固-液表面张力远小于初级均相成核，表明异相成核能力强于均相成核。但异相成核的过饱和度低，导致 HMX 的成核能力强但成核速率小。而均相成核的过饱和度低，导致 HMX 的成核能力弱但成核速率大。因此，均相成核因较高的成核速率导致过度消耗过饱和度，使得溶液的过饱和度快速下降，成核后的晶体在生长过程中因没有足够驱动力来推动晶体长大，表现为细小颗粒多、缺陷多；反之，异相成核主导的成核过程，由于成核速率低、单位时间生成的晶核数量少，溶液过饱和度不会因为过多形成晶核而迅速减少。因此，异相成核后的溶液有足够的过饱和度作为驱动力来推动晶体生长。

图 3－17　293.15 K 时不同过饱和度下所得 HMX 晶体的 SEM 图

(a)$S=1.2$；(b)$S=1.3$；(c)$S=1.4$；(d)$S=1.5$

293.15 K 时不同过饱和度下 HMX 晶体的 OMS 图，如图 3－18 所示从图中可以看出，当 S 为 1.4 和 1.5 时，初级异相成核主导整个成核过程时，晶体内部缺陷随着过饱和度的增加而明显增多，晶体颗粒数也增多，大多为细小晶粒。当 S 为 1.2 和 1.3 时，初级均相成核主导整个成核过程时，容易获得缺陷较少的大颗粒晶体。

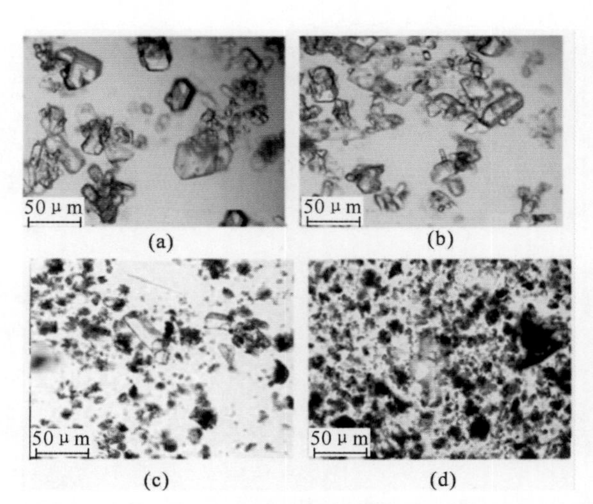

图 3－18　293.15 K 时不同过饱和度下所得 HMX 晶体的 OMS 图

(a)$S=1.2$；(b)$S=1.3$；(c)$S=1.4$；(d)$S=1.5$

3.6.2　饱和温度对晶体缺陷的影响

维持体系过饱和度 $S=1.2$，不同初始饱和温度下所得晶体的 OMS 图如 3－19 所示，从图中可以看出 HMX 晶体内部缺陷随着温度的升高而增多。

改变过饱和度为 $S=1.5$，所得 HMX 的 OMS 图如图 3－20 所示，从图中可以看出 HMX 粒度分布较窄，但是颗粒聚集较为严重，比较图 3－19 与图 3－20 可得，在高过饱和度下，容易得到含有较多缺陷的 HMX 晶体，同时晶体缺陷的数量随着温度的升高而增加。

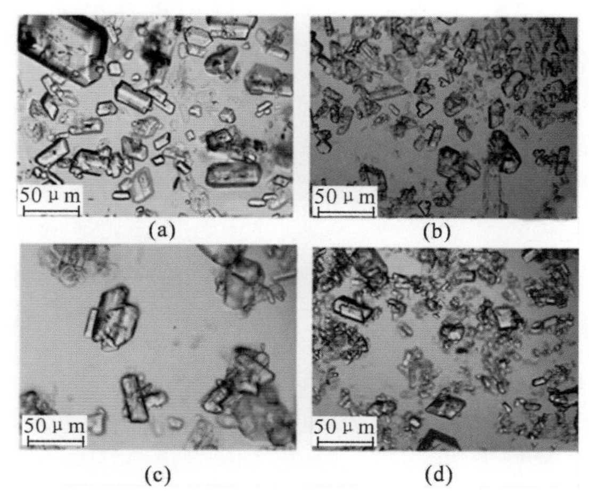

(a)　(b)　(c)　(d)

图 3－19　$S=1.2$ 时不同初始过饱和温度下结晶所得 HMX 晶体的 OMS 图

(a)$S=293.15$ K；(b)$S=303.15$ K；(c)$S=318.15$ K；(d)$S=323.15$ K

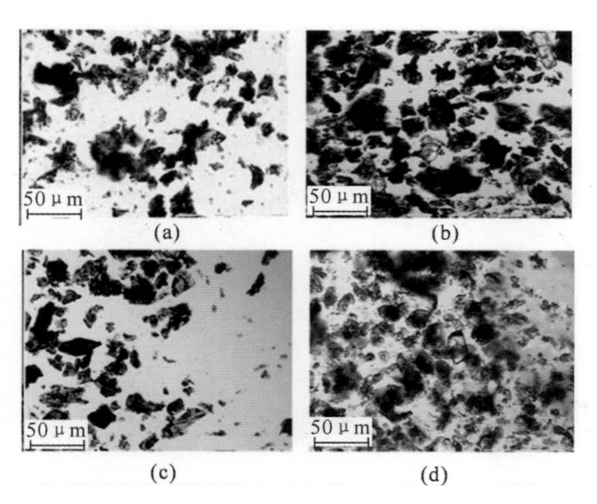

(a)　(b)　(c)　(d)

图 3－20　$S=1.5$ 时不同初始过饱和温度下结晶所得 HMX 晶体的 OMS 图

(a)$S=293.15$ K；(b)$S=303.15$ K；(c)$S=318.15$ K；(d)$S=323.15$ K

图 3－18～图 3－20 定性确定了温度和过饱和度对晶体缺陷的影响，在较低温度下，如温度为 20℃或 30℃时，所获得 HMX 晶体透明度高，晶体内部缺陷较少。当过饱和度 $S<1.35$

时，大颗粒晶体比较容易获得。因此，低过饱和度（$S<1.35$）和较低温度下，HMX在γ-丁内酯中的成核以初级异相成核为主导，最终易获得形状规整、缺陷少的高品质大颗粒晶体。

当温度提到高60℃，过饱和度提高到1.5时，所得HMX晶体内部出现较多阴影区域，这些阴影区域就是晶体内部所含有的缺陷在光学显微镜下的表现。这种情况是由于高过饱和度下，初级均相成核主导成核过程引起的晶体成核、生长结果。此时初级均相成核具有较大的成核速率，单位时间内生成晶核数量多，消耗了溶液中的大量溶质，过饱和度迅速降低，晶核数量呈暴发式增长，使得大量晶核形成却没有足够的过饱和度用来作为驱动力促使其生长，从而形成了许多细颗粒晶体。由于成核快、数量多，母液来不及离开晶簇表面而被包藏在晶体中，宏观表现为晶粒细小，缺陷多。

由于晶核数量受到成核级数和表面张力的影响，在高饱和度溶液内，溶液通常以初级均相成核为主要方式进行体系。由于均相成核大多伴随暴发式成核，当成核时间超过接近诱导期时，大量晶核出现导致过饱和度迅速降低，使检测的难度加大，这也是使用激光法研究高过饱和度溶液发生均相成核的技术难点。

从所得样品的晶体品质来看，成核级数越高，表面张力越小，最终所得晶体所含的缺陷较多；高过饱和度下所得晶体的缺陷数量比低过饱和度下所得晶体的缺陷数量要多。

3.6.3 炸药晶体球形化

3.6.3.1 棱角优先溶蚀原理

炸药晶体球形化大致可分为机械磨损法和结晶控制法。机械磨损法是炸药晶体颗粒之间通过相对运动产生剪切磨损使晶体球形化的方法，如搅拌、球磨、超声振荡等，由于机械磨损法是通过损伤晶面以及晶面间的弯曲处来获得球形化产品，晶面通常会留下较多裂纹以及凹坑。

结晶控制法是利用溶剂溶蚀炸药晶体部分棱角使晶体球形化的方法。由于这种方法仅去除晶体棱角，故炸药晶体越规整，球形化效果越好。规整炸药晶体可通过在结晶过程中添加特定表面活性剂以平衡各个晶面的生长速率来制备，表面活性剂的选择方法可参考本书第2章。图3-21为含水量不同的环己酮混合溶剂中生长的RDX晶体照片。

图3-21 含水量不同的环己酮溶液中生长的RDX的OMS照片
(a)含水2%；(b) 含水5%；(c) 含水8%

晶体在溶剂中的溶解首先从棱角处开始，即棱角优先溶蚀，这是由饱和溶液的本质决定的。根据前面所述的式（3-27），当溶液体系温度一定时，晶核的临界半径（r^*）与过饱和度比

(S)的对数成反比，与界面张力成正比，则式(3-27)又可表示为

$$r^{*}=A\frac{\gamma}{\ln S} \tag{3-45}$$

式中：A—— 常数。

式(3-45)表明，当溶液组成一定时，界面张力也为常数，则 r^{*} 越小，维持其稳定存在需要的 S 值就越大，即 S 一定时，对过饱和溶液中的晶体，凡是曲率半径小于 r^{*} 的晶棱都会被溶解掉，此时发生的并不只有结晶现象。换言之，对不饱和溶液中形状不规则的晶体，其溶解将从曲率半径小的晶棱处开始。

利用棱角优先溶蚀原理来球形化处理规整炸药晶体可以取得良好效果。通常的办法是将待处理炸药晶体置于含同种炸药的饱和溶液中，然后加入一部分溶剂，或者升高一定温度促使其缓慢溶解，再结合搅拌磨蚀的手段可得到球形或椭球形的炸药晶体。由于"溶蚀"和"磨蚀"制备球形晶体，实质是损伤晶棱、晶面来获得产品，晶体表面会留下较多裂纹和凹坑，球形化 RDX(Q-RDX)的 SEM 照片如图 3-22(a)所示。

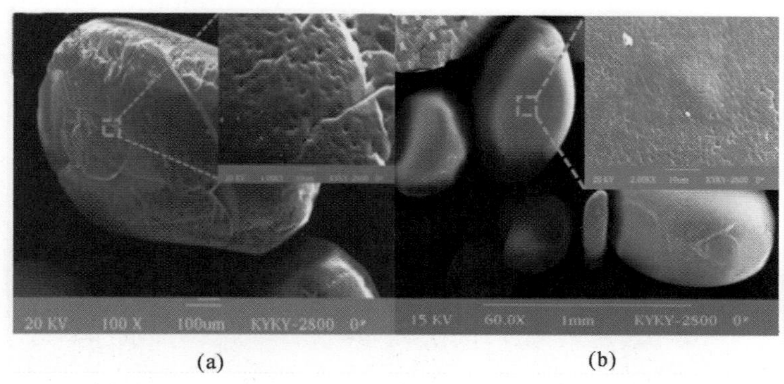

图 3-22　RDX 晶体的球形化

(a)丙酮溶蚀得到的 Q-RDX；(b) 乙酸乙酯修复溶蚀的 Q-RDX

3.6.3.2　表面光滑处理技术

饱和溶液的本质是溶液中溶质处于溶解-析出平衡。陈化原理是指将表面粗糙的炸药晶体置于含同种炸药的饱和溶液中，在层流搅拌下晶体表面发生自修复的过程。由式(3-45)可知，饱和溶液中晶体晶面粗糙度高时，凡是曲率半径小于 r^{*} 的晶棱都会被溶解掉；同理，凡是曲率半径小于 r^{*} 的凹坑都会被填实。宏观来看，这是使晶面平坦化的过程。

式(3-45)表明溶剂与晶面的界面张力越小，晶核的临界半径也越小。利用极性较小的溶剂来陈化处理表面粗糙的球形炸药晶体可以取得良好效果。通常办法是将待处理炸药晶体置于常温、低极性溶剂中，根据固液比调整搅拌速率以保证晶体在溶液中发生层流，减小颗粒间碰撞，经过 3～5 h 可得到晶面光滑的球形炸药晶体。一般来说，对于炸药晶体而言，乙酸乙酯的极性小于丙酮，乙酸乙酯与 RDX 的界面张力小于丙酮与 RDX 的界面张力，推荐使用乙酸乙酯来对表面粗糙的 RDX 晶面进行光滑处理，效果要优于丙酮。对溶蚀的 Q-RDX 进行表面光滑处理前后的 SEM 对比照片如图 3-22 所示。

3.6.3.3　球形炸药的粒度与松装密度

常规炸药中除熔铸型 TNT 外，RDX，HMX 是综合性能好的单质炸药，应用十分广泛。为

提高装药密度,改善装药安定性,降低感度和提高能量,研究 RDX,HMX 的球形化意义重大。我国 20 世纪 80 年代曾对 HMX 进行球形化探索研究,设计了一种转动球化器,使用环己酮、丙酮以及硝酸等作为球化试剂,但该技术工艺烦琐、成本较高并存在环境污染等问题。本小节介绍利用棱角优先溶蚀原理和陈化原理来球化形状规整的 RDX,HMX 晶体,不仅效率高、工艺安全,而且成本低廉。

HMX 球形化前后的粒径和松装堆积密度见表 3-8,表中"L"和"F"分别指粗颗粒和细颗粒。与球化前的 HMX 相比,球形化 HMX(Q-HMX)的粒度略有降低,堆积密度明显提高。

表 3-8　HMX 球形化前后的粒径和松装堆积密度

样品	平均粒径/μm	松装堆积密度/(g·cm⁻³)
L-HMX①	687.6	1.01
L-Q-HMX	673.7	1.15
F-HMX②	237.7	0.97
F-Q-HMX	227.8	1.12

注:①40 目筛上;
②60 目筛下。

表 3-8 中 L-HMX 和 L-Q-HMX 的 SEM 照片如图 3-23 所示。

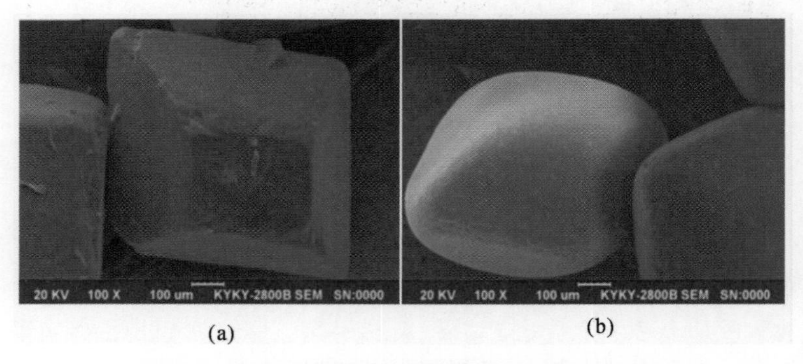

图 3-23　粗颗粒 HMX 球形化前后的 SEM 照片
(a)L-HMX; (b)L-Q-HMX

参 考 文 献

[1] 丁绪淮,谈遒. 工业结晶[M]. 北京:化学工业出版社,1985.
[2] DUVERNEUIL P, HIQUILY N, LAGUERIE C, et al. A comparison of the effects of some solvents on the growth of HMX (Octogen) crystals from solutions[J]. Process Tech Proceeding, 1989, 6: 525-528.
[3] MULIN J W. Crystallization[M]. London: Butterworth, 1993.
[4] 介万奇. 晶体生长原理与技术[M]. 北京:科学出版社,2010.

[5] 王元元. 炸药重结晶晶形及粒度控制研究[D]. 太原：中北大学，2009.
[6] 张克从. 近代晶体学基础:上册 [M]. 北京：科学出版社，1987：256.
[7] 王静康. 化学工程手册:结晶 [M]. 北京：化学工业出版社，1996.
[8] 陈晓，杨文革，胡永红. γ-氨基丁酸晶体成核动力学、晶体生长及热力学性质研究[J]. 人工晶体学报，2009，38(6)：1540-1543.
[9] NYVLT J. Kinetics of nucleation in solutions[J]. J Cryst Growth，1968，3/4：377-383.
[10] SANGWAL K. On the estimation of surface entropy factor，interfacial tension，dissolution enthalpy and metastable zone-width for substances crystallizing from solution[J]. J Cryst Growth，1989，97(2)：393-405.
[11] BENNEMA P. Theory and experiment for crystal growth from solution：implications for indusrtrial crystallization[M]. New York：Plenum Press，1976.
[12] DAVEY R J. The role of the solvent in crystal growth from solution[J]. J Cryst Growth，1986,76(3)：637-644.
[13] DIRKSEN J A，RING T A. Fundamentals of crystallization：Kinetic effects on particle size distributions and morphology[J]. Chem Eng Sci，1991，46(10)：2389-2427.
[14] 高峰，黄辉，黄明，等. 碳酸丙烯酯中 HMX 结晶形貌及其机理[J]. 含能材料，2012，20(5)：575-578.
[15] 黄明，马军，阎冠云，等. 含水环己酮中 RDX 的结晶介稳特性[J]. 含能材料，2012，20(6)：669-673.
[16] DAVEY R J，MULLIN J W. The effect of ionic impurities on the growth of ammonium dihydrogen phosphate crystals[M]. New York：Plenum Press，1976：245.
[17] RANDOLPH A D，LARSON M A. Theory of particulate processes[M]. New York：Academic Press，1971.
[18] KELTON K F. Analysis of crystallization kinetics[J]. Mat Sci Eng A-Struct，1997，226-228：142-150.
[19] BRANSOM S H，DUNNING W J，MILLARD B. Kinetics of crystallization in solution：Part Ⅰ[J]. Discussion of the Faraday Society，1949，5：83-87.
[20] RANDOLPH A D，LARSON M A. Theory of particulate processes：analysis and techniques of continuous crystallization[M]. New York and London：Academic Press，1971.
[21] 张春桃. 头孢曲松钠溶析结晶过程研究[D]. 天津：天津大学，2007.
[22] CAROSSO P A，PELIZZETTI E. A stopped-flow technique in fast precipitation kinetics-the case of barium sulphate[J]. J Cryst Growth，1984，68(2)：532-536.
[23] SHANMUGHAM M，GNANAM F D，RAMASAMY P. Non-steady state nucleation process in KDP solutions in the presence of XO4 impurities[J]. J Mater Sci Lett，1985，4(6)：746-750.
[24] 姚连增. 晶体生长基础[M]. 合肥：中国科学技术大学出版社，1995.
[25] OXTOBY D W，Homogeneous nucleation：theory and experiment[J]. J Phys

Condens Matter, 1992, 4(38): 7627 - 7650.
[26] GIBBS J W. Thermodynamics[M]. New Haven: Yale University Press, 1948.
[27] SLEZOV V V, SCHMELZER J W P. Comments on nucleation theory[J]. J Phys Chem Solids, 1998, 59(9): 1507 - 1519.
[28] MADSEN H E L. Theory of long induction periods[J]. J Cryst Growth, 1987, 80 (2): 371 - 377.
[29] BURNHAM A K, WEESE R K. Thermal decomposition kinetics of HMX[M]. United States: Department of Energy, 2005.
[30] LANCIA A, MUSMARRA D, PRISCIANDARO M. Measuring induction period for calcium sulfate dihydrat precipitation[J]. AIChE J, 1999, 45(2): 390 - 397.
[31] SANGWAL K. On the estimation of surface entropy factor, interfacial tension, dissolution enthalpy and metastable zone - width for substances crystallizing from solution[J]. J Cryst Growth, 1989, 97(2): 393 - 405.
[32] SöHNEL O. Electrolyte crystal - aqueous solution interfacial tensions from crystallization data[J]. J Cryst Growth, 1982, 57(1): 101 - 108.
[33] SHNEL O, BENNEMA P. Interfacial surface tension for crystallisation and precipitation from aqueous solutions[J]. J Cryst Growth, 1990, 102(3): 547 - 556.
[34] MERSMANN A. Calculation of interfacial tensions[J]. J Cryst Growth, 1990, 102 (4): 841 - 847.
[35] MANOLI F, DALAS E. Calcium carbonate crystallization on xipnoid of the cattlefish [J]. J Cryst Growth, 2000, 217(4): 422 - 428.
[36] MANOLI F, DALAS E. Spontaneous precipitation of calcium carbonate in the presence of ethanol, isopropanol and diethylene glycol[J]. J Cryst Growth, 2000, 218 (2 - 4): 359 - 364.
[37] USHASREE P M, MURALIDHARAN R, et al. Growth of Bis(thiourea) cadmium Chloride Single - apotential NLO Material of Organometallic Complex[J]. Journal of Crystal Growth, 2000, 210:741 - 744.
[38] KIM K J, RYU S K. Nucleation of thiourea adduct crystals with cyclohexane - methylcyclopentane systems[J]. Chem Eng Commun, 1997, 159(1): 51 - 66.
[39] SIKDAR S K, RANDOLPH A D. Secondary nucleation of two fast growth systems in a mixed suspension crystallizer: Magnesium sulfate and citric acid water systems[J]. AIChE J, 1976, 22(1): 110 - 117.
[40] Garside J, Shah M B. Crystallizationkinetics from MSMPR crystallizers[J]. Industrial & Engineering Chemistry Process Design and Development, 1980, 19(4): 509 - 514.
[41] DOKI N, KUBOTA N, SATO A, et al. Scaleup experiments on seeded batch cooling crystallization of potassium alum [J]. AIChE J, 2004, 45(12): 2527 - 2533.
[42] LAIRD T. Crystallization of organic compounds[J]. Org Process Res Dev, 2011, 15 (2): 477.
[43] 董金錩，于锡玲. 晶体生长速率的实时测定[J]. 人工晶体学报，1988 (增刊 1): 259.

[44]　李洪珍，周小清，王述存，等. HNIW 在乙酸乙酯-正庚烷溶剂体系中的结晶机制研究[J]. 含能材料，2012，20(1)：30－34.
[45]　KULDIPKUMAR A，KWON G S，ZHANG G G Z. Determining the growth mechanism of tolazamide by induction time measurement[J]. Cryst Growth Des，2007，7(2)：234－242.
[46]　JIANG Y，XU J，ZHANG H，et al. Growth of 2D plate－like HMX crystals on hydrophilic substrate[J]. Cryst Growth Des，2014，14(5)：2172－2178.
[47]　GARSIDE J，DAVEY R J，JONES A G. Advances in industrial crystallization[M]. London：Butterworth－Heinemann，1991：31－46.
[48]　KASHCHIEV D，VERDOES D，ROSMALEN G M V. Induction time and metastability limit in new phase formation[J]. J Cryst Growth. 1991，110(3)：373－380.
[49]　叶毓鹏，曹欣茂，叶玲，等. 炸药结晶工艺学及其应用[M]. 北京：兵器工业出版社，1995.

第4章　炸药晶态测量技术

前面的3章内容，主要强调炸药晶体内部分子排列的规律性与完整性，完全符合这种特征的理想晶体可称为完美晶体。但是，世上没有完美晶体，任何炸药晶体，或多或少总包含一些不规则排列的分子，或包藏一些异种原子或分子，这些都会导致晶体结构的不完整。通常不完整的部位称为晶体缺陷。炸药晶体缺陷是影响炸药性能的关键因素，尤其是晶体内部缺陷和晶体形状对炸药件的密度、力学性能和安全性能等有明显影响，当炸药晶体缺陷不能被准确测定时，将导致炸药件性能的不稳定，这对高精密的物理实验会产生严重影响。

准确表征炸药晶体缺陷是表征炸药晶态的核心内容。本章主要叙述炸药晶体缺陷含量与分布的测量技术，包括粒度及粒度分布测量技术、表观密度测量技术、压缩刚度测量技术、晶体缺陷与形貌测量技术、射线小角散射测量技术和微聚焦计算机层构成像测量技术（Computed Tomography，CT）。

4.1　粒度及粒度分布测量技术

4.1.1　粒度

粒度是颗粒在空间范围所占据的线性尺度，表面光滑的标准球形颗粒可用单一参数来表征线性尺度，此时粒度就是直径。由于通常情况下颗粒形状不规整，不可能以单一参数来描述颗粒尺度，而至少需要两个参数从不同方向来表征线性尺度。一般来说，可采用颗粒在垂直方向和水平方向的平面投影尺寸，然后采用数学统计方法来表征颗粒的粒度。

设一个颗粒以最大稳定度（重心最低）置于一个水平面上，其垂直和水平投影像如图4-1所示。若两个水平面恰好夹住此颗粒，则这两个水平面之间的距离定义为颗粒厚度h，如图4-1(a)所示。若两个垂直平面恰好夹住此颗粒，则这两个垂直面之间的距离定义为颗粒宽度b，然后将与宽度垂直的、能夹此投影像的两根平行平面的距离定义为颗粒长度l，如图4-1(b)所示。颗粒投影像的周长和面积分别用L和a表示；颗粒的表面积和体积分别用s和v表示。可以根据几何量b，l，h，L，a，S，V来定义颗粒的粒度。

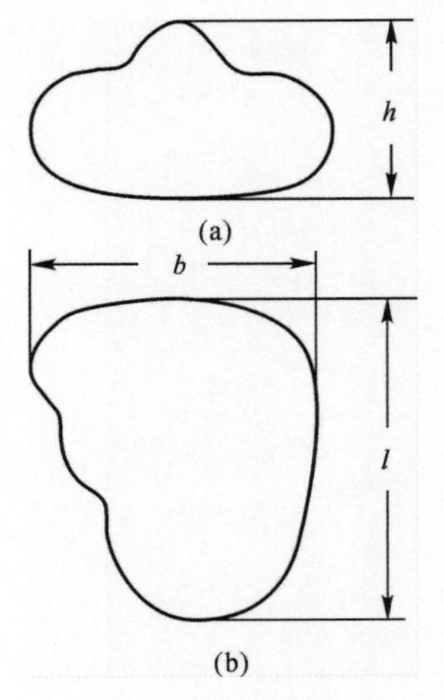

图4-1　颗粒投影图像
(a)垂直平面上的投影像；
(b)水平面上的投影像

由于采用多几何量的方式来描述粒度烦琐且不完全准

确，通常采用“等价直径 (x)”的概念。等价直径是指与不规则粒子具有相同几何或物理性能的球形粒子的直径，常用的等价直径方程具体如下。

(1) 等价体积(V) 的球体直径 x_V：

$$x_V = \sqrt[3]{\frac{6V}{\pi}} \tag{4-1}$$

(2) 等价表面积(S) 的球体直径 x_S：

$$x_S = \sqrt{\frac{S}{\pi}} \tag{4-2}$$

(3) 等价投影表面积(A_m) 的球体直径 x_{Proj}：

$$x_{Proj} = \sqrt{\frac{4A_m}{\pi}} \tag{4-3}$$

(4) 等价沉降速率的球体直径(斯托克斯直径)x_{ST}：

$$x_{ST} = \sqrt{\frac{18\eta_L\mu_S}{(\rho_S - \rho_L)g}} \tag{4-4}$$

式中：η_L—— 流体的黏度，Pa・s；

ρ_S—— 颗粒的密度，g/cm^3；

ρ_L—— 流体的密度，g/cm^3；

μ_S—— 沉降速率，m/s；

g—— 重力加速度，m/s^2。

由于测试时所使用的等价方程不同，所得等价直径可能出现很大差别，因此测试结果需要给出测试方法及等价方程。对于很不规整的颗粒，相关文献还引入了“形状因子”对粒度进行校正。

4.1.2　粒度分布

对于一个离散颗粒体系(或分散的粒子族)，可通过颗粒的分散性对体系进行分类，方法是先测量体系中每个颗粒的等价直径，然后将所有颗粒的测量结果进行数学统计。由于测量方法不同，统计所得结果也各不相同。例如，以颗粒数目为统计对象得到的是数均颗粒分布，以颗粒重量为统计对象得到的是重均颗粒分布。不同统计对象的测量方向数(维数)和分布系数(系数)见表 4-1。

表 4-1　不同统计对象的维数和系数

统计对象	维数	系数	统计对象	维数	系数
数目	L^0	$r=0$	体积	L^3	$r=3$
长度	L^1	$r=1$	重量	L^3	$r=3$
面积	L^2	$r=2$			

一般来说，离散颗粒体系的粒度分布常用累积分布 $Q_r(x_i)$ 和密度分布 $q_r(x_i)$ 来描述。$Q_r(x_i)$ 为等于或小于给定尺寸 x_i 的粒子百分数：

$$Q_r(x_i) = \frac{N_{x \leqslant x_i}}{N} \tag{4-5}$$

式中：　x_i—— 统计对象所在的某个测量值($i=1,2,\cdots,n$)；

$N_{x\leqslant x_i}$—— 体系中等于或小于 x_i 的粒子含量；

N—— 体系中粒子总量。

$q_r(\overline{x_i})$ 为定义平均尺寸x_i的粒子在“全部粒子”中的含量，此处的全部粒子是指包含定义尺寸 x_i 在内的某个区间内的粒子总量：

$$\left.\begin{aligned} q_r(\overline{x_i}) &= \frac{N_{x_i,x_{i+1}}}{x_{i+1}-x_i} \\ \overline{x_i} &= \frac{1}{2}(x_{i+1}+x_i) \end{aligned}\right\} \tag{4-6}$$

式中：　$N_{x_i,x_{i+1}}$—— 在定义尺寸 x_i 和 x_{i+1} 的区间内粒子总量；

$(x_{i+1}-x_i)$—— 区间宽度。

累积分布 $Q_r(x_i)$ 和密度分布 $q_r(x_i)$ 如图 4－2 所示。

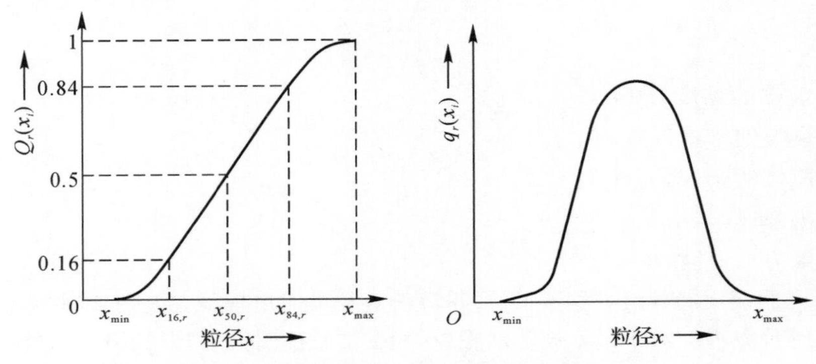

图 4－2　累积分布 $Q_r(x_i)$ 和密度分布 $q_r(x_i)$

一般来说，表征离散颗粒体系的粒度分布常使用平均粒径，平均粒径是指累积分布 $Q_r(x_i)=0.5$ 时的粒子尺寸，这表明粒子体系中有 50% 的粒子尺寸小于这一数值。

对于一个离散颗粒体系，还使用了分散性(ξ) 来表征体系中颗粒分布的均匀程度。ξ 是粒径分布宽度的函数。粒径分布宽度可简单地由最大和最小粒径表征，或者由其他测得的粒径参数计算得到，根据德国工程学会(VDI3491) 的规定，ξ 的定义如下：

$$\xi=\frac{x_{84,3}-x_{16,3}}{2x_{50,3}} \tag{4-7}$$

式中：$x_{84,3}$——84% 的粒子族粒径小于 $x_{84,3}$，$Q_3(x_{84,3})=0.84$；

$x_{16,3}$——16% 的粒子族粒径小于 $x_{16,3}$，$Q3(x_{16,3})=0.16$。

根据式(4－7) 计算的 ξ 值，可将离散颗粒的分散体系划分为三种类型：单分散($\xi<0.14$)；准单分散($0.14\leqslant\xi\leqslant0.41$)；多分散($\xi>0.41$)。

4.1.3　激光法测量原理

激光粒度检测仪的理论依据是 Mie 散射理论。该理论认为，当光束遇到颗粒阻挡时，一部分光会发生散射现象，散射光的传播方向与主光束的传播方向形成一个散射角 θ。不同粒径颗粒的 θ 值不相同：颗粒越大，θ 越小；颗粒越小，θ 越大，如图 4－3 所示。图 4－3 中，散射光 I_1

由较大颗粒散射，散射光 I_2 由较小颗粒散射，散射角 $\theta_2 > \theta_1$。研究表明，散射光强度与粒度及粒度分布正相关。测量不同角度上散射光的强度，就可以得到相应颗粒的粒度分布。

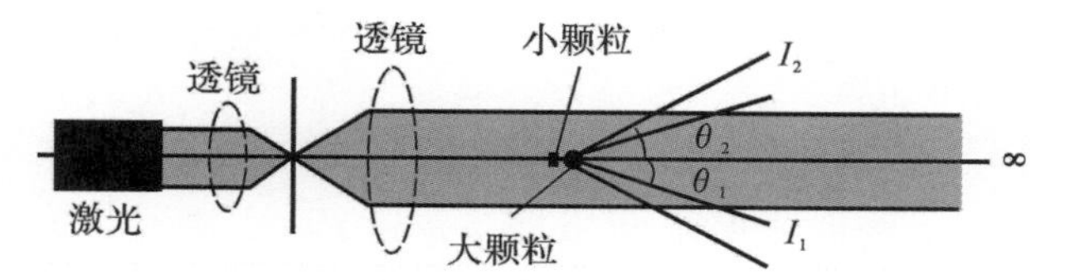

图 4-3　不同粒径颗粒产生不同角度的散射光

假设 I_i 为入射光束沿散射角 θ 方向的散射强度，I_t 为入射光束的散射强度，则 Mie 散射理论给出了 I_i 和 I_t 的函数关系。

单位入射光在散射角 θ 方向产生的散射光强度 $I(\theta)$ 如下：

$$I(\theta) = \frac{\lambda^2}{8\pi^2}(I_i + I_t) \tag{4-8}$$

式中：$I(\theta)$——θ 方向的散射光强度，cd。

将式(4-8) 对 θ 进行积分得到颗粒总散射值 I 为

$$I = 2\pi\int I(\theta)\sin\theta \mathrm{d}\theta = \frac{\lambda^2}{4\pi}\int (I_i + I_t)\sin\theta \mathrm{d}\theta \tag{4-9}$$

再将颗粒总散射强度 I 除以颗粒截面积($\pi D^2/4$)，得到一个无量纲的 K 值：

$$K = \frac{\lambda^2}{\pi^2 D^2}\int (I_i + I_t)\sin\theta \mathrm{d}\theta \tag{4-10}$$

式中：D—— 颗粒的直径，μm。

K 值称为有效面积系数。

(1) 当每单位体积内有 N 个相同直径颗粒时，其散射系数 b 为

$$b = \frac{\pi K N D^2}{4} \tag{4-11}$$

(2) 当每单位体积内有 N 个不同直径颗粒时，其散射系数 b 为

$$b = \frac{\pi}{4}\int N(D) D^2 K \mathrm{d}D \tag{4-12}$$

式(4-11) 和式(4-12) 中，散射系数 b 为颗粒总散射值 I 与入射光强度 I_0 之比，b 是一个可测值；$N(D)$ 为颗粒的粒径分布函数。因此，可以求得颗粒直径 D 和颗粒的粒径分布 $N(D)$。

4.1.4　超细炸药的粒度及粒度分布测量

超细炸药的粒度及粒度分布测量是炸药外部晶态表征的关键技术之一，激光粒度法可以准确获得颗粒的粒度及粒度分布。需要指出的是，被测样品的状态对测量结果同样有明显影响，只有采用稳定、分散均匀、浓度适中的液固分散体系，测量结果才有可能尽量接近真值。

被测样品的质量浓度越大，激光的透过率越低，被测颗粒的散射光可更多地被其他粒子散射，体系中激光发生多重散射，这种多重散射造成了测量结果偏小。被测颗粒的质量浓度越小，激光的透过率越高，数据误差偏大。一般而言，对于超细炸药 PETN，当悬浮液浓度为 260～360 μg /mL 时，测量结果较稳定。

由于被测样品的表面状态、静电吸附力、黏结性等物理特性不同，测量前的超声分散时间对测量结果有明显影响。适当的超声分散时间，可以减少颗粒团聚，提高测量准确性；超声时间过长，颗粒布朗运动加剧，既可能导致个别颗粒发生团聚，也有可能导致大颗粒发生破碎。一般而言，炸药颗粒的超声功率为 50 W，分散间隔时间为 1～2 min；对超细颗粒悬浮液的分散，分散间隔时间一般为 20 s，分散 5 次即可得到较准确的结果。

测量超细炸药的粒度及粒度分布时，通常需要在悬浮液中加入少量表面活性剂，表面活性剂可降低溶液的表面张力，从而使颗粒表面得到良好的润湿，并保证被测试样状态稳定，持续时间长。需要注意的是，使用的表面活性剂不能与被测试炸药、溶剂载体发生物理或化学作用，也不能使颗粒发生膨胀或凝结等。超细炸药粒度测试中，常用的表面活性剂有六偏磷酸钠、水玻璃、氨水、氯化钠等。

4.2 表观密度测量技术

4.2.1 密度梯度原理

不同生长条件所得炸药晶体的内部缺陷不同，导致其晶体表观密度分布各异。通过对晶体表观密度的测量，可以计算晶体内部的孔隙率，定量表征缺陷含量，从而建立一种依据结晶水平来鉴别普通 RDX，普通 HMX 和 D-RDX，D-HMX 的分析评价标准。本节介绍适合炸药晶体表观密度测量的密度梯度仪。

密度梯度是指将密度不同，彼此混溶的两种轻重不同的液体按一定混合比例加入一支玻璃管中，形成一个上轻下重、密度呈连续分布的液柱。如果轻重液体的比例合适，则液柱高度和液体密度具有线性关系。根据悬浮原理，测量时将被测试样投入梯度管内，试样最终会在与被测试样密度相同的位置上静止，达到悬浮平衡，其平衡位置的液体密度即为该试样的密度。梯度管中投入不同密度的标准浮子，待浮子悬浮静止后，从而得到密度与浮子高度的校正曲线。将测量得到的试样静止时的高度，代入校正曲线即可获得其密度。密度梯度原理如图 4-4 所示。

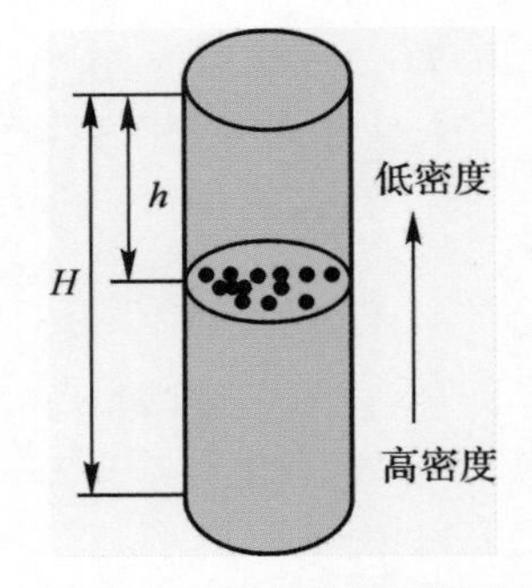

图 4-4　密度梯度原理图

轻液和重液的密度及用量可根据密度梯度柱的体积、高度及期望达到的分辨率设计。通常轻液和重液使用的初始体积相同，为防止密度梯度柱配制后期由于液体引入太少的气泡，要求轻液和重液的体积大于 1/2 密度梯度管的体积，通常采用与密度梯度管相同的体积。密度梯度柱顶端密度等于轻液密度，底端密度的计算如下：

$$\rho=\rho_{\min}+\frac{(\rho_{\max}-\rho_{\min})V}{2V_1} \tag{4-13}$$

式中：ρ—— 密度梯度管底部密度，g/cm^3；

$\rho_{\min}$—— 轻液密度，g/cm^3；

$\rho_{\max}$—— 重液密度，g/cm^3；

V—— 密度梯度管体积，cm^3；

V_1—— 轻液、重液的初始体积，cm^3。

示例：采用 150 mL 密度为 1.786 0 g/cm^3 和 150 mL 密度为 1.855 0 g/cm^3 的轻液和重液，配制高为 50.0 cm、体积为 144.5 mL 的密度梯度液柱，该液柱顶端密度为 1.786 0 g/cm^3，底端密度为 1.815 2 g/cm^3，所得液柱的密度分辨率为 1 mm，密度差为 7×10^{-5} g/cm^3。

4.2.2　密度梯度仪

密度梯度仪包括连续注入式密度梯度管、标准浮子、外循环恒温系统和辅助装置四部分，研制的 A 型密度梯度仪如图 4－5 所示。其中，密度梯度管采用 ϕ20 mm×20 mm 的双层硼硅玻璃管，内管盛装密度匹配液和标准浮子，外管接外循环恒温系统。标准浮子采用直径约为 2 mm 的硼硅玻璃管熔化吹制成空心玻璃小球，吹制时通过控制空心玻璃球中气泡的大小，可得到不同密度的玻璃小球，通过校正玻璃小球的密度即可得到标准浮子。外循环恒温系统的控温稳定精度为±0.01℃。辅助装置包括有机玻璃板、坐标纸、发光二极管小电灯和不锈钢固定支架。有机玻璃板用不锈钢支架垂直固定，前后敷贴分度 1 mm、尺寸为 500 mm×600 mm 的坐标纸作为刻度标尺，前后各平行装配 7 根（总共 14 根）密度梯度管，密度梯度管的上、下端安装发光二极管小电灯，用于观察标准浮子和晶体的沉降平衡情况。

虽然 A 型密度梯度仪可以实现多管同时测量，但由于每根密度管的密度匹配液需要分别配制，难以保证每根密度管的密度梯度完全一样，如果分别对每根密度管进行校正，则增加了测试时间。为克服此缺点，可将数根密度梯度管连通，以获得多组密度梯度管阵列，这样就可分组完成密度匹配液的配置与校正。由于每组密度梯度管中的密度匹配液相同，这样不但提高了测试效率，而且能区分结晶质量相差很小的样品。

检验每组梯度管阵列的测试一致性，可将同批次样品分别投入一组密度梯度管中，待样品沉降稳定后观察其位置，研制的 B 型密度梯度仪如图 4－6 所示。A 型和 B 型密度梯度仪的测量参数见表 4－2。

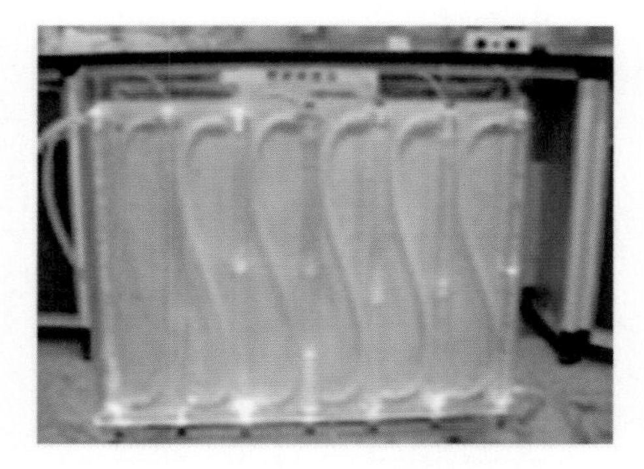

图 4－5　A 型密度梯度仪

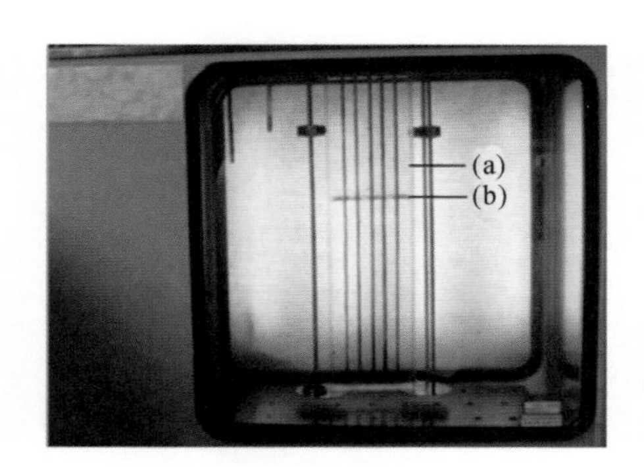

图 4－6　B 型密度梯度仪

(a)一组 6 根密度管阵列；(b)同批样品位置

表 4－2　密度梯度仪测量参数

测量范围 g・cm^{-3}	最大容许误差 g・cm^{-3}	分辨率 g・cm^{-3}	测量方差 g・cm^{-3}	最小样本量 mg
1.600～2.250	<0.000 5	>0.000 1	<0.000 2	10

4.2.3 密度梯度仪的校正

4.2.3.1 标准线性密度梯度管校正法

无论是单根密度梯度管，还是密度梯度管阵列，准确校正密度梯度关系到样品测试的精密度和准确度，其关键在于对浮子的密度进行准确校正，可采用标准线性密度梯度管法和密度滴定法来校正玻璃小球的密度得到标准浮子。

标准线性密度梯度管校正法是通过建立定制标准浮子与待校浮子的量值传递关系来获得待校浮子密度的方法。校正时将一定密度范围的密度梯度液装入梯度管，在(20±0.1)℃条件下恒温 30 min，将定制标准浮子与待校浮子投入密度梯度管中，平衡后读出各个浮子的高度，利用定制标准浮子标定密度梯度，从而得到待校浮子的精确密度。由于定制标准浮子的扩展不确定度为 2×10^{-4} g/cm^3($k=2$)，加上密度梯度管的分辨率为 0.000 1 g/cm^3，则校正浮子的总计容许误差不超过 3×10^{-4} g/cm^3。

4.2.3.2 密度滴定校正法

采用二等标准密度计，分度值为 5×10^{-4} g/cm^3，扩展不确定度为 2×10^{-4} g/cm^3($k=3$)，测量液体介质的密度误差不超过 2×10^{-4} g/cm^3。取 300 mL 适当密度的液体，放在容积为 400 mL 的带恒温夹套的玻璃筒中，恒温温度为(20±0.1)℃，恒温 2 h。将所有待校正的浮子放入液体中，逐滴加入重液，充分搅拌，依次使一个个待测浮子在溶液中悬浮 30 min，再用标准密度计测量此时的液体密度，分别作为被测浮子的密度。

由于液体介质中只有与液体介质密度差不超过 0.000 1 g/cm^3 的被测浮子，故密度滴定法的测量误差不超过 0.000 1 g/cm^3，再加上液体介质密度测量的不确定度为 2×10^{-4} g/cm^3，依据量值传递，被测浮子的最大容许误差不超过 3×10^{-4} g/cm^3。这样通过密度滴定法就使得密度梯度管法中的标准浮子与溯源于国家基准的浮计体系建立起了有机联系。密度数值溯源体系如图 4-7 所示，标准浮子密度数值溯源体系溯源中的不确定度见表 4-3。

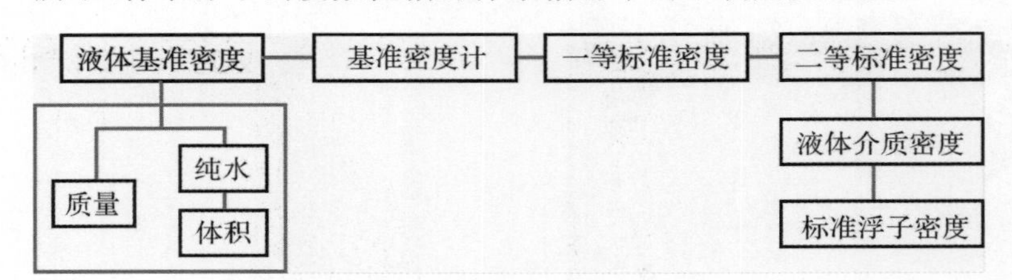

图 4-7 标准浮子密度数值溯源体系示意图

表 4-3 标准浮子密度数值溯源中的不确定度

密度计类型	测量范围/(g・cm^{-3})	不确定度/(g・cm^{-3})
液体基准	0.650～3.000	$(7\sim20)\times10^{-6}$
基准	1.500～2.000	8×10^{-5}
一等	1.500～2.000	2×10^{-4}
二等	1.500～2.000	2×10^{-4}
液体介质	0.650～3.000	2×10^{-4}
标准浮子	1.600～2.250	3×10^{-4}

4.2.3.3 测试精密度与准确度

密度梯度法测试的精密度可通过平行实验确定。具体方法是先取少许轻液,润湿已经校正好的浮子5个,从高密度到低密度,依次加入已经配制好的密度管中,再取一块单晶HMX(2 mm×1 mm×1 mm),润湿后也投入密度管中。平衡30 min后从坐标纸上读出校正浮子和单晶的高度,以校正浮子高度对其密度作校正曲线,从校正曲线上获取单晶密度。多次重复实验即可确定本方法的精密度。8次实验结果见表4-4,标准方差为0.000 17,精密度大于2/10 000。

表4-4 密度梯度测试样品的精密度实验

次数	1	2	3	4	5	6	7	8	标准方差
密度/($g \cdot cm^{-3}$)	1.901 8	1.901 7	1.902 0	1.901 8	1.901 9	1.901 6	1.901 7	1.902 1	0.000 17

标准浮子密度的准确性决定了密度梯度法对样品测试的准确性。若密度梯度仪的最小刻度为1 mm,则对应的密度误差<0.000 2 g/cm^3;校正浮子的最大容许误差<0.000 3 g/cm^3。若根据量值传递,则总计最大容许误差<0.000 5 g/cm^3。可见,A型或B型密度梯度仪不但可鉴别炸药的结晶品质,还可鉴别不同晶型炸药和炸药小试件的密度。

4.2.4 晶体理论密度校正

4.2.4.1 β-HMX晶体理论密度校正

炸药晶体密度是重要的炸药性质参数,计算晶体内部孔隙率、炸药能量等参数都需要密度数据。晶体理论密度是指标准条件下的晶胞质量除以晶胞体积。但炸药的晶体理论密度在相关文献中并不统一,比如RDX的晶体理论密度有1.806 g/cm^3,1.816 g/cm^3,1.801 g/cm^3,1.798 g/cm^3和1.799 g/cm^3等,HMX的晶体密度有1.905 g/cm^3,1.897 g/cm^3,1.894 g/cm^3,1.903 g/cm^3和1.902 g/cm^3等。虽然国内外较多采信的RDX的晶体密度为1.806 g/cm^3,HMX的晶体密度为1.905 g/cm^3,但并未得到统一。可见,有必要对这两个数据做进一步修正,本书第6章将根据HMX和RDX的单晶衍射数据,采用Rietveld全谱拟合方法修正β-HMX和RDX的晶体密度(得到β-HMX的晶体密度为1.902 8 g/cm^3,RDX的晶体密度为1.799 4 g/cm^3)。

由于密度梯度法的最大容许误差小于0.000 5 g/cm^3,可用来测定不同温度下β-HMX单晶和RDX单晶的密度,这样既可检验密度梯度法测量炸药晶体密度的精密度,也可检验与四圆单晶衍射数据相比的准确度。β-HMX单晶的测定结果见表4-5。

表4-5 β-HMX单晶密度与温度关系

密度/($g \cdot cm^{-3}$)	温度/℃
1.905 2	10.2
1.903 6	15.1
1.902 3	20.1
1.901 0	24.9
1.899 8	29.7
1.898 4	34.6
1.896 7	39.3

一定温度范围内，炸药晶体密度与温度呈线性关系，通式方程为

$$\rho_e = a + bT \tag{4-14}$$

式中：ρ_e—— 炸药单晶密度，g/cm³；

T—— 温度，℃。

按式(4-14)，以表4-5中的密度对温度进行拟合，则 $a=1.908\ 0$，$b=-2.820\ 1\times10^{-4}$。由此导出，20℃时校正的β-HMX单晶密度为1.902 4 g/cm³，与Rietveld全谱拟合方法修正得到β-HMX晶体密度1.902 8 g/cm³相比，两者相对偏差为0.02%。

4.2.4.2 RDX晶体理论密度校正

选用4块RDX大晶体(RDX1，RDX2，RDX3和RDX4)，测定在不同温度下的单晶密度，见表4-6。

表4-6 不同品质RDX晶体密度与温度的关系

温度/℃	密度/(g·cm⁻³)			
	RDX1	RDX2	RDX3	RDX4
10.2	1.802 0	1.800 3	1.798 3	1.797 7
15.2	1.800 2	1.798 5	1.796 4	1.795 5
20.1	1.798 7	1.797 0	1.794 6	1.793 5
25.05	1.796 6	1.794 9	1.793 0	1.791 3

按式(4-14)，表4-6中密度对温度的拟合图如图4-8所示。拟合方程的 a，b 和校正的 b 值(b^*)见表4-7。

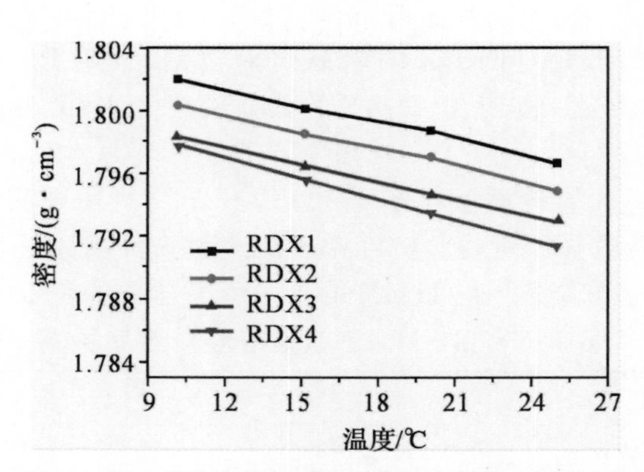

图4-8 不同品质RDX晶体密度与温度的关系

4块RDX大晶体中，RDX1密度最高，RDX4密度最低。其中RDX4的密度随温度的变化较大，这表明RDX4晶体内部的孔隙较多。取修正的 b^* 值为 -3.60×10^{-4} g/(cm³·℃)，则20℃时校正的RDX单晶密度为1.798 5 g/cm³。与Rietveld全谱拟合方法修正得到RDX晶体密度1.799 4 g/cm³相比，两者相对偏差为0.05%。

表 4－7　不同品质 RDX 单晶的直线拟合参数

RDX	R	$\frac{a}{g \cdot cm^{-3}}$	$\frac{b}{g \cdot cm^{-3} \cdot ℃^{-1}}$	$\frac{b^{*}}{g \cdot cm^{-3} \cdot ℃^{-1}}$
RDX1	−0.997 4	1.805 7	−3.59	−3.60
RDX2	−0.998 5	1.804 0	−3.57	
RDX3	−0.999 4	1.801 8	−3.57	
RDX4	−0.998 8	1.801 8	−4.09	

4.3　压缩刚度测量技术

4.3.1　压缩刚度法原理

粉末冶金和粉体工程学中，通过对颗粒（粉末）材料模压或者等静压可获得多种连续体材料。同时，在压制过程中发现颗粒内部质量与其凝聚强度存在一定的依存关系，质量越好，凝聚强度越大。由此提出压缩刚度的思想，采用晶体颗粒的凝聚强度来宏观反映晶体的结晶质量，如图 4－9 所示。

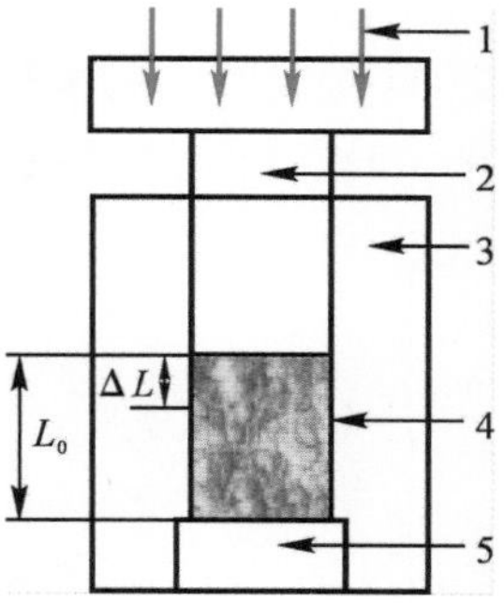

对同一单质炸药而言，晶体结晶质量越高，晶体内部缺陷越少，晶粒凝聚强度越大，压缩率越小。

炸药晶体颗粒的压缩率计算如下：

$$\varepsilon = \Delta L / L_0 \tag{4-15}$$

式中：ε—— 压缩率，无量纲；

ΔL—— 压缩位移，mm；

L_0—— 样品初始填装高度，mm。

图 4－9　压缩刚度法原理

1 —压力；2 —压头；3 —套筒；4 —晶体颗粒；5 —底座

使用压力-压缩率表征晶体颗粒的结晶品质，需要对压制过程进行考察。总体而言，压制过程可分为三个阶段：第一阶段是颗粒重排阶段，在这一阶段中，颗粒发生明显流动，小颗粒填充大颗粒间隙，而颗粒与颗粒之间产生摩擦、剪切和挤压作用，但相互间作用较弱。随着颗粒间隙的减少，颗粒之间的作用力逐渐变大，压制过程进入第二阶段，即颗粒破碎阶段。在这一阶段中，由于颗粒间的挤压、剪切作用增强，颗粒破碎比较明显，这一阶段颗粒间的相互作用是颗粒力学性能的直接体现，不同力学性质（脆性、延性）和不同性能（强度、模量）的颗粒材料在第二阶段可以得到区分。随着压制压力的增高，颗粒破碎达到一定程度，颗粒填隙基本完成，压制过程进入第三阶段，即颗粒压实阶段，颗粒材料被压制成整体，压实阶段后期将会出现平稳上升的压制曲线段，主要反映出构成颗粒的连续体材料的力学特性。

对于脆性的含能晶体颗粒，如 RDX 晶体和 HMX 晶体，第二阶段的破碎过程主要反映了颗粒的物理力学性质，因此在颗粒压制的第二阶段定义了“初始割线模量”来区分颗粒材料的抗压强度特性。这里虽然没有直接测量强度，但是模量值反映了颗粒材料的“软硬”程度，可以用其“凝聚强度”来评价。三个阶段的划分可以通过压制曲线来确定，第一阶段时间较短，这个阶段类似连续体材料实验中的间隙调整，可以参照连续体的方法在压制曲线上定义，而第二阶段与第三阶段可以很容易地从压制曲线上划分。显而易见，可以用压制曲线的曲率拐点来作为分界点。

实验时，炸药晶体颗粒被很小心地装入厚壁高强度不锈钢圆套筒，在万能材料实验机上通过图 4-9 所示的压头进行准静态加载。颗粒聚集体中的相互作用，如压缩、剪切和摩擦等引起颗粒形变和破碎。而颗粒形变和破碎取决于晶体颗粒的力学性能和晶体品质，晶体颗粒的力学响应记录在最终的压制曲线里。尽管实验装置和过程很简单，但还有几点必须考虑：首先，由于含能晶体安全方面的特殊性，必须进行准静态压缩，为此选用 0.05 mm/min 的压制速率；其次，评价晶体品质应当选取压制曲线的第二区间，不必要也不能选取整个压制曲线。

4.3.2　压缩-位移曲线分析

4.3.2.1　初始割线模量

选取 5 种样品 Sample 1，Sample 2，Sample 3，Sample 4 和 Sample 5 进行压缩刚度试验。其中，Sample 1，Sample 2 为普通 RDX；Sample 3，Sample 4 为 D-RDX；Sample 5 为球形化 D-RDX。5 种样品的压制曲线如图 4-10(a)所示。为方便定义初始割线模量，抽取 Sample 2 和 Sample 5 单独分析，它们的单轴压制应力与压缩率关系曲线如图 4-10(b)所示。

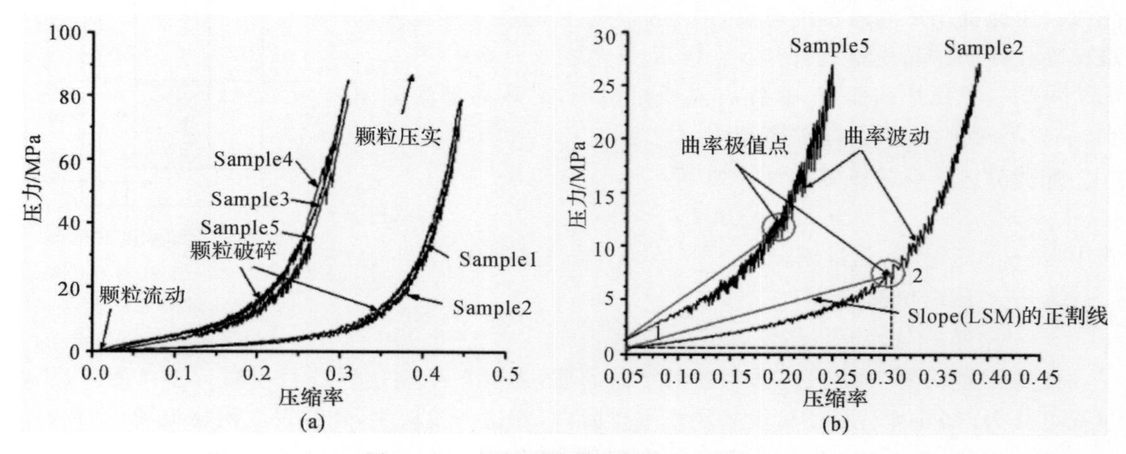

图 4-10　初始割线模量的定义示意图

(a)5 种样品的压制曲线；(b)Lot2 和 Lot5 在破碎段的压制曲线

图 4-10(a)表明，普通 RDX 相比 D-RDX 的压制曲线表现出了明显差异。换句话说，普通 RDX 晶体颗粒与 D-RDX(或球形化 D-RDX)相比表现得更“软”，而后者更“硬”，或者说“刚度”更高。另外，D-RDX 晶体单轴应力比 Sample 2 表现出了更大的振荡，证明 D-RDX 晶体颗粒比普通 RDX 拥有更高的允许失效应力(图中的锯齿状曲线表示应力振荡，晶体颗粒凝聚强度越高，这种振荡就越大，破坏许用应力就越高)。随着施加的压制力的增长，离散的颗粒渐渐被压实，压制过程进入第三阶段(即压实阶段)，并最终趋于理论最大密度(Theoretical Maximum Density，TMD)。但理论最大密度不是研究目的，因此压制实验在刚进入压实阶段时便停止。压实阶段曲线的斜率趋于一致，可以解释为经过大的压力压制后，所有 RDX 的

微观结构趋于相同,近似于同一材料,其应力-压缩率增长趋于一致。

基于对压制过程的分析,对 RDX 颗粒聚集体,这里利用初始割线模量(Initial Secant Modulus,ISM)来区分不同品质 RDX 的凝聚强度。ISM 的定义参考连续体材料的计算方法如下:

$$\mathrm{ISM}=(\sigma_{f2}-\sigma_{f1})/(\varepsilon_{f2}-\varepsilon_{f1}) \tag{4-16}$$

式中: ISM—— 初始割线模量,MPa;

σ_{f2},σ_{f1}—— 第二阶段结束和第二阶段开始时的单轴压缩应力,MPa;

$\varepsilon_{f2},\varepsilon_{f1}$—— 第二阶段结束和第二阶段开始时的压缩率,无量纲。

由式(4-16)可知,初始割线模量值越大,颗粒材料越硬,压缩刚度越高,即对外载荷具有更高的抗破碎能力。需要指出的是,计算初始割线模量时应当注意以下事项:

(1)用连续函数拟合实验数据;

(2)找出压制曲线曲率的极值点,如 Sample 2 曲线的点"2";

(3)用割线将极值点和起点相连,这里的起点是指偏离原点压缩率为 0.05 的点,如 Sample 2 曲线中的点"1",以便消除初始误差;

(4)采用类似连续体材料的割线模量方法,计算出该段直线的斜率。

5 种 RDX 颗粒聚集体的初始割线模量都已计算并分别列在表 4-8 中。5 种 RDX 的初始割线模量中,普通 RDX 和 D-RDX 表现出了很大的差别,但 3 种重结晶 RDX(Sample 3,Sample 4,Sample 5)相互之间没有明显差别,两种普通 RDX 也是如此。实验结果表明,粒径与粒径分布会影响压制曲线,但对同一批相同品质的样品,它们的影响比较有限的粒径对初始割线模量的影响见图 4-11(a)。

表 4-8　5 种 RDX 颗粒聚集体的初始割线模量

样　品	质量/g	表观密度/(g·cm^{-3})	松装密度/(g·cm^{-3})	初始割线模量/MPa
Sample 1/lot 1	2.001	1.793 0	0.929	36.5
Sample 2/lot 2	2.006	1.792 5	0.931	34.6
Sample 3/lot 3	1.998	1.799 0	1.127	85.7
Sample 4/lot 4	1.999	1.799 2	1.147	84.8
Sample 5/lot 5	2.003	1.799 2	1.126	82.3

有人认为,Sample 2 和 Sample 5 的初始松装密度分别为 0.931 g/cm^3 和 1.126 g/cm^3 差距较大,是否可以认为样品的初始松装密度(颗粒间孔隙、颗粒大小、颗粒形貌)才是影响压制曲线和初始割线模量的主要因素?对这种现象可以做出合理解释。根据实验所测得的位移,由套筒内径和样品填装质量可以计算出样品的体密度(包括松装密度、随压制过程变化的密度),从而绘制 RDX 的压坯密度与压制应力关系曲线。图 4-11(b)即是 Sample 2 和 Sample 5 的曲线。注意图中两条曲线的交点,它表明两个初始松装密度不同的样品可以在较低的压制应力水平下得到相同的密度。因此,曲线相交可以理解为压缩刚度测试均在密度为 1.250 g/cm^3 时开始,在这之后,如图 4-11(a)所示,压制曲线之间还是存在明显的差别,这表明了颗

粒的内部缺陷才是影响初始割线模量的关键因素。

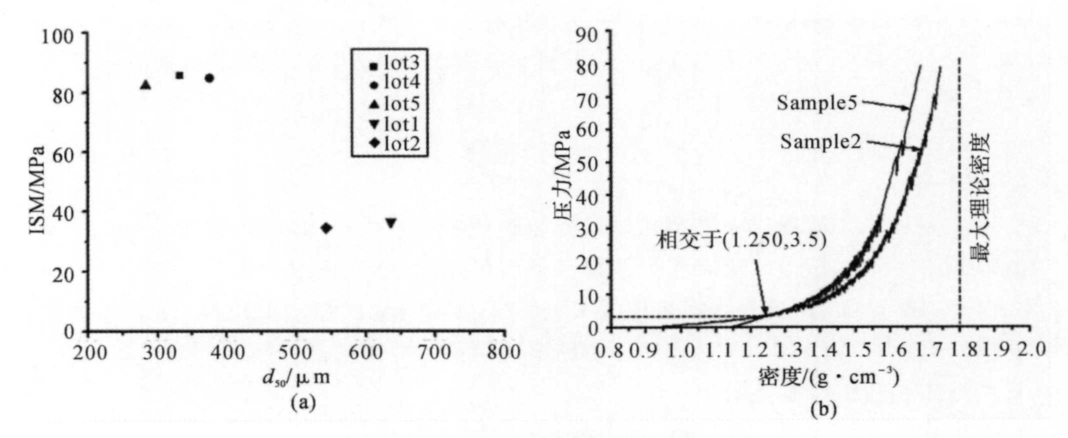

图 4－11　压缩刚度的影响因素

(a)粒径与初始割线模量的关系；(b)压坯密度与压制应力的关系

值得一提的是，从图 4－11 还可以看出，Sample 2 比 Sample 5 的可压缩性更强，即在相同压制应力水平下，普通 RDX 晶体颗粒聚集体比 D－RDX 更容易达到较高体密度，也就是说普通 RDX 容易形变并破碎，进而产生更多的小颗粒填充到颗粒聚集体的孔隙中，从而获得相对较高的填装密度。

晶体颗粒的凝聚强度是晶体内部结合力的宏观度量，是分子间作用力、晶格缺陷、晶间物理微结构等影响因素的统计平均。颗粒的凝聚强度越高，其颗粒硬度也越大，晶体颗粒破碎时需要的应力就越高，因此通过压缩刚度法测量晶体颗粒破碎时需要的应力可以间接反映颗粒缺陷的多少和晶体品质的高低。

4.3.2.2　最大震荡幅值

压缩刚度曲线表现为振荡向上趋势，曲线的振荡现象与颗粒聚集体中的“力链”形成和演化有密切关系。所谓力链，是指颗粒聚集体用来传递外界载荷的接触“链条”，它体现了颗粒聚集体内部应力(接触应力)分布的高度非均质特点。压制过程中，由于颗粒发生重排、破碎和流动，微细观尺度上导致“力链”的分布不断变化，宏观上则体现为压制曲线振荡向上。

由于压制的第二阶段主要反映了晶体颗粒的破碎与流动，可将压缩率在 0.1～0.25 之间的曲线抽取出来单独绘制。对于普通 RDX，由于破碎阶段后移，截取的是压缩率在 0.2～0.35 的区间。这个压缩率区间的振荡曲线涵盖了整个压制阶段的最大振荡幅值，反映了颗粒间相互作用导致的破碎特征，而之后的压制曲线段，其振荡幅值逐渐减小直至趋于平稳。通过曲线搜索，将振荡过程中发生的最大幅值在振荡曲线中用上下相对的箭头标识。所谓振荡幅值(用 σ_a 表示)是指某一特定压缩率的领域附近对应的最大与最小应力的差值的平均值。

选取 5 种样品(Sample 1，Sample 2，Sample 3，Sample 4 和 Sample 5)进行压缩刚度实验。其中，Sample 1，Sample 2 和 Sample 3 为简单重结晶样品(晶体品质比 D－RDX 略低)，Sample 4 为 D－RDX，Sample 5 为普通 RDX(n－RDX)。5 个样品的压缩率在 0.1～0.25 之间的振荡曲线分别如图 4－12 所示。

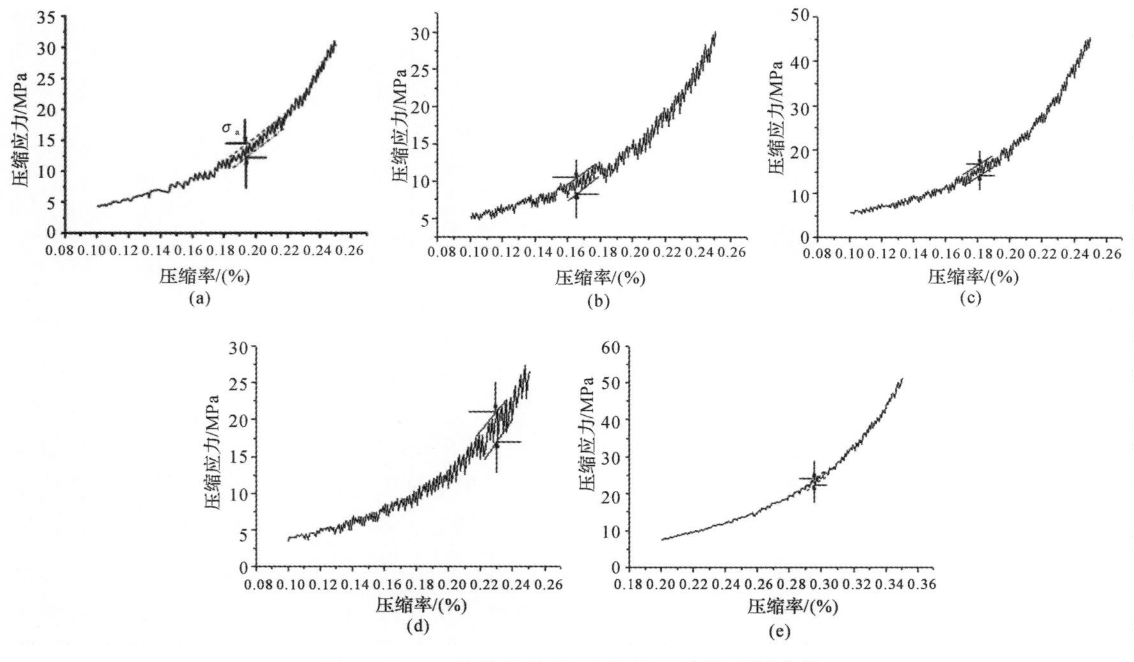

图 4-12　5 种晶体品质 RDX 的破碎段压制曲线

(a)Sample1；(b)Sample2；(c)Sample3；(d)D-RDX；(e)普通 RDX

图 4-12(a)～(d)表明，3 种简单重结晶样品(Sample1，Sample2 和 Sample 3)和 D-RDX 的初始割线模量基本接近，表明它们的晶体品质较为接近。但是从曲线振荡幅值可以看出，简单重结晶样品和 D-RDX 晶体颗粒有明显区别。Sample1，Sample2 和 Sample 3 的振荡幅值分别为 2.4 MPa，2.3 MPa 和 2.5 MPa，而 D-RDX 的振荡幅值为 4.4 MPa，几乎为前三种样品的 1.8 倍，而这四种样品的振荡幅值又都远高于普通 RDX 的 1.2 MPa[见图 4-12 (e)]。因此，可以认为初始割线模量反映了整体颗粒聚集体的压缩刚度，与颗粒特性密切相关，也与颗粒填充状态相关，而特定位置的振荡则与一个颗粒"薄层"的破碎密切相关。换言之，特定位置颗粒"薄层"的振荡更接近于单个颗粒的许用破坏强度，可认为这个颗粒薄层应在压头下方。

因此，关于颗粒薄层的破碎可定性阐述为颗粒聚集体的内摩擦作用(包括颗粒间、颗粒与模套内壁间)。颗粒聚集体的压缩应力从压头下方开始递减，即颗粒聚集体的内应力存在沿着高度方向(即压制主应力方向)的应力梯度；随着颗粒流动，颗粒聚集体进入破碎阶段，而压头下方的薄层处于较高的应力，即接近外部压制应力(压力)。当应力接近颗粒破碎许用应力时，薄层内的颗粒破碎，应力下降，产生振荡，同时在压头下方形成粒径较小的破碎层，破碎层将继续作为压头压力的传递层，其厚度随着下一个薄层的破碎而增加，直至聚集体所有薄层(实际上是接触且连续的)破碎，颗粒聚集体进入整体压实阶段。

需要指出的是，由于颗粒间隙的存在，实际单个颗粒许用破坏应力要高于上述振荡幅值，因此这里的振荡幅值是一个定性定义的颗粒薄层的许用破碎应力。

5 个样品的最大振荡幅值与颗粒平均直径的关系如图 4-13 所示。

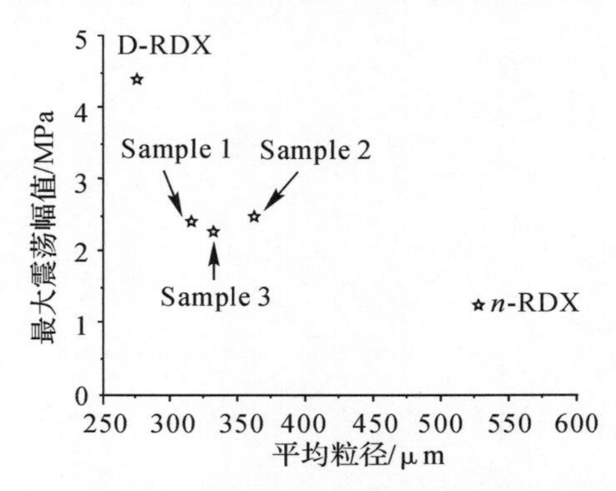

图 4-13　不同品质 RDX 的振荡幅值与颗粒平均粒径的关系

上述分析表明，通过力学特性来判断颗粒品质，既要考虑初始割线模量，也要兼顾振荡幅值，这从压制曲线的振荡幅值可以明显获知。相对于普通 RDX，重结晶方法可以大幅度提高 RDX 的晶体品质，亦即提高了晶体凝聚强度，而重结晶颗粒经进一步处理得到 D-RDX，其单个颗粒的凝聚强度进一步提高。需要指出的是，具有较高品质的晶体颗粒可能不适宜压装，而更适宜于浇铸等无须颗粒破碎的工艺过程。其原因在于压装过程需要通过颗粒破碎来获得较高压制密度，而凝聚强度较高的晶体颗粒却不易破碎，增加了压制的工艺难度。

4.4　晶体缺陷与形貌测量技术

4.4.1　折光指数匹配显微法

选择与待测晶体折光指数相近但并不溶解该晶体的单一或混合溶剂为介质，将待测晶体浸入该介质中，通过光学显微镜观察其显微图片。由于炸药晶体的折光指数与溶液的折射率相近，晶体自身的光学图像变得透明，而晶体中的空洞或溶剂包藏物等晶体缺陷的折光指数与周围介质相差较大，使晶体变得不透明，这些晶体缺陷就会清晰地显露出来，因此可以通过与折光指数匹配的光学显微测量技术（折光指数匹配显微法）来分析晶体颗粒的形态、内部缺陷等信息。

表 4-9 为常用单质炸药晶体和溶剂的折光指数。

表 4-9　常用单质炸药晶体和溶剂的折光指数[①]

炸药或溶剂	晶系	折光指数	炸药或溶剂	晶系	折光指数
TNT（Ⅰ型）	单斜	α=1.543 β=1.674 γ=1.717	HMX	单斜	α=1.589 β=1.594 γ=1.730
NQ	斜方	α=1.526 β=1.694 γ=1.810	RDX	斜方	α=1.572 β=1.591 γ=1.596

续表

炸药或溶剂	晶系	折光指数	炸药或溶剂	晶系	折光指数
TATB	三斜	$\alpha=1.542$ $\beta=2.301$ $\gamma=3.102$	Pic	斜方	$\alpha=1.667$ $\beta=1.699$ $\gamma=1.742$
H_2O		1.333	甲苯		1.494
环己酮		1.450	溴仿		1.600
丙酮		1.359	二溴甲烷		1.743

注:①25℃,波光为 5 893 Å 光源。

折光指数匹配光学显微法的关键是采用合适的溶剂介质。不同晶轴取向的折光指数不同,一般按照最大晶面的晶轴取向折光指数,或者取三个晶轴折光指数的平均值来选择溶剂介质。由于常温下单一溶剂的折射率与晶体的折光指数不同,通常需要配制复合溶剂来调整折射率,图 4-14 为普通 HMX 晶体分别在甲苯、甲苯/硅油(体积比为 1∶1)两种溶剂介质中的折光指数匹配照片。

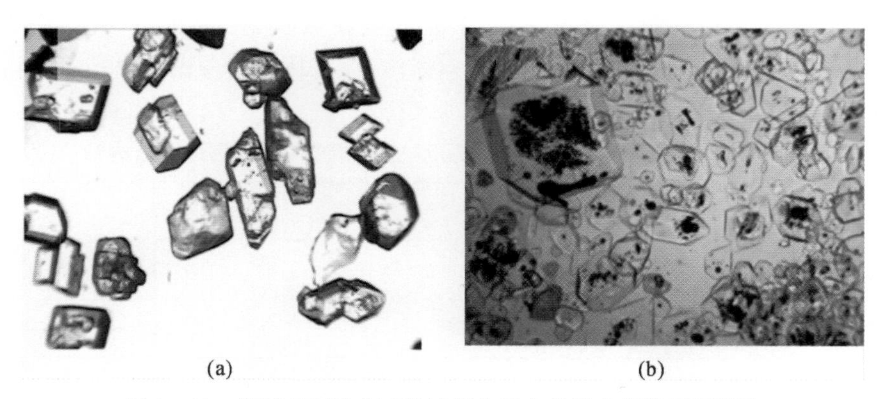

图 4-14　普通 HMX 在两种溶剂介质中的折光指数匹配照片

(a)甲苯; (b)甲苯/硅油(体积比为 1∶1)

显而易见,当炸药晶体浸入折光指数匹配度不佳的甲苯中时,晶体与溶剂的边界很清晰,晶体内部缺陷模糊,而在甲苯/硅油(体积比为 1∶1)中,晶体内部缺陷则清晰显示出来。

需要指出的是,当炸药晶体沿各晶轴的折光指数相近(如 RDX 晶体),较容易找到合适匹配液;当炸药晶体沿各晶轴的折光指数差异较大时,需要调制匹配液的折光指数。若炸药晶体的形状规整,可将匹配液的折光指数调制成三个晶轴折光指数的平均值。如果炸药晶体存在较大晶面,则可将匹配液的折光指数调制成最大晶面的晶轴取向折光指数,这样利于清晰

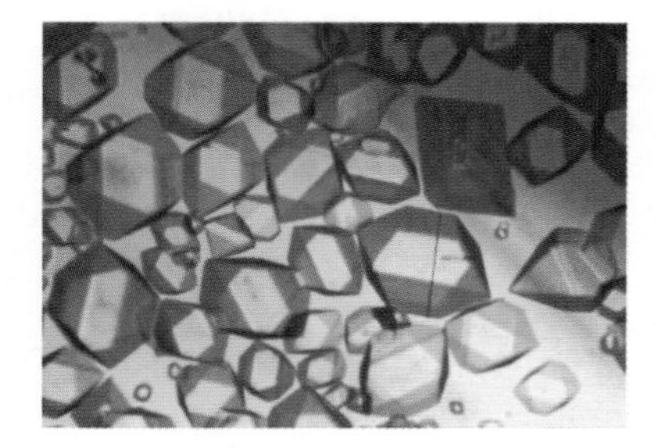

图 4-15　D-HMX 在甲苯/硅油(体积比为 1∶1)中的光学显微照片

地观察晶体内部缺陷。图 4－15 为 D－HMX 在甲苯/硅油(体积比为 1∶1)中的光学显微照片。

4.4.2 折光指数匹配的分光光度法

折光指数匹配光学显微法无法对晶体品质做定量测量,为此,介绍了一种基于折光指数匹配的改进方法——分光光度法。分光光度法的基本原理是,把粒度及粒度分布接近的炸药晶体浸入折光系数相近的匹配液中,品质高的晶体黑点多,光透过率高,透明性好;品质差的晶体黑点多,光透过率低,透明性差。图 4－16 为不同品质 RDX 在匹配液中的透明度照片,其中,匹配液的折光指数为 1.60(甲苯/硅油体积比为 1.5∶1),N1～N7 的晶体品质逐渐递减。显然,厚度相同时,晶体品质越高透明度越好。

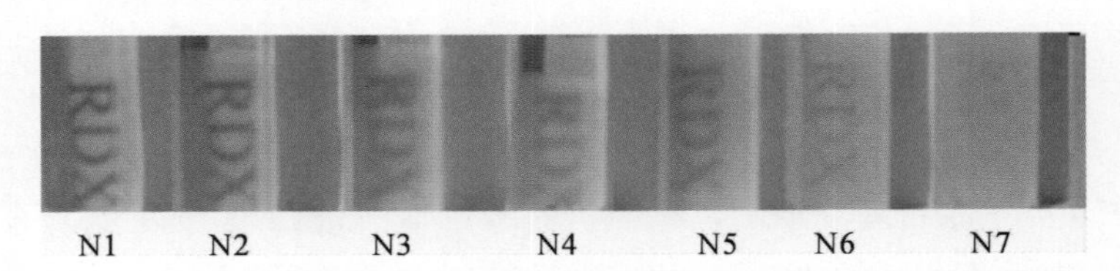

图 4－16 不同品质 RDX 在甲苯/硅油(体积比为 1.5∶1)的透明性

采用分光光度计测量一定厚度 N1～N7 样品折光指数匹配的透光度,样品信息及实验结果见表 4－10。可以看出,随着晶体表观密度逐渐降低,晶体品质逐渐降低,折光指数匹配的样品透光率也相应下降。

表 4－10 不同品质 RDX 晶体表观密度与折光指数匹配的透光率关系

样品序号	N1	N2	N3	N4	N5	N6	N7
晶体表观密度①/(g·cm^{-3})	1.798 5	1.798 2	1.797 9	1.797 1	1.796 8	1.796 3	1.793 1
透光率/(%)	87	76	45	30	24	19	2

注:①25℃,密度梯度法测试的值。

折光指数匹配分光光度法的基本步骤如下:

(1)取一定量的匹配折光液注入 5 mm 厚度的比色皿中;

(2)加入一定量的炸药晶体在比色皿中;

(3)以一定透光率的玻璃片作为参考,用分光光度计测量炸药晶体透光率。

4.4.3 球形度测量

随着光学技术的发展,出现了将图像观察方法与统计学相结合的颗粒粒形表征技术。它利用显微镜原理对大量被测粉末颗粒进行成像,然后通过计算机图像处理技术完成粉末颗粒形貌的定量分析。采用这种技术可用来表征炸药晶粒的球形度,可采用沃德尔(Wadell)球形度来表征粒形。这里介绍了采用球形因子(也称为椭圆率)来表征球形度的方法。

球形因子 ϕ_s 定义为颗粒投影面积 A 和颗粒投影周长 P 的函数,计算公式如下:

$$\phi_s = \frac{4\pi A}{P^2} \tag{4-17}$$

式中：ϕ_s—— 球形因子，无量纲；

A—— 颗粒投影面积，mm^2；

P—— 颗粒投影周长，mm。

先利用数字光学显微镜获取晶体颗粒的二维投影（见图 4－17），然后基于图像处理方法计算球形因子。对于纯球形晶粒，椭圆率为 1。粉末越接近球形，椭圆率越接近于 1。

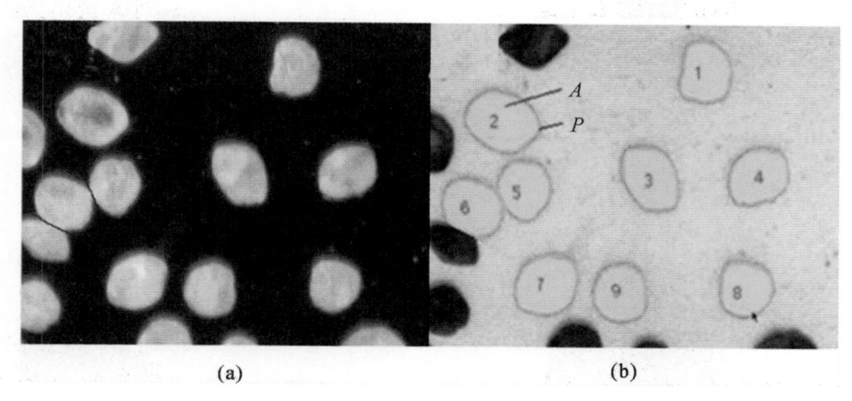

图 4－17　晶体颗粒的二维投影

(a)光学显微镜视窗中的 RDX 晶体；(b)RDX 晶体的二维投影

一般而言，为获得准确的晶体颗粒平均球形因子，晶体颗粒数量应超过 100 个。假设 HMX 颗粒分布为正态分布，分别对普通 HMX(n－HMX)和球形化处理后的球形 HMX(Q－HMX)平均球形因子进行测试，测试数据的精密度采用 F－检验法检验。其中，Q－HMX 采用 3.5.3 节介绍的球形化方法制备。统计了一批 HMX 样品在球形化后，筛分出不同粒径的 HMX 颗粒的平均球形因子，结果见表 4－11。其中，280～400 μm，400～450 μm 的 n－HMX 和 Q－HMX 的统计直方图如图 4－18 所示。

表 4－11　不同粒径 HMX 颗粒的平均球形因子

粒度分布/μm	400～450		280～400		180～280		125～180	
	n－HMX	Q－HMX	n－HMX	Q－HMX	n－HMX	Q－HMX	n－HMX	Q－HMX
平均球形因子	0.790	0.810	0.785	0.816	0.731	0.805	0.734	0.825
标准偏差	0.038	0.032	0.042	0.033	0.062	0.044	0.072	0.038
颗粒个数	924	950	801	1 109	417	508	455	179
F－检验法检验①	1.405		1.597		2.012		3.570	

注：①当 $a=0.05$ 时，$F_{0.95}(-\infty,+\infty)=1$。

从 F－检验法检可查结果看，测试数据的精密度存在显著性差异；从标准偏差看，Q－HMX 的球形因子更大，离散性更小，颗粒外形更加规整均匀。

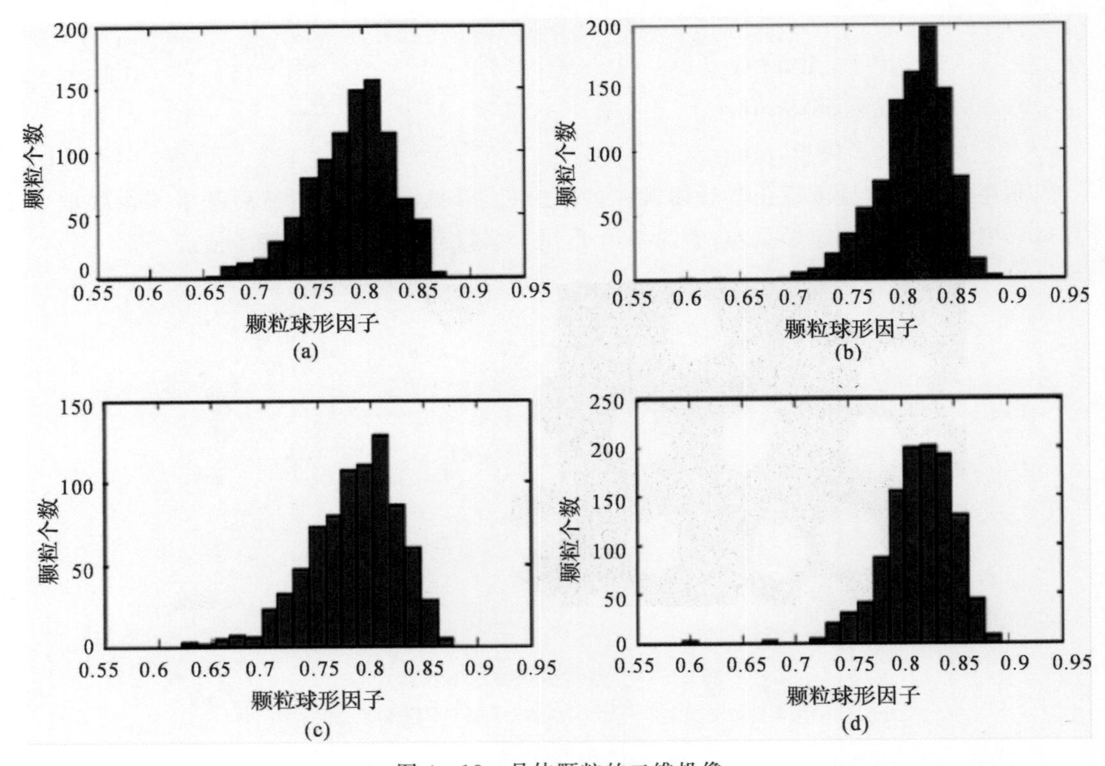

图 4-18　晶体颗粒的二维投像

(a) 400～450 μm 普通 HMX 的 ϕ_s 分布；(b) 400～450 μm 的 Q-HMX 的 ϕ_s 分布

(c) 280～400 μm 普通 HMX 的 ϕ_s 分布；(d) 280～400 μm 的 Q-HMX 的 ϕ_s 分布

4.4.4　表面缺陷表征

当两批晶体颗粒的粒度及粒度分布接近时，晶粒的比表面积越大，则表明晶粒的表面缺陷越多。法国圣路易斯法德研究所曾经采用压汞法和氮气吸附法分析晶体颗粒的比表面积，从而间接表征晶体的表面缺陷。其基本原理是利用晶体颗粒表面的吸附作用，促使氮气或液汞在晶体表面浸润、吸附，测试氮气或液汞的体积变化即可获得晶体颗粒的比表面积和表面缺陷。但实验结果表明，该方法误差较大，尤其对于颗粒直径小于 10 μm 的孔隙难以检测，而扫描电镜技术不仅可以观察形状，而且可以观察微小尺度下晶体表面的孔隙、裂纹及附着的杂质等缺陷，如图 4-19 所示。

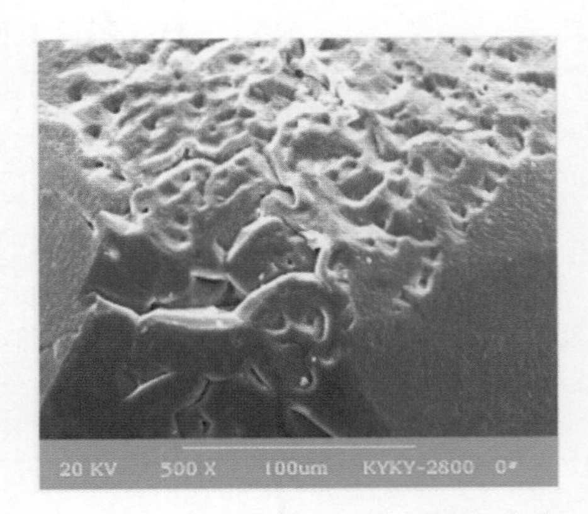

图 4-19　SEM 表征 RDX 晶体表面缺陷

4.5 射线小角散射测量技术

4.5.1 测量原理

发生于入射束(X 射线、中子)附近的相干弹性散射称为射线小角散射。X 射线小角散射简称“SAXS”,中子小角散射简称“SANS”。散射现象源于物质内部电子或原子核因射线散射长度变化产生的密度起伏。对射线散射强度进行绝对强度标定和模型拟合后,即可给出材料中散射粒子的体积含量、尺寸分布、比表面积和分形特征等信息。若在测量过程中对样品施加外场环境,可动态监测样品的微结构演化行为。本节介绍 SAXS 的测量原理和数据拟合方法。X 射线小角散射原理如图 4-20 所示。

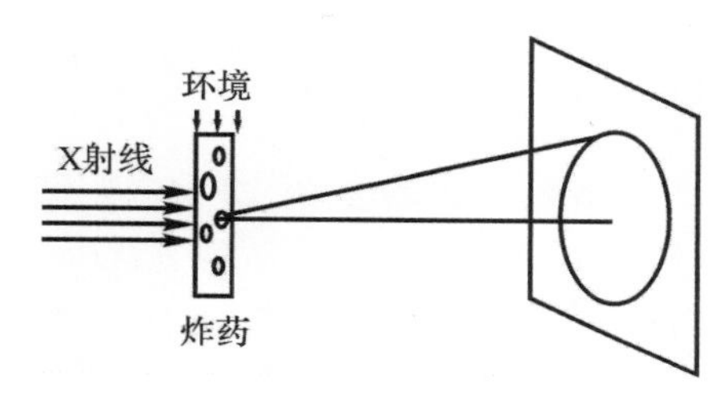

图 4-20　X 射线小角散射原理示意图

同步辐射 SAXS 的束流强,样品测试时间短(为 0.1～10 s),适合对炸药晶体进行原位动态观测。本书中实例使用的同步辐射装置的 X 射线波长为 0.138 nm,样品台到探测器距离为 183 cm,样品用 3M 胶带封于 ϕ8 mm×1 mm 的圆饼状样品室中。使用二维位置灵敏探测器记录散射射线的位置和强度。X 射线经过准直单色后与样品作用产生散射,散射 X 射线被探测器记录并存储为数据文件。

由于 X 射线的散射强度 I 随散射角 θ 增大而衰减,一般而言,常规 SAXS 探测的典型 q 区间为 0.01～5 nm^{-1},对应实空间的尺度范围是 1～600 nm。实际研究中可探测的最大尺寸一般不超过 300 nm。

X 射线的散射矢量 $\boldsymbol{q}$ 的模与散射角 θ 存在如下关系:

$$q = 4\pi \frac{\sin\theta}{\lambda} \tag{4-18}$$

式中:λ—— 入射 X 射线的波长,nm;

θ—— 散射角的一半,°。

利用 SAXS 技术测试晶体内部缺陷,先在一定散射矢量的模 q 范围内测试获得晶体的散射强度 I,然后再对 $I-q$ 数据进行反演即可推导出散射粒子的结构信息。其中,对 $I-q$ 数据的反演分析模型有 Guinier 模型、界面模型、多分散粒子模型、硬球相互作用模型以及分形模型,这里主要介绍 Guinier 模型和分形模型。

4.5.2 吉尼尔(Guinier)模型

Guinier 模型主要用来描述稀疏多粒子散射体系。当基体中的散射粒子(例如纳米尺度的孔隙、析出相、结晶、分子链等)的体积浓度小于5%时,可以认为粒子呈单分散分布,且它们之间的散射相互独立,散射粒子之间的干涉效应可以忽略。此时可通过拟合绝对散射强度曲线来获得散射粒子的回转半径 R_g。若散射粒子为球形,则散射粒子平均半径 $R=1.29R_g$ 。

由于总散射强度为各粒子散射强度的叠加,此时可用 Guinier 模型得到散射矢量的模与总散射强度的函数关系:

$$I(q)=NI_1(q)=N(\Delta\rho V)^2 e^{\frac{-(qR_g)^2}{3}}=cN(\Delta\rho R_g{}^3)^2 e^{\frac{-(qR_g)^2}{3}} \tag{4-19}$$

式中:$I(q)$,$I_1(q)$—— 总散射强度,单粒子相对散射强度,无量纲;

N—— 散射粒子数量,个;

R_g—— 回转半径,nm;

q—— 散射矢量的模,nm^{-1};

c—— 与粒子体积有关的常数,无量纲;

$\Delta\rho$—— 散射粒子与基体的散射长度密度差,g/m^3;

V—— 一个散射粒子的体积,nm^3。

对于炸药晶体而言,晶体内部散射粒子与基体之间的电子密度差为常数。因此依据式(4-19)对测试值总散射强度 $I(q)$ 和散射矢量的模 q 数据进行拟合,根据拟合方程通过外推法可求得 $q=0$ 时的中心散射强度 $I(0)$。中心散射强度 $I(0)$ 与散射粒子个数 N 存在如下关系:

$$N=\frac{I(0)}{c(\Delta\rho)^2(R_g)^6}=KI(0) \tag{4-20}$$

$$K=1/[c(\Delta\rho)^2(R_g)^6]$$

式中:K—— 一个与散射粒子半径相关的常数,通过式(4-20)可获得样品中散射粒子的相对含量。

图4-21为同一批样品筛分为4种粒度的D-RDX(分别编号D-RDX1,D-RDX2,D-RDX3,D-RDX4)晶体内部散射粒子的散射强度与散射矢量的模的关系图。

表4-12列出了4种D-RDX晶体内部散射粒子的SAXS测试信息。结果表明,在D-RDX晶体内部散射粒子特征尺度基本相同的情况下,粒度尺度较大的D-RDX4样品散射强度最低,而粒度最小的D-RDX1样品散射强度最高,换言之,D-RDX样品随粒度增大其内部纳米尺度缺陷数量分数逐渐减小。

表4-12　同批次4种粒度D-RDX的SAXS测试信息

样品	粒度分布/μm	回转半径/nm	相对散射强度	微缺陷分数/(%)
D-RDX1	<100	55.6	2 036.8	1
D-RDX2	100～125	55.3	1 084.2	0.55
D-RDX3	125～280	56.6	794.7	0.35
D-RDX4	280～450	59.6	462.1	0.15

同批次D-RDX随粒度增大其内部纳米尺度缺陷的数量分数逐渐减小,这一结果符合炸药晶体结晶规律。通常同批次RDX样品中较大颗粒晶体的结晶品质更好,亦即晶体缺陷少的颗粒更容易成长为大颗粒。另外,较大颗粒晶体内部缺陷还存在一定的各向异性,在SAXS

图上则表现为取向性散射，颗粒越大，取向性散射强度越大，如图 4 - 22 所示。

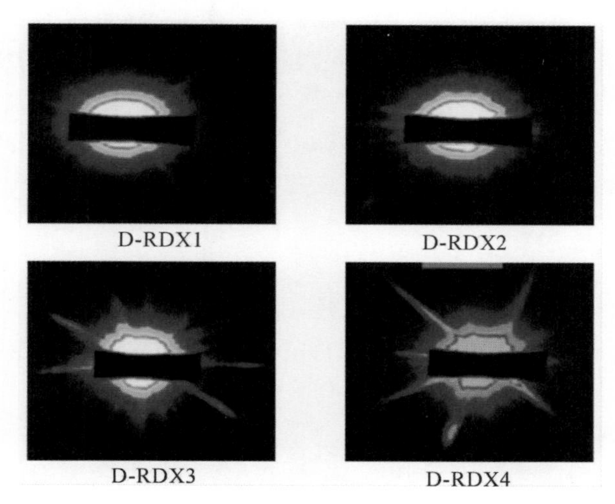

图 4 - 21 同批次四种粒度 D - RDX 的 SAXS 信号

对 D - RDX 晶体内部的取向性散射而言，样品在较大的散射矢量处存在散射峰，表明样品内部微缺陷存在着择优取向，在特定方向上散射粒子较密集，导致散射矢量相互干涉，产生了叠加。这种情况下若再采用 Guinier 模型，其假设条件不再成立，不能得到详细的缺陷数量分数。但是，散射矢量相互干涉，因此干涉峰的位置与散射矢量的平均距离存在类似衍射的近似公式：

$$1.22\lambda = 2\bar{d}\sin\theta_M \tag{4-21}$$

式中：θ_M—— 干涉峰的角度位置，°；

λ——X 射线的波长，nm；

$\bar{d}$—— 散射粒子的平均距离，nm。

计算得到 D - RDX3 和 D - RDX4 中发生取向散射的粒子间平均距离分别为 38.31 nm 和 49.43 nm，表明 D - RDX3 内部发生取向散射粒子的数量分数比 D - RDX4 高。这同样表明，同批次 RDX 样品中，随着晶体颗粒增大，发生干涉的散射粒子间距逐渐增大，其数量分数逐渐降低，结晶质量更佳。

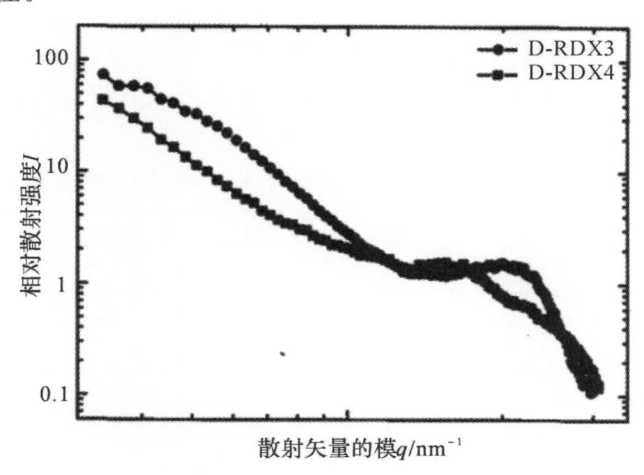

图 4 - 22 同批次两种粗粒度 D - RDX 的散射强度与散射矢量的模的关系

D－RDX 晶体内部的微缺陷发生取向性集中分布，这是由晶体各向异性所决定的。Michael Herrrmann 等人通过对比研究 D－RDX 和普通 RDX，发现 D－RDX 晶体内部的微晶尺度较大，而普通 RDX 内部的微晶尺度较小、数量较多。对于普通 RDX 而言，由于结晶不够“仔细”，微晶及晶体包藏物普遍存在于晶体内部，宏观表现为结晶质量差；而对于 D－RDX 而言，由于结晶“仔细”，微晶及晶体包藏物在总体上减少。对同一批次样品而言，当晶体尺寸较小时，微晶数量及微晶间的连接区域都较多，表现为缺陷的数量更大。

4.5.3 分形模型

由于晶体的各向异性和结晶过程的复杂性，晶体内部缺陷往往并非由形状简单的独立球形孔隙构成，其形状可能很复杂并存在一定的关联特性。在数学上，描述具有这种形状和特征结构的粒子可采用分形模型(也称幂律模型，Power Law Model)。

分形模型的表达式如下：

$$I(q)=\frac{A}{q^{\alpha}}+B \tag{4-22}$$

式中：A—— 与样品散射能力相关的常数；

B—— 非相干背景散射常数；

α—— 与散射粒子的分形维数 D 密切相关。

具体来说，若 $1<\alpha\leqslant 3$，对应体积分形，体积分形维数 $D=\alpha$，D 值越大，说明晶体中孔隙的体积比例越高；若 $3<\alpha\leqslant 4$，对应表面分形，表面分形维数 $D=6-\alpha$，界面越粗糙时对应的 D 越趋近于 3，界面越光滑时对应的 D 越趋近于 2。

需要指出的是，当 $\alpha=4$ 时，对应的分形维数 $D=2$，此时表明散射粒子的界面光滑，则式(4－22) 可简化为 Porod 公式，其表达式为

$$I(q)=\frac{A}{q^{4}} \tag{4-23}$$

式(4－23) 中，忽略了非相干背景散射常数。此时：

$$A=I_{e}2\pi(\Delta\rho)^{2}S$$

式中：I_{e}—— 单电子的相对散射强度，无量纲；

S—— 内比表面积，m^{2}/g。

对于采用相同结晶方法的D－RDX样品，晶体内部的缺陷结构类型相同，散射粒子与基体的散射长度密度差 $\Delta\rho$ 为常数，故缺陷的总表面积值可以表征晶体内部缺陷的含量。这里所说的缺陷包含具有分形结构的空洞和裂缝等各种形状的缺陷。需要指出的是，由于 SAXS 检出限的制约，这里对应的缺陷尺寸在数十纳米范围。

表 4－13 同批次三种大颗粒 RDX 的 SAXS 测试信息

样品	粒度分布/μm	回转半径/nm	相对散射强度	内比表面积分数/(%)
RDX－4A	＜180	40.3	420.7	1.00
RDX－4B	≤180～250	42.1	315.4	0.58
RDX－4C	≤250～420	40.6	208.5	0.47

表 4－13 列出了三种 RDX 晶体内部散射粒子的 SAXS 测试信息。结果同样表明，RDX 晶体缺陷的内比表面积随粒度增大而减小，缺陷数量密度明显降低。这表明，晶体颗粒越大，晶体的完整性越好。

图 4－23 为三种 RDX 晶体内部的散射粒子的散射强度与散射矢量的模的关系图。结果显示，RDX－4A 和 RDX－4B 在两个区间的 D 值均约为 4，表明细颗粒 RDX 晶体内部的微缺陷与晶体的界面较为光滑，散射粒子主要为孔隙缺陷；而 RDX－4C 的 D 值为 3.54，表明特粗颗粒 RDX 晶体内部的微缺陷与晶体的界面较为粗糙，推测散射粒子内部含有溶剂杂质等包藏物。

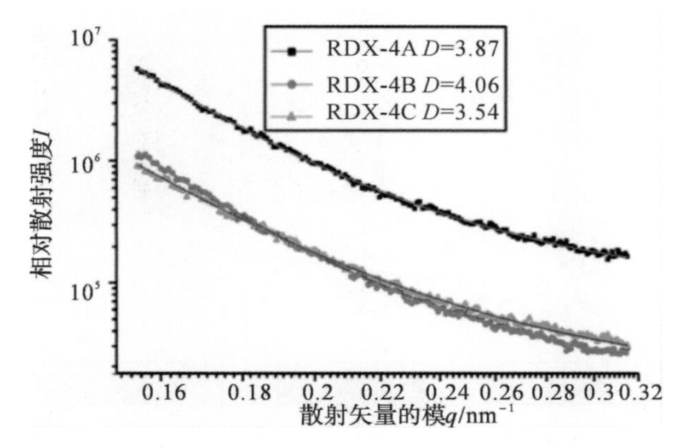

图 4－23　同批次三种 RDX 的 SAXS 散射强度与散射矢量的模的关系

4.6　微聚焦 CT 扫描测量技术

4.6.1　测量原理

计算机层析成像技术（Computed Tomography，CT）是对被测物体进行不同角度的射线投影数据采集，通过相应算法获取物体横截面信息的成像技术，涉及多个学科领域，如放射物理、数学、计算机和机械等。在医学诊断领域，CT 技术已成为临床诊断最为重要和有效的手段之一；在工业领域，CT 是最有竞争力的无损检测和分析技术。

奥地利数学家 Radon 在 1917 年提出了投影图像的基本数学理论，指出任何物体均可用无限多个投影的叠加来表示；反之，如果知道无限多个投影，便可重建该物体结构。1963 年，美国物理学家 Cormack 首先提出了用断层的多方向投影重建断层图像的代数计算方法。第一台临床用 CT 装置于 1967 — 1972 年由英国工程师 Hounsfield 研制成功。Cormack 和 Hounsfield 两人也因此共同获得了 1979 年诺贝尔物理学奖。Herman 教授于 1980 年在其专著中系统深入地阐述了 CT 的理论基础。

CT 扫描系统从 20 世纪 70 年代发展至今，大致可以划分为传统 CT、螺旋 CT 和锥束 CT 等阶段。传统 CT 从 20 世纪 70 — 90 年代共发展了 5 代，主要集中于二维断层成像。20 世纪 90 年代初单排螺旋 CT 开始出现，目前已发展到 256 排。与传统 CT 系统不同，螺旋 CT 系统中的射线源和多排探测器相对检测对象做螺旋扫描运动，并在多排探测器上收集 X 射线。螺旋 CT 在扫描速率上近似认为可获得与探测器排数相当的增益。随着面阵探测器的发展，锥束 CT 作为一种新型 CT 系统，已经成为当前研究热点。

目前，锥束 CT 是主流的 CT 系统架构模式，其采用焦点尺寸较小的锥形束辐射源和面阵探测器，通过一次多角度的投影采集即可重建出物体所有截面切片，在非接触、不破坏的情况下获得物体的内部信息。以三维断层图像的形式，清晰、准确、直观地展示被检测物体内部的结构、组成、材质及缺损状况。微聚焦锥束 CT 系统结构如图 4-24 所示，主要由 X 射线源、平板探测器、数控扫描转台、计算机系统和扫描控制系统组成。

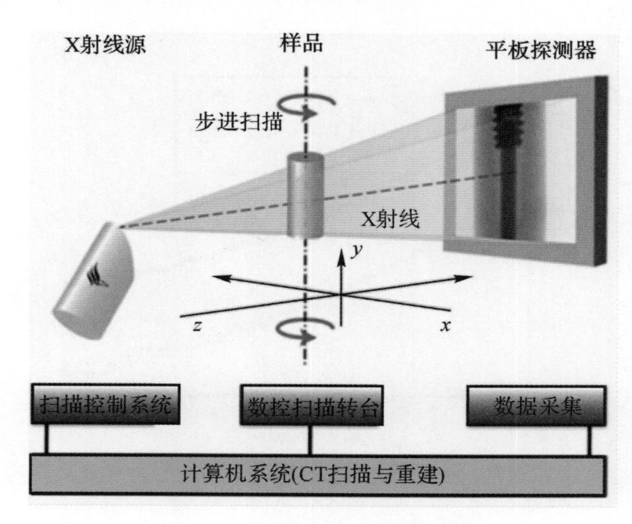

图 4-24 锥束 CT 系统组成

4.6.2 解析法

从投影重建断层图像主要有两类反演算法：一类是对断层剖面做直接数学反计算，它是以拉雷登变换(Radon Transform)为理论基础的解析法，或称为滤波反投影法；另一类是对断层剖面一系列区域的逐步迭代法，或称为级数展开法。目前，应用最广泛的是解析法。

Radon 变换是指函数 $f(*)$ 在与原点距离为 s 且垂直于方向 θ 的超平面上的积分。图 4-25 中，设 $f(x,y)$ 表示物体属性的二维空间分布，函数 $f(x,y)$ 在方向 ξ 上的平行投影为 ν，ν 沿着直线 L 的积分等于其 Radon 变换。

$$P=\int f(x,y)\mathrm{d}L \tag{4-24}$$

二维平面中函数 $f(x,y)$ 沿着直线 L 的积分等于其 Radon 变换，这个性质很容易从平行投影几何关系得到证明，于是有

$$Rf(\xi,t)=\int f(x,y)\mathrm{d}L \tag{4-25}$$

对 Radon 变换用 (θ,t) 进行参数替换，得

$$Rf(\theta,t)=Rf(\xi,t)=\int_{-\infty}^{+\infty}\int_{-\infty}^{+\infty}f(x,y)\delta(x\cos\theta+y\sin\theta-t)\mathrm{d}x\mathrm{d}y \tag{4-26}$$

式(4-26)是目前图像重建中一种常见的二维 Radon 变换参数形式。

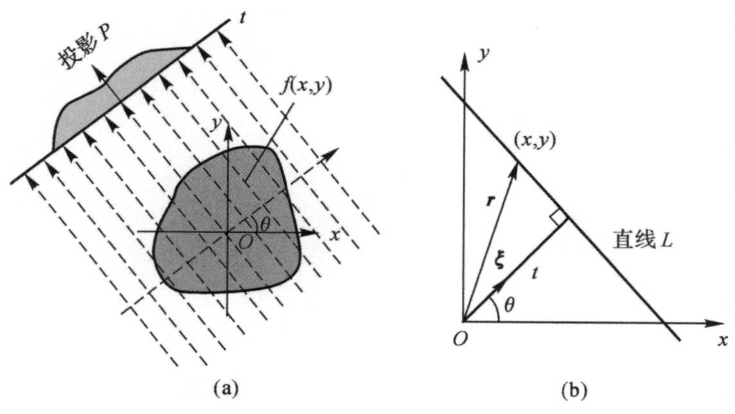

图 4－25　解析法重建 CT 图像原理图

(a)平行束投影；(b)几何关系

Radon 逆变换的核心方法是傅立叶切片定理。傅立叶切片定理是图像重建算法的基础。在非衍射源情况下，其含义是某图像在某个视角下平行投影的一维傅立叶变换等同于该图像二维傅立叶变换的一个中心切片，二维平面中函数 $f(x,y)$ 的平行投影等于其 Radon 变换。傅立叶切片定理实际上建立了 Radon 变换和傅立叶变换之间的关联。依据傅立叶切片定理，若已知函数 $f(x,y)$ 在极坐标系下各等角间隔方位的平行投影数据，对其实施一维傅立叶变换可以得到函数二维傅立叶变换 $F(u,v)$ 的分布，再经过二维傅立叶逆变换可得到函数 $f(x,y)$：

$$f(x,y)=\int_{-\infty}^{+\infty}\int_{-\infty}^{+\infty}F(u,v)\mathrm{e}^{j2\pi(ux+vy)}\,\mathrm{d}u\,\mathrm{d}v \tag{4-27}$$

将频域的直角坐标系(u,v)用极坐标系(ω,θ)替代，通过极坐标转换和重新确定积分限，上式就变形成为著名的滤波反投影法：

$$f(x,y)=\int_{0}^{\pi}W_{\theta}(x\cos\theta+y\sin\theta)\,\mathrm{d}\theta \tag{4-28}$$

式中：

$$\begin{cases} W_{\theta}(t)=\int_{-\infty}^{+\infty}F(\omega\cos\theta,\omega\sin\theta)\,|\,\omega\,|\,\mathrm{e}^{j2\pi\omega t}\,\mathrm{d}\omega \\ \qquad\quad =\int_{-\infty}^{+\infty}S_{\theta}(\omega)\,|\,\omega\,|\,\mathrm{e}^{j2\pi\omega t}\,\mathrm{d}\omega \\ t=x\cos\theta+y\sin\theta \end{cases}$$

其本质是 Radon 逆变换公式在图像重建中的具体应用，描述了二维平行束投影的重建过程，即先对各个视角 θ 的投影数据进行滤波，然后反投影累加来计算函数 $f(x,y)$。

函数 $W_{\theta}(t)$ 表示投影角度为 θ 的滤波投影数据，其滤波算子在频域空间由 $|\omega|$ 来表示。目前，锥束 CT 广泛采用的图像重建方法是 FDK 算法，针对锥束几何圆形扫描轨迹提出的一种经典的近似三维图像重建算法，针对二维平行束投影的滤波反投影重建过程进行一定角度的几何修正，完成扫描物体的三维图像重建。FDK 算法的具体推导过程可参阅文献。

利用微聚焦 CT 扫描测量技术对 n－HMX 和 D－HMX 的晶体内部微米以上尺度缺陷进

行测量。为便于比较两种结晶质量晶体的内部缺陷分布情况，测试过程中两种样品的质量相同，图 4-26 为两种晶体的内部孔隙尺寸及数量分布的解析结果。

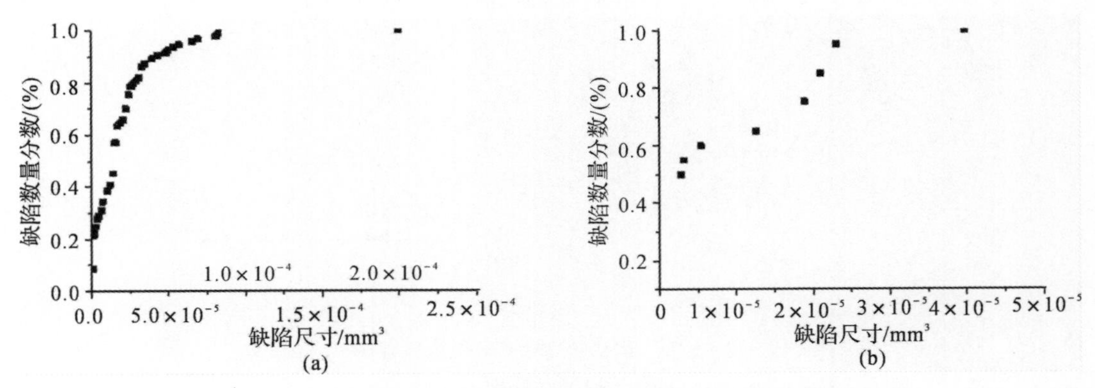

图 4-26 两种 HMX 晶体内部缺陷及数量分数的 CT 扫描结果

(a)n-HMX；(b)D-HMX

测试结果表明，D-HMX 中 90%以上的缺陷体积小于 3×10^{-5} mm^3。如果将缺陷按球形换算得到等效半径，则 D-HMX 中 90%以上缺陷的等效半径在 10 μm 以下。而对于 n-HMX，总量约 80%的晶体内部体积在 2×10^{-4} mm^3 以内，且含有少量大尺寸缺陷。同时 n-HMX 中的缺陷体积较大，如果将缺陷按球形换算得到等效半径，则 n-HMX 中 80%以上缺陷的等效半径在 25 μm 以下。

4.7 专题:RDX 结晶品质显著性检验研究

4.7.1 RDX 结晶品质检验体系

法国火炸药公司早期认为 D-RDX 与 n-RDX 在材料级别上不能通过化学、物理方面的表征来鉴别，仅能从测量 PBX 配方的冲击波感度来判别。即便如此，PBX 配方也只限于浇铸 PBX，如对于挤注(Extruded)型 PBX，就难以发现 RDX 的晶体缺陷与冲击波感度的关联性，究其原因可能是其冲击波感度主要由存在于黏结剂中的孔隙及其与 RDX 界面形成的孔隙决定。另外，对于压装(Compressed)型 PBX，Dyno Nobel 认为要发挥 D-RDX 的钝感效应，需要适当的压制压力和软性黏结剂，以尽量减少压制过程中的晶体破碎和较高的压装密度，从而尽量减少晶粒间的孔隙。

准确表征 RDX 晶体缺陷是从材料级别上区分 D-RDX 与 n-RDX 的关键。表 4-14 列出了《高品质降感黑索今规范》(GJB 9565 — 2018)中 D-RDX 的指标体系，与《黑索今规范》(GJB 296A — 1995)中 n-RDX 的指标体系对比情况。对比表明，D-RDX 的技术指标和检验方法与 n-RDX 有较大不同。n-RDX 重点关注外观质量、粒度、酸度、灰分、有机不溶物等理化性能，而 D-RDX 不仅新增了三项，减少了两项(见表 4-14)，而且晶体缺陷、粒度和熔点等指标的测试方法也不相同。

表 4-14 D-RDX 与 n-RDX 的指标体系对比

序号	检验项目	D-RDX	n-RDX	测试方法
1	外观质量	有	无	相同
2	晶体缺陷	有	无	不同
3	晶体表观密度	有	无	新增
4	堆积密度	有	无	新增
5	粒度	有	有	不同
6	熔点	有	有	不同
7	酸度(以硝酸计)	有	有	相同
8	丙酮不溶物含量	有	有	相同
9	无机不溶物含量	有	有	相同
10	水分和挥发分	有	有	相同
11	Ⅱ型产品堆积密度	无	有	减少
12	筛上不溶颗粒数	无	有	减少
13	冲击波感度	有	无	新增

炸药晶态的技术指标体系中，晶体缺陷、晶粒平均密度、堆积密度和冲击波感度是区分 D-RDX 与 n-RDX 的显著性检验指标。从材料检验而言，晶体缺陷、晶粒平均密度、堆积密度是区分 D-RDX 与 n-RDX 的显著性检验指标。堆积密度测试已有成熟方法，因此这里仅介绍晶体缺陷和晶粒平均密度测试方法，来对比测试研究 D-RDX 与 n-RDX 的情况。

4.7.2 折光指数匹配显微测试 RDX 晶体缺陷研究

RDX 仅有 α 和 β 两种晶型，稳定的晶型为 α 型晶型，它可以从各种溶剂(如苯、硝基甲烷、丙酮、乙酸和硝酸等)中结晶出来，有一个很不稳定的多晶态 β 型晶体。β 型晶型可在显微镜载玻片上从高沸点溶剂(如百里酚、硝基苯和梯恩梯)中重结晶出来。对 β 型晶体的研究通常在显微镜载玻片上进行，几秒钟内小量晶体析离出来。由于 β 型晶体在室温下的热力学性质很不稳定，因此难以获得并保存形状完整的晶体，甚至在实验室内重结晶时也难以获得 β 型晶体。

因为 RDX 晶体在折光指数匹配液中只发生表面浸润，所以折光指数匹配显微分析 D-RDX 与 n-RDX 均反映的是 α 型晶体的内部缺陷情况。根据表 4-9 所示，斜方晶系 α-RDX 在三个晶轴方向的折光指数分别为 1.572，1.591 和 1.596，三个数值相近，因此只需找到一种综合折光指数约 1.6 的匹配液即可，实际试验中采用甲苯/硅油(体积比为 1.5∶1)的混合液作为匹配液。图 4-27 为 D-RDX 与 n-RDX 的折光指数匹配显微分析图。

图 4-27　D-RDX 与 n-RDX 的折光指数匹配显微分析图
(a)D-RDX；(b)n-RDX

需要指出的是，在采用体积比为 1.5∶1 甲苯/硅油的混合液浸润 RDX 晶体过程中，为保证浸润充分并防止甲苯挥发，需要在浸润过程中加盖一层盖玻片，待一段时间后再使用光学显微镜观察成像。

用折光指数匹配方法分析 RDX 晶体缺陷的一般步骤如下：

(1)配制甲苯/硅油匹配液，调整二者比例得到折光指数为 1.59～1.70 的匹配液；

(2)光学显微镜用载玻片面尺寸为 25.4 mm×76.2 mm，厚度为 0.8 mm～1 mm；

(3)光学显微镜用盖玻片面尺寸为 18 mm ×18 mm，厚度为 0.13 mm～0.19 mm；

(4)选用带透射光源的数码光学显微镜，电荷耦合元件(Charge Coupled Deuice, CCD)像素不小于 500 万，显微标尺最小刻度为 10 μm；

(5)测试时采用五点取样法，取少量干燥试样分散在载玻片上；

(6)将折光匹配液滴在试样上，匹配液用量应确保将样品颗粒完全浸没，用玻棒将样品均匀分散成 20 mm ×20 mm 的单层颗粒排列形式；

(7)对于直径小于 10 μm 的颗粒样品，在载玻片上需加盖一层盖玻片；

(8)颗粒样品在匹配液中的浸润时间不少于 10 min；

(9)选择合适倍率的物镜，通过视野观察晶体颗粒图像；

(10)用透射模式观察样品，调节光强度、焦距，获取最清楚成像照片；

(11)从样品分布的边缘开始，以 3 mm 步幅"Z"形移动载物台，拍摄 9 张照片；

(12)对 9 张照片分别标识标尺，根据图片客观评价样品颗粒形貌。

4.7.3　RDX 晶体表观密度测量研究

4.7.3.1　密度匹配液经验公式

根据 RDX 晶体密度的分布范围，通常选用两种溶剂配制密度匹配液：①二碘甲烷/甲苯溶剂，可以配制的匹配液密度梯度范围为 0.9～3.3 g/cm^3；②溴化锌水溶液，可以配制的匹配液密度梯度范围为 1.0 ～2.65 g/cm^3。其中，标准条件下溴化锌水溶液的平均密度与溴化锌质量分数的关系如下：

$$\rho = 2.792\ 8\eta + 0.267\ 9 \tag{4-29}$$

式中：ρ——1 atm，25℃时溴化锌水溶液的平均密度，g/cm³；

η——溴化锌水溶液中溴化锌的质量分数。

图 4-28 为 D-RDX 与 n-RDX 在以溴化锌水溶液为介质的密度梯度管中的分布图。

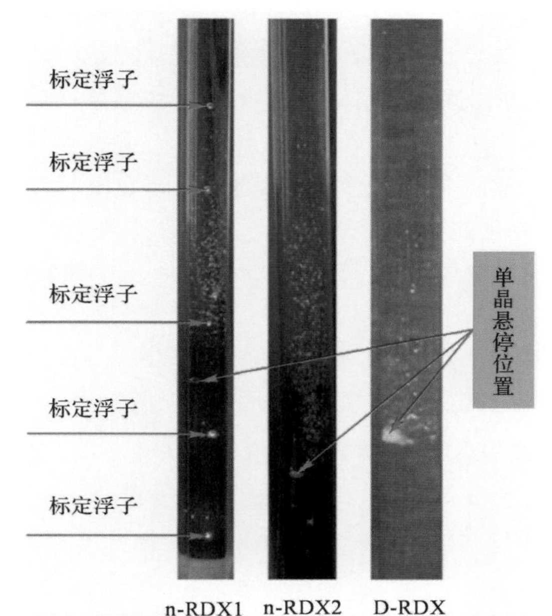

图 4-28　D-RDX 与 n-RDX 在密度梯度管中的分布图

显而易见，密度梯度管中 D-RDX 的密度分布比 n-RDX1 和 n-RDX2 窄许多。三种 RDX 样品的密度测试结果和计算得到的晶体内部孔隙率见表 4-15。

表 4-15　三种 RDX 样品的密度和孔隙率

种类	密度分布/(g·cm⁻³)	密度分布区间/(g·cm⁻³)	平均密度/(g·cm⁻³)	孔隙率[①]/%
n-RDX1	1.788 1～1.799 0	0.010 9	1.795 6	0.58
n-RDX2	1.789 6～1.798 7	0.009 1	1.796 1	0.55
D-RDX	1.794 8～1.798 8	0.004 0	1.798 3	0.43

注：①RDX 理论密度按 1.806 g/cm³ 计算。

密度梯度管的密度范围应当大于被测样品的密度范围。用于 RDX 晶体表观密度测量的密度梯度管，其顶端密度通常在 1.775 0～1.790 0 g/cm³ 之间，底端密度通常在 1.815 0～1.830 0 g/cm³ 之间，1 mm 液柱密度差不大于 0.000 1 g/cm³。

4.7.3.2　密度浮子校正方法

密度浮子校正的一般步骤如下：

(1)采用任何便利方法制备直径为 3～5 mm 的空心玻璃微球,即密度浮子;

(2)配制高浓度(质量分数约为 60%)溴化锌水溶液,用 G4 滤杯过滤去除固体杂质后作为溴化锌母液;

(3)将制备的密度浮子放入溴化锌母液,用纯水稀释,用密度计测量溶液密度,采用沉降浮选法筛选出密度范围为 1.790 0～1.810 5 g/cm³ 的多颗密度浮子;

(4)将筛选出的密度浮子放到(20±0.1)℃的密度约为 1.820 g/cm³ 的溴化锌水溶液中;

(5)滴加纯水,缓慢搅拌使混合均匀,注意搅拌过程中不要产生气泡,直至有密度浮子上浮,停止搅拌,静置 1 min;

(6)若有密度浮子浮出液面,则加纯水至密度浮子可以在密度液某一高度静置悬浮不小于 30 min,若下沉,则加入高密度溴化锌水溶液;

(7)用密度计测量此时的液体密度,精确至 0.000 1 g/cm³,该液体密度即悬浮的密度浮子密度;

(8)取出悬浮的密度浮子,用纯水清洗,晾干,标识,收藏备用;

(9)重复(2)～(8),依次校正出所有密度浮子。

4.7.3.3 密度梯度法测量 RDX 晶体表观密度的方法

密度梯度方法测量 RDX 晶体表观密度的一般步骤如下:

(1)从校正的密度浮子中,挑选不少于 5 颗、密度间隔约 0.005 g/cm³ 的浮子作为工作浮子;

(2)分别称取约 0.2 g 的待测样品 RDX,于 10 mL 小烧杯中用少量轻液完全浸润;

(3)将浸润后的待测样品 RDX 小心加入梯度管顶部,使其在梯度管中充分沉降;

(4)待测样品 RDX 在梯度管中达到沉降平衡后,将不少于 5 颗的工作浮子(密度为 ρ_i)用轻液浸润,保证浮子表面无气泡后,由重至轻,依次加入梯度管中;

(5)待工作浮子达到平衡后(约 4 h),测量每个浮子的几何中心在密度梯度管中所处的位置,读出工作浮子所在位置的高度 h_i ,读数精度精确到 1 mm;

(6)读出梯度管中试样颗粒上、下分布边界以及重心三点位置的高度(h_{min} , h_{max} , h_{avg}),精确到 1 mm,其中,重心是指试样颗粒最集中区域的中心位置;

(7)用相机拍下密度浮子和试样在梯度管中分布的照片,要清晰看出工作浮子和样品分布;

(8)根据 ρ_i 和 h_i 绘制密度校正曲线,密度校正曲线的线性相关系数 R 应不低于 0.999;

(9) 将试样颗粒上、下分布边界以及重心三点的高度数值(h_{min}, h_{max}, h_{avg}) 代入校正曲线,计算出三点对应的密度数值,即试样颗粒的最小密度 ρ_{min}、最大密度 ρ_{max} 和平均密度 ρ_{avg},密度分布 $\Delta\rho$ 为 ρ_{max} 与 ρ_{min} 的差值,精确到 0.000 1 g/cm³;

(10)平行测量两次,两次平均密度(ρ_{avg})差不大于 0.001 0 g/cm³;

(11)报告给出试样颗粒的最小密度 ρ_{min}、最大密度 ρ_{max}、平均密度 ρ_{avg} 和密度分布 $\Delta\rho$,其中 ρ_{min}, ρ_{max}, ρ_{avg}, $\Delta\rho$ 的结果以两次平行测试的算术平均值表示,结果保留到 0.000 1 g/cm³,测试误差为±0.000 5 g/cm³,以附图形式给出工作浮子和样品在梯度柱中分布的图片。

参考文献

[1] 黄明，李洪珍，徐容，等. RDX晶体特性的设计控制与表征[J]. 含能材料，2010，18(6)：730－731.

[2] STEEN A C V，VERBEEK H J，MEULENBRUGGE J J. Influence of RDX crystal shape on the shock sensitivity of PBXs[C]. Portland：[s. n.]，1989.

[3] SIMPSON R L，Helm F H，Crawford R C，et al. Particle size effects in the initiation of explosives containing reactive and nonreactive continuous phases[C]. Portland：[s. n.]，1989.

[4] MOULARD H. Particular aspects of the explosive particle size effect on shock sensitivity of cast PBX formulations[C]. Portland：[s. n.]，1989.

[5] BORNE L. Influence of intragranular cavities of RDX particle batches on the sensitivity of cast wax bonded explosives[C]. Boston：[s. n.]，1993.

[6] BORNE L，Beaucamp A. Effects of explosive crystal internal defects on projectile impact initiation[C]. Snowmass Village：[s. n.]，1998.

[7] TEIPEL U. 含能材料[M]. 1版. 欧育湘，等，译. 北京：国防工业出版社，2009.

[8] 梁际青. 在线激光粒度自动检测仪的设计及应用[J]. 仪器仪表与分析监测，2015(3)：1－5.

[9] MIE G，Beitrage zur optik truber medien，speziell kolloidaler metallosungen[J]. Annalen Der Physik. 1908，330(3)：377－445.

[10] 刘俊志，邹洁，左金，等. 气流粉碎制备超细炸药的实验研究[J]，航天工艺，2000(6)：24－27.

[11] 唐卫平，高军林. 超细炸药粉体粒度测试条件的优化[J]. 火炸药学报，2008，31(1)：45－47.

[12] 谭立新，蔡一湘. 超细粉体粒度分析的分散条件比较[J]. 粉体技术，2000，6(1)：23－25.

[13] 王丽，孙本双，王战宏. 粉体粒度测试方法评价[J]. 粉体技术，1998，4(2)：3－5.

[14] XU R，KANG B，HUANG H，et al. Characterization and properties of desensitized octogen[J]. Chinese J Energ Mater，2010，18(5)：518－522.

[15] 桂华，者东梅，刘玉春，等. 密度梯度柱法测定聚乙烯树脂密度的重复性和再现性[J]. 塑料，2010，39(5)：100－105.

[16] 王燕来，密度梯度柱法测量不确定度的评定[J]. 化工管理，2019(11)，25－27.

[17] 李刚. 密度梯度柱法测定聚乙烯密度的不确定度评定[J]. 化工技术与开发，2010，39(1)：35－37.

[18] 李至钧，密度梯度柱配制方法的改进[J]. 中国塑料，2004，18(9)：83－85.

[19] 陈海青，田勇，李高强. 探索用密度梯度法测定小试件密度[J]. 计量与测试技术，

2009，36(9)：13－14.

[20] 李明，温茂萍，黄明，等. 压缩刚度法评价含能晶体颗粒的凝聚强度[J]. 含能材料，2007，15(3)：244－247.

[21] 李明，黄明，徐瑞娟，等. RDX 晶体颗粒聚集体压缩刚度曲线的振荡分析[J]. 含能材料，2009，18(5)：483－486.

[22] 李明，陈天娜，庞海燕，等. RDX 晶体的破碎与细观断裂行为[J]. 含能材料，2013，21(2)：200－204.

[23] 李明，谭武军，唐维. 压缩刚度法评价普通 RDX 和降感 RDX[R]. GF－A0114514G，2007.

[24] LI M，HUANG M，KANG B，et al. Quality evaluation of RDX crystalline particles by confined quasi－static compression method[J]. Propell Explos Pyrot，2007，32(5)：401－405.

[25] LI M，Zhang J，Fang J，et al. Dynamic analysis of contact forces in disk assembles by the shadow method of caustics[J]. The Journal of Strain Analysis for Engineering Designs，2006，41(8)：609－622.

[26] 邹黎明，毛新华，胡可，等. 采用图像分析技术对球形 Ti－6Al－4V 粉末粒形的定量分析[J]. 稀有金属材料与工程，2020，49(3)：950－955.

[27] 杨林. 动态图像颗粒粒度粒形测量系统研究[D]. 淄博：山东理工大学，2017.

[28] 任中京. 颗粒球形度检测技术研究[J]. 中国粉体技术，2002，8(增刊 1)：203－204.

[29] XIE H Y，ZHANG D W. Stokes shape factor and its application in the measurement of spherity of non－spherical particles[J]. Powder Technol，2001，114(1－3)：102－105.

[30] 谢洪勇，高桂兰，宋正启，等. 颗粒 Wadell 球形度的测量方法标准的编制[J]. 中国粉体技术，2016，22(1)：74－77.

[31] 谢洪勇，刘志军. 粉体力学与工程[M]. 2 版. 北京：化学工业出版社，2007.

[32] BAILLOU F，DARTYGE J M，PYCKERELLE C S，et al. Influence of crystal defects on sensitivity of explosives[C]. Boston：[s. n.]，1993.

[33] 朱育平. 小角 X 射线散射[M]. 北京：化学工业出版社，2008.

[34] 孟昭富. 小角 X 射线散射理论及应用[M]. 长春：吉林科学技术出版社，1996.

[35] FEIGIN L A，SVERGUN D I. Structure analysis by small angle X－ray and neutron scattering[M]. New York：Plenum press，1987.

[36] GLATTER O，KRATKY O. Small angle X－ray scattering[M]. New York：Academic Press，1982.

[37] 陈波，董海山，董宝中，等. 同步辐射 SAXS 技术在 TATB 含能材料微孔结构研究中的初步应用[J]. 原子与分子物理学报，2003，20(2)：191－196.

[38] 曾贵玉，李长智. 小角散射(SAXS)技术在含能材料结构表征中的应用[J]. 含能材料，2005，13(2)：130－132.

[39] 闫冠云，黄朝强，孙光爱，等. 降感 RDX 微观结构的 X 射线小角散射分析[J]. 含能材

料，2010，18(5)：492 - 495.

[40] 闫冠云，黄朝强，黄明，等. 降感环三甲撑三硝胺微缺陷小角 X 射线散射研究[J]. 核技术，2010，33(3)：161 - 164.

[41] MANG J，SKIDMORE C，GREEN R. Small - angle X - ray scattering study of inter - granular porosity in a pressed powder of TATB[J]. Office of Entific & Technical Information Technical Reports，2000.

[42] MANG J T，HJELM R P，SON S F，et al. Characterization of components of nano - energetics by small - angle scattering techniques[J]. Journal of Materials Research，2008，22(7)：1907 - 1920.

[43] MAZUMDER S，SEN D，PATRA A K. Characterization of porous materials by small - angle scattering[J]. Pramana，2005，63(1)：165 - 173.

[44] MANG J T，HJELM R P，FRANCOIS E G. Measurement of porosity in a composite high explosive as a function of pressing conditions by ultra - small - angle neutron scattering with contrast variation[J]. Propell Explos Pyrot，2010，35(1)：7 - 14.

[45] 胡钟元，欧阳的华，付凯城，等. 一种基于分形的 RDX 感度计算方法[J]. 火工品，2016 (3)：39 - 42.

[46] COPPOLA R，FIORI F，MAGNANI M，et al. Microstructural characterization of materials for nuclear applications using small - angle neutron scattering[J]. J Appl Crystallogr，1997，30(5)：607 - 612.

[47] LEBRET J B，NORTON M G，BAHR D F. Examination of crystal defects with high - kV X - ray computed tomography[J]. Mater Lett，2005，59(10)：1113 - 1116.

[48] VANNIER M W. HERMAN G T. Imaging reconstruction from projections，the fundamentals of computerized tomography[M]. New York：Academic Press，1980.

[49] 张朝忠，郭志平. 工业 CT 技术和原理[M]. 北京：科学出版社，2009.

[50] DYMOVA L G，SEVASTYANOV P V，TIMOSHPOLSKII V I. Comparative analysis of mathematical models for thermal stress and deformation generation in a solidifying ingot[J]. J Eng Phys，1991，60(1)：99 - 103.

[51] 于增瑞，王永莉，周靖，等. 有机晶体缺陷的研究进展[J]. 化学工业与工程，2020，37(2)：19 - 29.

[52] 张伟斌，戴斌，田勇，等. 微米级炸药晶体缺陷的 μVCT 试验研究[J]. CT 理论与应用研究，2009，18(3)：60 - 65.

[53] 宗和厚，张伟斌，戴斌. HMX 和 RDX 晶体微细结构 μCT 表征[J]. 含能材料，2010，18(5)：514 - 517.

第5章　炸药晶态对感度的影响

热点理论认为，火炸药装药中的孔隙、裂纹和底隙是热点源，热点的形成和传播造成了火炸药的燃烧和爆炸。热点理论产生以后，热点源对火炸药产品安全性能的影响得到了广泛研究，这对火炸药产品的安全制造技术和安全理论的发展产生了重大推动作用，也推动了武器装备安全性能的不断提高。孔隙存在于单质炸药晶体内部、火炸药产品内部或火炸药产品与其他材料之间，与单质炸药本身并无太大关系。

单质炸药的安全性能可用撞击感度、摩擦感度、冲击波感度、枪击感度、静电感度、热感度等定量表征和描述。每一种单质炸药都有相应的各种感度。在这里，人们一直把单质炸药的感度作为一个常数。但是，人们所测出的单质炸药的各种感度是否真实地反映单质炸药的本质安全性能？换言之，人们所测出的单质炸药的各种感度是单质炸药的真实感度还是表观感度？这些感度是由单质炸药的分子结构造成的还是由其制造工艺过程造成的？事实上，人们曾经一次又一次地发现，单质炸药的各种感度都有较大的波动范围，但这一现象被简单地归结为测试仪器和测试方法上存在着不足和缺陷。

研究证明，以往所知单质炸药的感度仅是单质炸药的表观感度，即在一定工艺条件下制备出来的单质炸药的感度；单质炸药还有一个没有被人们认识的真实感度，这个真实感度可能比人们所熟知的表观感度低得多。单质炸药晶体中存在着孔隙等晶体缺陷，它们对火炸药安全性的影响可能远远大于火炸药产品中单质炸药以外的各种孔隙、裂纹、底隙对火炸药安全所带来的影响，是决定单质炸药表观感度的重要因素，也是影响单质炸药和相关火炸药产品爆炸、燃烧、安全性能的重要因素。

5.1　炸药的感度

5.1.1　起爆与感度

在一定刺激下，可引发炸药产生快速化学反应，导致燃烧和爆炸的现象叫起爆。能引起炸药爆炸反应的刺激有热、机械（撞击、摩擦或两者的综合作用）、冲击波、爆轰波、激光和静电等。这些可引起炸药爆炸反应的刺激能量叫作初始冲能或者起爆能，炸药在外界作用下发生爆炸变化的难易程度称为炸药的敏感度或炸药的感度。

炸药应用是与其军事实践联系在一起的。随着武器系统安全性发展要求越来越高，新的高能、高密度炸药陆续出现。战场环境日益苛刻，炸药感度的问题更是日益为炸药工作者所重视。某种程度上，炸药应用的历史就是一部研究炸药感度的历史。因此，在实际工作中，炸药必须相对安全，不容易为外界刺激所引爆，否则就不能作为炸药使用，只能称为有爆炸性的化合物。因为主要考察炸药晶态对机械感度和冲击波感度的影响，所以本节仅介绍机械感度和冲击波感度的相关概念和测试方法。

5.1.1.1　机械感度

在机械作用下，炸药发生爆炸的难易程度叫作炸药的机械感度。机械作用的形式多种多样，撞击、摩擦或者两者的综合作用都可以引起爆炸，因此相应地就有撞击感度、摩擦感度。炸药在生产、加工、运输、储存、使用条件下，很容易出现上述机械作用，可以说机械感度是炸药的一种重要性质，其大小是决定能否安全使用炸药的关键因素。因此，从实验方法和起爆机理等方面对炸药的机械感度进行深入研究，对于明确炸药的应用范围、保证炸药处理过程中的安全性具有十分重要的意义。

1. 撞击感度

测定撞击感度的常用仪器是卡斯特立式落锤仪。实验测定炸药发生爆炸、不爆或者两者之间呈一定比例关系时所需要的撞击作用功。常用的落锤为10 kg，5 kg和2.5 kg等。WL-1型卡斯特立式落锤仪如图5-1所示。

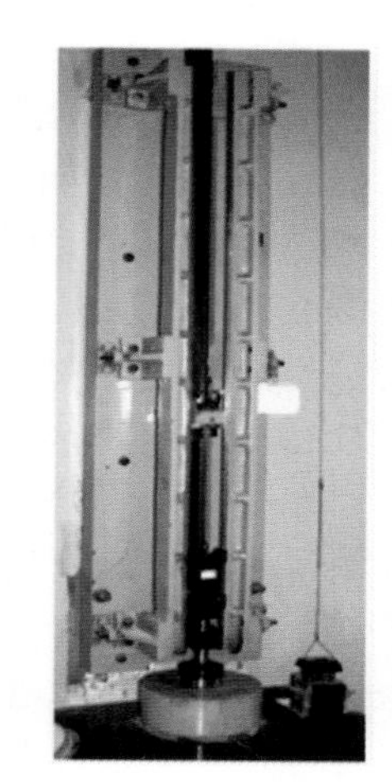

图5-1　WL-1型卡斯特立式落锤仪

测定时，将一定质量和颗粒度的炸药样品放在撞击装置的两个击柱之间，让一定质量的落锤从一定高度自由落下，撞击被测炸药样品。受撞击的炸药发生声响、火光、冒烟等现象之一者均判定为爆炸。经多次实验后，计算该炸药样品发生爆炸的概率。

撞击感度主要有三种表示方法，分别是爆炸百分数，上、下限落高和特性落高。

(1)爆炸百分数。将一定质量的重锤从一定高度落下后撞击炸药，通过发生爆炸的百分数(也称爆炸概率)来测试炸药的撞击感度。测试时常用的条件为落锤质量为10 kg，落高为25 cm，一组平行实验25次，平行实验两组，计算其爆炸百分数。当需要对比某些炸药的爆炸百分数时，若它们的爆炸百分数均为100%，不易对比，应改成较轻的落锤(如5 kg或2.5 kg)再测定其爆炸百分数如表5-1所示。

表5-1　某些炸药的爆炸百分数①

炸药	爆炸百分数/(%)	炸药	爆炸百分数/(%)
TNT	4～8	PIC	24～32
RDX	75～80	TETRYL	50～60
HMX	100	PETN	100
NA/TNT (质量比为80∶20)	16～18	RDX/TNT (质量比为50∶50)	50

注：①落锤质量为10 kg，落高为25 cm，试样的质量为50 mg。

(2)上、下限落高。撞击感度的上限是指炸药100%发生爆炸时的最小落高，下限是炸药100%不发生爆炸时的最大落高。实验测定时先选择某个落高，再改变落高，观察炸药的爆炸情况，得出炸药发生爆炸的上限和不发生爆炸的下限，以每10次实验为一组。实验得出的数据可作为安全性能的参考数据，某些炸药的最小落高见表5-2。

表5-2 某些炸药的最小落高①

炸药	下限落高/cm	炸药	下限落高/cm
TNT	100	$Pb(N_3)_2$	11
RDX	18	HMX	26
PETN	13	雷汞	5
NG	15	斯蒂酚酸铅	8

注：①落锤质量为2 kg，试样的质量为20 mg。

(3)特性落高。特性落高也叫50%爆炸落高，或临界落高，是指一定质量的落锤使炸药样品发生50%爆炸概率时的高度，常用H_{50}来表示。用特性落高表示撞击感度的方法是先找出炸药的上、下限落高，然后在上、下限之间取若干个不同的高度，并在每一个高度下进行相同数量的平均实验，求出爆炸的百分数，最后在坐标纸上以横坐标表示落高，纵坐标表示爆炸百分数，作图画出感度曲线，在感度曲线上找出爆炸百分数为50%时的落高H_{50}。近代常采用数理统计方法来计算爆炸百分数为50%时的H_{50}，最常用的方法是Bruceton统计处理法，又称升降法。这种方法可测出各种不同感度炸药的特性高度，并能比较它们之间的感度大小，克服了爆炸百分数法可比范围小的缺点，尤其对于H_{50}值较高的炸药，H_{50}值的误差很小，可以准确表达炸药的撞击感度，目前已积累了大量数据。

几种炸药的特性落高见表5-3。

表5-3 几种炸药的特性落高①

炸药	特性落高/cm	
	12A型	12B型
APic	136±0.05	220±0.05
DATB	>320	>320
TATB	>320	>320
HNS	53.7±0.07	66.3±0.04
HMX	26.1±0.03	36.0±0.04
RDX	23.3±0.03	66.0±0.05
PETN	12.5±0.02	13.9±0.08
B炸药	48.7±0.01	72.0±0.04

注：①采用12A型撞击工具，其构造是上面用钢击柱，下面用5/0#金刚砂纸，砂纸的面积为6.5 cm²。

2. 摩擦感度

在机械摩擦的作用下，炸药发生爆炸的难易程度称为炸药的摩擦感度。

炸药的摩擦感度的测定采用摆式摩擦仪，测定时将一定质量的炸药试样（单质炸药试样质量为 20 mg，混合炸药试样质量为 30 mg）装入上、下击柱间，通过装置给上、下击柱施加规定的静压力（表压为 4 MPa），摆锤（1 500±1.5）g，摆角为 90°。释放摆锤，摆锤打击击杆，使上击柱迅速平移 1～2 mm，上、下击柱间的炸药试样受到强烈摩擦作用，根据响声和分解等情况来判断炸药是否起爆。实验 25 次，根据爆炸情况计算炸药试样的爆炸百分数。WL－1 型摩擦仪如图 5－2 所示。

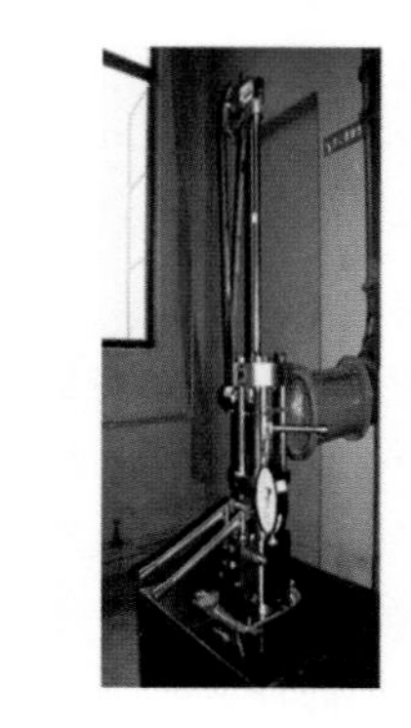

图 5－2　WL－1 型摩擦仪

测定摩擦感度时，试样质量、摆锤质量、静压力以及摆角不同，其测定值有很大差别。因此，比较不同炸药的摩擦感度时，需要用同一实验条件下所测定的数值来比较。几种炸药的摩擦感度见表 5－4。

表 5－4　几种炸药的摩擦感度①

炸药	爆炸百分数/(%)	炸药	爆炸百分数/(%)
TNT	4～6	RDX/TNT（质量比为 50/50）	4～8
RDX	76±8	NG	100
PETN	92～96	HMX	100
TETRYL	16	NQ	0

注：①表压为 4.9 MPa，试样质量为 20 mg，摆角为 90°。

在机械作用下，炸药发生反应的机理是热机理，炸药分子或晶体间的运动导致了炸药的局部加热，形成热点，而后造成炸药的爆炸。该爆炸是以燃烧（在高压力下的快速燃烧）或者燃烧向爆轰转变的方式实现。炸药晶体间或晶体与撞击仪器间的相对运动对热点的产生与传播影响至为关键。这种运动会在炸药晶体间形成一定的应力，促使炸药晶体间形成强烈的摩擦、挤压、剪切，导致强烈的局部生热，出现热点或者热点群源。在传播过程中，热点以高温火球或平板方式的热爆炸机理进行传播。因此，这种情况下的机械应力就称为炸药的临界应力，其数值相当高，又叫作炸药的强度极限。这种机械应力反映了炸药的晶态特点，它是由炸药的物理性质、熔点、表面塑性等性质所决定的。但是还应看到的是，在达到临界应力后，炸药反应的快慢就起着重要作用。

5.1.1.2　冲击波感度

在一定冲击波能量作用下，炸药被起爆的难易程度称为炸药的冲击波感度。输入冲击波由炸药或高速飞片撞击来产生，并且冲击波可以通过一定介质传播。实际爆破应用中，常用一种炸药产生的冲击波通过一定的介质去引爆另一种炸药。炸药在冲击波作用下的起爆特性是衡量炸药安全性能和某些引燃性能的重要指标。测定冲击波感度的方法较多，常用的有隔板法、殉爆法和飞片撞击法等。

1. 隔板法

以炸药作为爆炸源，使用隔板厚度调节冲击波强度的方法称为隔板法。其原理是利用冲击波在惰性物质中衰减的现象，预先将聚合物或金属薄片制成的惰性隔板放在主发、被发药柱之间，以隔板厚度表示被发药柱的起爆难易程度。隔板多为铝隔板或聚酯薄片(厚度为 0.5 mm，依需要可放置若干片)。在主发药柱爆轰后，爆轰波传入惰性隔板，爆轰波衰减为冲击波，并且随隔板厚薄不同而不同程度地衰减。冲击波进入被发药柱，就成为引爆被发药柱的冲击波。如被发药柱被引爆，则发生爆轰反应，可由压力传感器予以记录。验证板上也会出现爆轰波的作用痕迹，反之则可以认为没有被引爆。实验数据的处理通常采用类似于撞击感度中测定特性落高的统计方法——升降法来测定 50% 被引爆时的隔板厚度(G_{50})，以此表示被发药柱的冲击波感度。因此，隔板值指主发药柱爆轰产生的冲击波经隔板衰减后，其强度仅能引起被发药柱 50% 爆轰时的隔板厚度。凡是在多层隔板隔断下(亦即冲击波已经强烈衰减)炸药仍能被起爆的，这种炸药就具有高的冲击波感度。

隔板法通常分为大隔板法(Large Scale Gap Test，LSGT)和小隔板法(Small Scale Gap Test，SSGT)。大隔板法测试的药量大，一般用于测定弹药主装药的感度。测定火工品药剂、传爆药的感度常用小隔板法。美国的大型隔实验采用 PBX9205 作为主发药柱，小型的隔板实验采用 PBX9407 为主发药柱。如没有特别指出，本书所指的隔板实验均为小隔板实验。

20 世纪 60 年代美国海军军械实验室设计的小隔板实验在美国已形成标准，积累的数据已编成 SSGT 数据手册，供查阅使用。我国也于 1994 年在《传爆药安全性试验方法》(GJB 2179 — 1994)中颁布了《传爆药冲击波感度小隔板试验法》。实验隔板为铝隔板，采用 JO - 9159 为主发药柱，尺寸为 ϕ20 mm×20 mm。小隔板实验的装配示意图如图 5 - 3 所示。

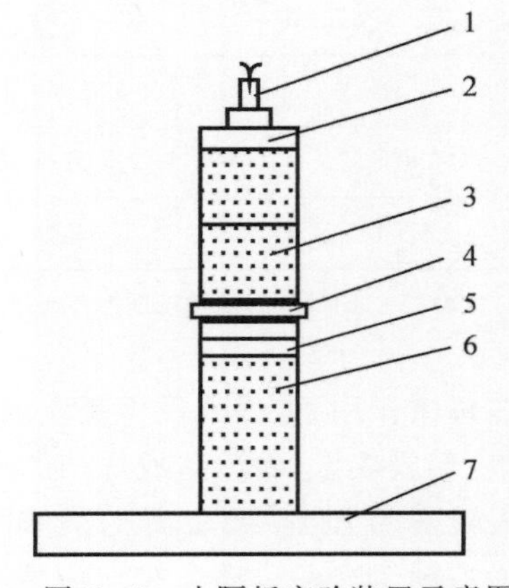

图 5 - 3　小隔板实验装置示意图

1 —雷管；2 —雷管套；3 —主发药柱；4 —隔板 Ⅰ；5 —隔板 Ⅱ；6 —被发药柱；7 —验证板

实验装置各主要部件的要求如下：

(1)雷管：8 号工业电雷管，符合《工业电雷管》(GB 8031 — 2015)要求；

(2)雷管套：材质 2A12，符合《变形铝及铝合金化学成分》(GB/T 3190 — 2016)要求；

(3)主发药柱：JO - 9159 药柱，ϕ20 mm×20 mm，密度为(1.860±0.003) g/cm^3；

(4)隔板 Ⅰ：材质 2Al2，符合《变形铝及铝合金化学成分》(GB/T 3190 — 2016)要求，直径为 ϕ30 mm，厚度为 2～5 mm，隔板步长为 0.5 mm，厚度偏差为±0.005 mm；

(5)隔板 Ⅱ：材质 2Al2，符合《变形铝及铝合金化学成分》(GB/T 3190 — 2016)要求，直径为 ϕ20 mm，厚度为 10～25 mm，隔板步长为 0.5 mm，厚度偏差为±0.005 mm；

(6)被发药柱：ϕ20 mm×20 mm；

(7)验证板：材质 Q235 A 级钢，符合《碳素钢》(GB/T 700 — 2006)要求，尺寸为 ϕ120 mm×50 mm。

隔板的主要作用是衰减主发药柱产生的冲击波，以调节传入被发药柱冲击波的强度，使其强度刚好能引起被发药柱的爆轰，同时还能够阻止主发药柱的爆轰产物对被发药柱的冲击加热。根据爆炸后钢座的状况判断被发药柱是否发生爆轰：如果实验后钢座验证版上留下了明显的凹痕，说明被发药柱发生了明显的爆轰；如果没有出现凹痕，说明被发药柱没有发生爆轰；如果出现一不明显的凹痕，则说明被发药柱爆轰不完全。另外，为了提高判断爆轰的准确性，还可以安装压力计或高速摄影仪测量冲击波参数，根据有关参数判断被发药柱发生的是高速爆轰还是低速爆轰。

G_{50}的值可由下式求得：

$$G_{50}=G_0+d\left(\frac{A}{N}\pm\frac{1}{2}\right) \tag{5-1}$$

式中：G_{50}—— 引爆率为 50% 时的隔板厚度，mm；

G_0—— 零水平时的隔板厚度，mm；

d—— 步长，mm；

A—— $\sum in_i$；

N—— $\sum n_i$；

i—— 水平数，自零开始的自然数；

n_i——i 水平时，爆与不爆的次数。

常见炸药的隔板实验 G_{50} 的值见表 5－5。

表 5－5　常见炸药的隔板实验 G_{50}的值

炸药	装药条件	密度/(g·cm^{-3})	孔隙率/(%)	G_{50}值/mm
TNT	压装	1.608	3.31	3.44
RDX	压装	1.712	5.73	4.50
TETRYL	压装	1.706	1.39	3.25
PETN	压装	1.707	3.56	5.56
HMX	压装	1.815	4.58	3.75
TNT/RDX（质量比为 65∶35）	铸装	1.698	3.46	2.49

需要指出的是，当被发药柱的直径较大时，应该选用大隔板进行实验。大隔板实验的装置、方法、步骤和小隔板实验相似，只是要相应地增加钢座验证板的厚度。

2. *殉爆法*

如图 5－4 所示，装药 A 爆炸时，引起与其相距一定距离的、被惰性介质隔离的装药 B 爆炸，这一现象称作殉爆。殉爆可以理解为特殊的“隔板”冲击波起爆，这里的隔板惰性介质可以是空气、水、土壤、岩石、金属或非金属材料等。装药 A 称为主发炸药，被殉爆的装药 B 称为被发炸药。引起殉爆时两炸药间的最大距离(L)称为殉爆距离。

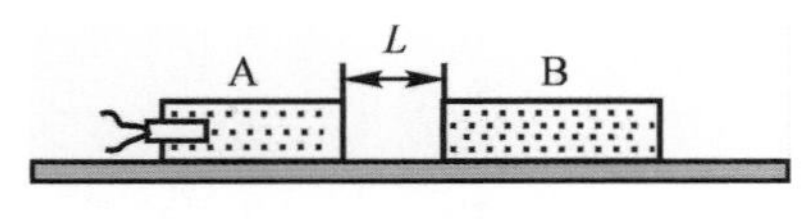

图 5－4　炸药殉爆示意图

主发炸药的爆炸能量可以通过以下三种途径传递给被发炸药使之殉爆。

(1)主发炸药的爆轰产物直接冲击被发炸药。当两种炸药间的介质密度不是很大(如空气），且距离较近时，主发炸药的爆轰产物就能直接冲击被发炸药，引起被发炸药的爆轰。

（2）主发炸药在惰性介质中形成冲击波冲击被发炸药。主发炸药爆轰时在其周围介质中形成冲击波，当冲击波通过惰性介质进入被发炸药后仍具有足够的强度时，可引起被发炸药的爆轰。

（3）主发炸药爆轰时抛射出的固体颗粒冲击被发炸药。如外壳破片、金属射流等冲击到被发炸药时可引起被发炸药的爆轰。

实际情况中，也可能是以上两种或三种因素的综合作用，这要视具体情况而定。如惰性介质是空气，两炸药相距较近，主发炸药又有外壳时，有可能三种因素都起作用；如两炸药间用金属板隔开，则主要是第二种因素起作用。因此，影响殉爆的因素既与主发炸药相关，也与被发炸药相关，还与惰性隔离介质相关。

主发炸药的药量越大，同时其爆热和爆速越大时，引起被发炸药殉爆的能力越大。因为当主发炸药的能量高、药量多时，所形成的爆轰冲击波压力和冲量越大，意味着主发炸药爆轰传递的能力越大。表 5-6 列出了主发炸药和被发炸药均为 TNT、介质为空气、被发炸药放置在主发炸药周围的地面上时，药量对殉爆距离的影响情况。

表 5-6 TNT 装药量对殉爆距离的影响

主发装药质量/kg	10	30	80	120	160
被发装药质量/kg	5	5	20	20	20
殉爆距离/m	0.4	1.0	1.2	3.0	3.5

影响殉爆距离的主要因素是被发炸药的冲击波感度，其冲击波感度越大，则殉爆能力也就越大。被发炸药的自身特性（如密度、装药结构、颗粒度、物化性质）对殉爆距离均有影响：在一定范围内，被发炸药密度较低时，其冲击波感度大，则殉爆距离也较大；非均质装药比均质装药的殉爆距离大；压装炸药比熔铸装药的殉爆距离大。表 5-7 列出了几种被发炸药装药密度与殉爆距离的关系。

表 5-7 几种被发炸药的装药密度与殉爆距离关系

炸药	主发炸药			被发炸药		殉爆距离/mm
	直径/mm	密度/(g·cm^{-3})	装药量/g	直径/mm	密度/(g·cm^{-3})	
细 TNT	23.2	1.6	35.5	23.2	1.3	130
					1.4	110
					1.5	100
钝化 RDX	23.2	1.6	35.5	23.2	1.4	95
					1.5	90
					1.6	75
2#煤矿炸药	25.0	0.9	40.0	25.0	0.7	160
					0.8	140
					0.9	140
					1.0	70
					1.1	35

3. 飞片撞击法

高速飞片作为冲击波源是由 Schwary 于 1975 年提出的。实验时由导线将发火电流通至爆炸箔上，使爆炸箔气化而爆炸，爆炸气体在一定距离的空腔内推动、加速飞片飞行，然后飞片再高速撞击被发炸药，以冲击波形式引爆炸药。飞片速率由通过爆炸箔电流、飞片和箔的质量比，以及空腔距离等计算，冲击波持续时间由飞片厚度计算。

Schwary 用此法对 PETN 炸药进行了实验测定，得到了起爆压力与时间的关系曲线（见图 5－5）。在已知飞片材料和 PETN 炸药的雨贡纽曲线时，可以利用图解法求不同飞片速率下起爆炸药时，飞片的冲击波压力和持续时间；也可以反过来，求给定起爆时间（持续时间）的飞片速率。如欲求 0.041 μs 起爆 PETN 炸药（1.60 g/cm^3）的卡普顿（Kapton）飞片速率，则可通过 PETN 炸药和卡普顿的雨贡纽曲线（见图 5－6）求解。

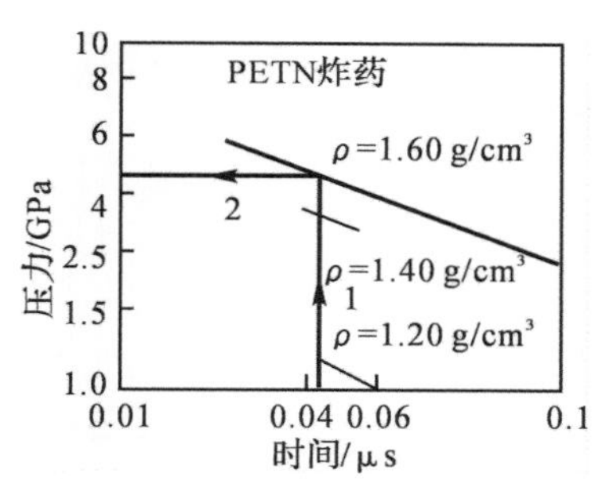

图 5－5　不同密度 PETN 的起爆压力与时间的关系

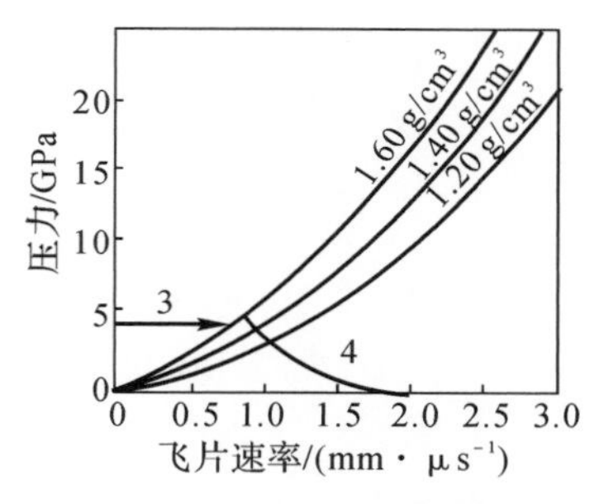

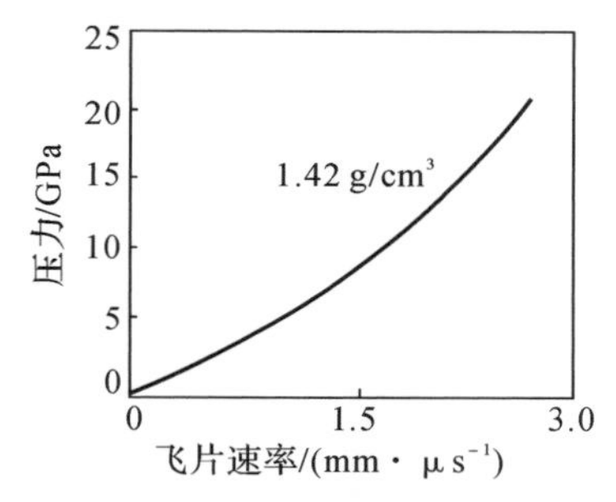

图 5－6　PETN 炸药和卡普顿的雨贡纽线

(a)PETN 炸药的雨贡纽线；(b)卡普顿的雨贡纽线

图解法：先将图 5－6(b)卡普顿雨贡纽曲线移至图 5－6(a)上，并作卡普顿镜像线，然后由图 5－5 获得 0.041 μs 的 PETN 炸药（1.60 g/cm^3）的雨贡纽曲线与其卡普顿镜像线和横坐标的交点，进而求得飞片速率 v＝1.90 mm/μs。

5.1.2　感度的选择性和相对性

炸药对不同形式的外界能量作用所表现的感度是不一样的，也就是说，炸药的感度与不同形式的起爆能并不存在固定的比例关系。因此，不能简单地以炸药对某种起爆能的感度等效衡量它对另一种起爆能的感度，即与炸药各种感度相应的起爆能量之间不存在等效换算关系。这意味着不仅不同的炸药发生爆炸变化时所需要的最小起爆能量不相同，而且针对同一种炸药，采用不同形式的能量激发，其最小起爆能量也不是一个固定值，它与起爆能量的作用方式及作用速率等因素有关。

炸药感度的特性之一为选择性，是指炸药对某种刺激作用反应敏感，而对另一种刺激作用不敏感，有选择地接受某一种刺激作用。例如，在静压作用下，必须具有很大的能量才可以使炸药发生爆炸，但是在快速冲击下只需要较小的能量就可以使炸药发生爆炸；在迅速加热的条件下，炸药发生爆炸所需要的能量要小于它被缓慢加热时发生爆炸所需要的能量。这里所说的是广义的爆炸，包括热爆炸、燃烧、爆轰和燃烧向爆轰的转变等。前文已介绍，能引起炸药爆炸的能量形式有许多种。在引发炸药爆炸过程中这些能量不具有等效作用，见表 5-8。

表 5-8　几种炸药的热爆炸温度和撞击感度比较

炸药	5 s 爆发点/℃	下限落高[①]/cm
$Pd(N_3)_2$	345	11
NG	222	15
RDX	260	18
TNT	475	100

注：①最小落高，落锤的质量为 2 kg，药的质量为 0.02 g，对应于 10 次实验中只爆炸一次的落高。

表 5-8 所列数据表明，叠氮化铅[$Pd(N_3)_2$]相当耐热，爆发点高达 345℃，但是对机械撞击却非常敏感。在相同条件下，能使它引爆的高度只有 11 cm。硝化甘油(NG)的感度也表现出了类似的不协调性。TNT 对于热和机械作用的感度都较低，但与叠氮化铅相比，其 5 s 爆发点相差 130℃，而最小落高却相差近 10 倍。结果表明，上述几个炸药对热、机械作用的反应存在着选择性。造成感度选择性的原因在于引起炸药爆炸变化机理的多种多样，而不同初始激发能引起炸药爆炸变化的机理不同。

炸药感度的特性之二是相对性，其一层含义是指炸药危险性的相对程度。例如，有人曾试图用某个最小能量值(例如最小撞击落高)表示炸药的机械感度。但是，实践表明，随着炸药所处条件变化，最小撞击能不是常数。对于热作用来说，在同样温度下，尺寸小于临界值的炸药包或药柱是安全的，而尺寸超过临界值的炸药包或药柱则可能热爆炸。这样，只有用一定条件下炸药发生爆炸的概率表示其感度大小，依据炸药感度的排列顺序估计其危险性，而试图用某个值来表示炸药的绝对安全程度则没有意义。

感度相对性的另一层含义，是指不同使用场合对于炸药感度有不同要求。根据应用需求，有些炸药需要较高的火焰感度，如点火药；有些炸药则需要较高的撞击感度，如炮弹或子弹使用的击发药等。实际应用中，需要根据炸药对不同刺激作用的响应特性来设计其应用，对这一问题的说明见表 5-9。

表 5-9　几种起爆药的感度对比

炸药	晶体密度 / $g \cdot cm^{-3}$	5 s 爆发点 / ℃	下限落高 / cm	火焰感度(全发火极高) / cm
雷汞	4.42	150	3.5	20
叠氮化铅	4.8	320	10.5	8
斯蒂芬酸铅	3.1	240	11.5	54
二硝基重氮酚	1.63	152	17.5	17
特屈拉辛	1.65	129	3	15

在实际工作中，炸药工作者更多通过调节炸药对不同刺激作用的感度来设计其应用。例

如，人们期望炸药在使用过程中具有高感度，以保证起爆和传爆的可靠性；反之，在生产、储存和运输等非使用场合，又尽量具有低感度，以保证操作的安全性。因此，根据感度的选择性和相对性，可将炸药感度设计调节为实用感度和危险感度两重特征。实用感度与使用可靠性相联系，即在一定起爆方式下，尽量使炸药的起爆能量较小，从而使该炸药能顺利地起爆，不出现半爆或拒爆。炸药的实用感度十分重要，例如多点同步起爆系统，雷管装药起爆可靠性对武器效能的实现就起着关键作用。危险感度与生产、储存和运输安全性相联系，即在意外刺激作用下，炸药不发生爆炸。

不仅单质炸药本身存在感度选择性，而且即便同种单质炸药在质量分数相同时，仅仅因为使用了不同的惰性材料，其复合炸药的感度亦存在选择性。如最早出现的基于 RDX 的复合炸药是 RDX 和石蜡的混合物（A－Ⅸ－1），该炸药曾广泛用于各种炮兵弹药。随着新型武器的出现、发展，A－Ⅸ－1 已不能应付各种复杂的使用要求，于是塑性黏结炸药（PBX）就应运而生。美国科技工作者曾进行了大量研究，发表了系列 PBX 配方。表 5－10 中列出了部分曾被广泛应用的 PBX 及其机械感度。

表 5－10　以 HMX 为主体炸药的某些 PBX 及其撞击感度

PBX 名称及其组分	撞击感度	
	特性落高①/cm	正态分布偏差/(lgσ)
94HMX/3.6DNPA/2.4NP	37.7	±0.04
94HMX/3DNPA/3CEF	44.3	±0.03
94HMX/3.6DNPA/2.4CEF	45.6	±0.06
94HMX/4.2DNPA/1.8CEF	43.6	±0.05
94HMX/4.8DNPA/1.2CEF	48.3	±0.07
97HMX/1.35Kraton/1.65 油	49.7	±0.03
97HMX/1.9Kraton/1.1wax	48.3	±0.07
77.5HMX/20Al/2.5Kraton 油	41.5	±0.03
77.6HMX/20.4Pb/2.0Exon	40.3	±0.06

注：①采用 12A 型撞击工具，其构造是上面用钢击柱，下面用 5/0＃金刚砂纸，砂纸的面积为 6.5 cm^2。

由表 5－10 的数据看出，用于制备 PBX 的高分子有多种（DNPA，Kraton，Exon 等），由之得到的样品撞击感度 H_{50} 也不同。因此可以看出，选用高分子的原则值得斟酌。高分子与炸药间相互可能发生的化学反应将明显影响 PBX 的感度。

苏联的 Андреев 早已提出在撞击作用下炸药发生化学爆炸的本质。剑桥大学的 Field 用透明落锤仪研究太安（PETN）和六硝基六氮杂异伍兹烷（CL－20）时，证实了在撞击作用下，炸药发生了燃烧。因此，用高分子包覆炸药时，钝感的体现就在于高分子对于炸药的燃烧传播起一定的抑制作用。Linder 认为，高分子（或称钝感层）的作用和它们的比热有关。但是进一步的研究确认，高分子包覆层的钝感作用是复杂的，而且对抑制炸药燃烧的传播的确起着重要的作用。正因为这样，在随后的研究中，向高分子包覆层中加入抑制炸药燃烧的化合物，确实能使 RDX 的感度进一步下降，这就是近 10 年来出现的化学钝感。深入研究这种现象，会开启钝感的新途径。

由于低易损炸药和钝感弹药的提出，学者开始注意到，炸药晶体自身越完整，晶体本身的反应能力越低，尤其制成 PBX 以后其冲击波感度明显降低。从石蜡包覆 RDX 开始，过渡到高分子包覆炸药，再以相应的高分子包覆高品质炸药晶体，进一步辅以化学钝感措施，促进钝感炸药的研究进入高级发展阶段，使得钝感弹药的研究更有根据、更现实。

5.1.3　影响炸药感度的因素

能引起炸药爆炸变化的外界刺激作用的种类很多，炸药接受这些刺激作用的机理也不同，因此影响炸药感度的因素错综复杂。研究影响炸药感度的因素应该从两方面考虑：一是炸药自身结构和化学性质；二是炸药物理状态和装药条件。

5.1.3.1　炸药自身结构和化学性质的影响

炸药爆炸的根本原因是原子间键的断裂，官能团的稳定性对炸药感度起决定作用。因此，炸药分子中爆炸性基团的性质、位置、数目以及它们之间的相互作用均对炸药感度有重要影响。例如，$—ClO_4$ 比 $—ONO_2$ 稳定性小，所以高氯酸盐的感度比硝酸酯的大；$—CONO_2$ 比 $—CNO_2$ 的稳定性小，所以硝酸酯的感度比硝基化合物的大。

爆炸基团的位置是通过分子的内能分布来作用于炸药的感度的。例如，PETN 有 4 个稳定性小的原子团 $—CONO_2$，而硝化甘油只有 3 个稳定性小的原子团 $—CONO_2$，但因为 PETN 的 4 个原子团处于对称分布，其结果是 PETN 比硝化甘油的热和机械感度均小。

对于芳香族硝基衍生物，其撞击感度首先取决于苯环上爆炸基团的数目。若爆炸基团数目增多，则撞击感度增加，相对而言爆炸基团的种类和位置的影响较小。此外，如果炸药分子中具有带电性基团，则对感度也有影响，带正电性的取代基感度大，带负电性的取代基感度小，如三硝基苯酚比三硝基甲苯的感度高。不同取代基对硝基衍生物撞击感度的影响见表 5－11。

表 5－11　不同取代基对硝基衍生物撞击感度的影响

基团	炸药	取代基数量	撞击能/$kg\cdot cm^{-1}$	基团	炸药	取代基数量	撞击能/$kg\cdot cm^{-1}$
$—CH_3$	三硝基苯	3	12.1	—Br	二硝基二溴苯	4	12.5
	三硝基二甲苯	5	5.7		二硝基三溴苯	5	7.7
—OH	二硝基苯	2	19.5	$—NO_2$	二硝基苯	2	19.5
	二硝基间苯二酚	4	10.3		三硝基苯	3	12.1
	三硝基苯	3	12.1		二硝基二甲苯	4	14.6
	三硝基间苯二酚	5	4.0		三硝基二甲苯	5	5.7
—Cl	二硝基苯	2	19.5		二硝基酚	2	12.7
	二硝基二氯苯	4	10.2		三硝基酚	3	8.2

由表 5－11 中的数据看出，当取代基数目增加时，硝基芳香族炸药的撞击感度加大，撞击能下降。但是这种规律也有例外。例如，三硝基三胺基苯的取代基数目为 6，而它的机械感度

却远比三硝基苯、TNT 小。

炸药的爆热(Q_v)越大,其感度较高,这可以从炸药中能量传播来理解。因为爆热大的炸药只需要分解较少的活性质点,其所释放的能量就可以维持爆轰继续传播而不会衰减;而爆热小的炸药则需要分解较多的活性质点,其所释放的能量才能维持爆轰的继续传播。因此,活化能相近的两种炸药,爆热大的有利于热点成长,冲击感度和机械感度都较大。一些常见炸药爆热和撞击感度的关系见表 5-12。

表 5-12　一些常见炸药爆热与撞击感度的关系①

炸药	爆热/($kJ \cdot kg^{-1}$)	爆炸率/(%)
PETN	5 858(1.54 g/cm^3)	100
TETRYL	4 560(1.56 g/cm^3)	50~60
Pic	4 370(1.45 g/cm^3)	18~24
TNT	4 226(1.52 g/cm^3)	4~8

注:①爆炸产物 H_2O 以气态计。

炸药的活化能(E)大,则其发生爆炸的能栅高,跨过这个能栅所需要的能量也就越高,即炸药的感度越低。相反,炸药的活化能小,感度就越高。需要指出的是,炸药的活化能受外界条件影响很大,所以并非完全遵守这个规律。几种炸药的活化能及其热感度见表 5-13。

表 5-13　几种炸药的活化能及其热感度

炸药	活化能/($J \cdot mol^{-1}$)	热感度	
		5 s 爆发点/℃	延滞期/s
$Pb(N_3)_2$	108.680	330	16
TNT	116.204	340	13
Pic	108.680	340	13
TETRYL	96.558	190	22

炸药的生成焓取决于炸药分子的键能,键能小,生成焓也小,炸药感度则大。如起爆药生成焓为负,而大多数猛炸药的生成焓为正。因此,一般情况下起爆药的感度高于猛炸药。

Kamlet 分析了炸药分子结构和撞击感度的联系,发现撞击感度和炸药的热分解速率有关系。对于热分解机理类似的羧基类炸药来说,其特性落高(50%爆炸时的落锤高度)和氧平衡值近似呈线性关系。氧平衡按下式计算:

$$OB = \frac{100(2n_O - n_H - 2n_C - 2n_{COO})}{M} \tag{5-2}$$

式中:OB—— 炸药的氧平衡,无量纲;

n_O—— 炸药分子中的氧原子个数,mol;

n_H—— 炸药分子中的氢原子个数,mol;

n_C—— 炸药分子中的碳原子个数，mol；

n_{COO}—— 炸药分子中羧基基团数，mol。

Kamlet 的工作开创了研究炸药物化性质与撞击感度 H_{50} 关联的先河。此后，众多学者利用 Kamlet 的 H_{50} 数据，研究了多种炸药分子的物理化学性质和 H_{50} 的关系。例如，Datla，Singh，Mully 提出了分子电负性，研究表明炸药分子的电负性和撞击感度间存在如下规律：

$$\lg H_{50} = A\chi_a + B \tag{5-3}$$

式中：χ_a—— 分子的电负性，eV；

H_{50}—— 特性落高，cm；

A—— 常数；

B—— 常数。

另外，Sharma 提出了分子振动附属能，Vanllein 提出了最大爆热，Zeman 提出了分子的电子构象、分子间作用强度，Rice 提出了电子电势，БеΛμк 和 Потемкин 提出了氧平衡、分子有空间位阻效应的基团效应，Еременко 提出了化合物的黏质流动活化能、密度、表面张力，Белик 和 Потемкин 提出了分子平均共振能，Страковский 提出了分子的引燃性等理论和模型。这些理论和模型均可和炸药的特性落高 H_{50} 关联。

总的来看，这些关联令人满意，对了解撞击感度有所帮助。但是，由于撞击感度受炸药分子的力学、物理、化学性质的多方制约，将某些炸药分子的理化性质和 H_{50} 简单关联显然不够全面。同样，这类分析也没涉及分子结构对于理化性质的影响，而且也和测定 H_{50} 的方法有关。总之，撞击感度是个十分复杂的物理化学现象，不能简单视之。

5.1.3.2 炸药物理状态和装药条件的影响

炸药物理状态和装药条件对感度的影响主要表现在炸药的温度、物态、结晶形状、装药密度、颗粒度及附加物。

温度可全面影响炸药的感度。随着温度的升高，炸药的各种感度都相应增加。这是因为炸药初温升高，化学键断裂所需要的外界能量减小，爆炸反应变得更容易。温度对炸药感度的影响见表 5-14。

表 5-14 不同温度时 TNT 的撞击感度影响①

温度/℃	爆炸率/(%)			温度/℃	爆炸率/(%)		
	特性落高/cm				特性落高/cm		
	25	30	54		25	30	54
18		24	54	90		48	75
20	11			100	25	63	89
80	13			110	43		
81		31	59	120	62		

注：①落锤的质量为 2 kg。

炸药物理状态对感度有明显影响。通常情况下炸药由固态转变为液态时，感度将增加，这是因为：①固体炸药在较高温度下熔化为液态，液态的分解速率远较固态的大；②液态炸药一般具有较大的蒸气压而易于爆燃。因此，在外界能量作用下液态炸药易于发生爆炸。但是也有例外，如冻结状态的硝化甘油比液态硝化甘油感度要高，这是因为液态硝化甘油在结晶过程中，二者体积膨胀率的差异使硝化甘油晶体的内应力加大，其感度反而提高。

炸药的晶型和晶体形貌对于感度也有影响。不同晶型的晶体，其晶格能不同，具有不同的稳定性；晶格能越大，晶体越稳定，破坏晶粒所需的能量越大，因而感度就越小。此外，结晶形状不同，晶体的棱角存在差异，在外界作用下炸药晶粒之间的摩擦程度也不同，因而热点产生的概率也就不同。例如，人们追求球形化了的RDX和HMX，目的在于减少摩擦产生热点的概率，进而降低感度。又如，奥克托今有α晶型、β晶型、γ晶型和δ晶型四种，以β晶型最为稳定，而其撞击感度也最小；RDX有α晶型和β晶型两种，而β晶型过分活泼，几乎立即转化为α晶型。HMX四种晶型的性质见表5-15。

表5-15　HMX四种晶型的机械感度

炸药	晶体密度/(g·cm^{-3})	晶型的稳定性	相对撞击感度①
α-HMX	1.87	亚稳定	60
β-HMX	1.90	稳定	325
γ-HMX	1.82	亚稳定	45
δ-HMX	1.77	不稳定	75

注：①数字越大，撞击感度越小；RDX的撞击感度(T)为180。

炸药颗粒度大小对爆轰波感度有很大影响，颗粒度小的爆轰波感度大。例如，从溶液中沉淀出来的超细颗粒TNT比通过2 500孔/dm^{2}的TNT的极限起爆药量小(前者只需0.04 g叠氮化铅，后者需要0.10 g)。这是因为细颗粒炸药比表面积大，接收爆轰能量的能力越大，形成活化质点的数目越多，因而容易引起爆炸反应。另外，在一定密度范围内，细颗粒炸药有利于燃烧转爆轰的转变，感度更高。

装药的密度和方法对于感度也有明显影响。对于爆轰波、冲击波作用来说，炸药的密度大，相应的感度就降低。因为在初始冲能作用下，引发炸药反应的机理仍是热点机理，当炸药密度大时，炸药间孔隙率降低，可作为热点的微气泡数量也减少，导致引爆困难。因此，为了提高工业炸药感度，就要人为地加入微小气泡。例如，可用8号雷管引发密度为1.0 g/cm^{3}的TNT(压装成型)爆轰，但当密度加大到1.5 g/cm^{3}时，8号雷管已不能起引爆作用。对于工业炸药来说，粉状工业炸药的密度不能超过1.10 g/cm^3。

装药的结构(压装或注装时炸药处于胶塑状或孔隙多的块状)对于炸药感度也有影响，原因是塑胶状和浇铸的试样的密实程度高，微气泡少。

添加剂对炸药感度有重大的影响。例如，人们早已知道，用蜡包覆叠氮化铅、RDX的表面可以显著降低这两种炸药的感度，而加入敏化剂(如工业炸药用的化学发泡剂、空心玻璃微球、某些武器中的火工品、使用加有玻璃粉的引火剂等)，则会提高炸药的感度。表5-16中列有滑石粉对于 TNT,RDX 撞击感度的影响。

表 5-16　滑石粉对于 TNT,RDX 撞击感度的影响

滑石粉的质量分数/(%)	爆炸率/(%)	
	TNT	RDX
1	4	84
2.5	8	80
5.0	8	36
10.0	24	12
20.1	52	8
40	68	8
50	74	4

表 5-16 的数据很有趣,同样是滑石粉对于 TNT,RDX 的影响不同,它可使 TNT 增感,却又使 RDX 降感。这种现象说明滑石粉在改变两种炸药物理性质方面起了不同的作用,也表明添加剂的影响很复杂。

5.2　炸药晶态对机械感度的影响

5.2.1　热点理论

机械能的形式很多,如炸药制造过程中的碰撞、跌落,运输过程中的振动、磕碰,使用中的撞击、针刺、发射,高速碰撞时产品内部的气泡压缩等。各种机械能都可能转变为热能而引发炸药爆炸。与热起爆研究整体炸药加热的模式不同,机械起爆是从研究炸药局部受热开始的,并扩展到整个炸药起爆。长期以来,人们对炸药的机械起爆机理做了大量实验和理论研究。如最早提出的贝尔特罗假设:机械能转变为热能,使整个受试样的温度升高到爆发点,从而使炸药发生爆炸。

但是,人们很早就发现了一个矛盾,即不大的机械作用能引发某些炸药爆炸,但是换算为热能的值却微不足道,不可能引发炸药产生化学变化。实验证明,机械作用引起化合物的化学变化是通过机械能转化为热能而引发的。但是,对于不少敏感炸药来说,能引起该炸药发生爆炸的机械能值并不高,而经过机械-热能转换计算发现,转换过来的热能通常相当低,甚至不可能将实验时用的炸药加热到其相应的爆发点。因此,有学者提出了热点学说,即由机械能转变为热能集中在炸药的一些“小点”上,使这些小点周围的炸药加热至爆炸,然后扩展到整个炸药。当前,国内外多数学者公认的机械起爆机理还是热点学说。由于炸药晶体的完整性对其机械感度有重大影响,本节简要介绍热点学说的基本含义。

5.2.1.1　热点学说

20 世纪 50 年代初,英国学者 Bowden 提出,在机械作用下炸药内部某些温度升高的局部区域是最易发生反应的起点。其原因在于炸药内部产生的热来不及均匀分布到全部试样上，只是集中在试样局部小点上，例如集中在晶体的两面角，特别是多面棱角或小气泡处。在这些小点上温度可能比整个受载区域的平均温度高得多，当高于炸药爆发点值时，爆炸就从这些小点开始并扩大，一直到把全部炸药引爆，这些温度很高的局部小点称为热点(或反应中心)。热点形成机制是应力波与炸药内部细观不均匀性(孔隙、气泡、杂质等)的相互作用，此外还有黏性流动、光或粒子束辐照能量的沉积等。热点处化学反应点火和释能，使高温反应区扩展(燃烧)，多个热点相互作用，汇合成大片反应区，导致压力增高和冲击波的形成，最后转变为爆轰。

需要指出的是，热点不仅是直观观念，也是细观物理模型。对炸药起爆过程的物理描述不同，热点的物理内涵也就不同。5.2.1节描述了三种热点模型，即机械作用下炸药内部孔隙或气泡因撞击、塌缩、气体压缩等机制所描述的绝热压缩热点模型；炸药内部介质通过相对运动所描述的质点位移热点模型；整体炸药内单个或若干个高温小球中化学反应的点火以及反应的扩展或熄灭过程所描述的热流热点模型。三种模型有着明显的机理差别及不同的时空尺度。

人们利用质点位移热点模型解释了炸药机械感度实验的许多现象。实验表明，这种观点是正确的，而且对于非炸药来说，在同样情况下，也会出现热点。这种热点温度可达到400～600℃的水平，在这种高温下，确实会使炸药发生强烈反应，引起燃烧或者燃烧转爆轰。

5.2.1.2 热点特性

总的来说，引发炸药爆炸的机理是热机理。外界机械能都最终转化为热能，热能在炸药的局部地区表现出来，这就是热点。热点的尺寸、温度和延续时间彼此是互相影响的，其尺寸一般为0.1～10 μm，延续时间为10^{-5}～10^{-3} s，而温度应高于700 K。具备上述性质的热点才能引发炸药爆炸，否则热点只能引起炸药的热分解，最后直至消失，而不会引发爆炸。某些炸药形成热点的临界温度见表5-17。

表5-17 某些炸药形成热点的临界温度① 单位:K

炸药	热点半径/μm			
	$R_{cr}^{②}=10$	$R_{cr}=1$	$R_{cr}=0.1$	$R_{cr}=0.01$
PETN	620	710	830	1 000
RDX	650	760	890	1 050
HMX	680	770	900	1 080
TETRYL	700	840	1 090	1 320

注：①按导热系数为0.1 W/(m·K)，比热容为1.25×10^3 J/(kg·K)，密度为1.3 g/cm³；
②R_{cr}为热点半径。

表5-17说明，只有热点半径相当小时(＜1 μm)才有可能出现较高温度；而半径较大时，热点的温度较低；当半径再大(＞10 μm)时，爆炸延滞时间很长，甚至出现“热点”的等温被压缩，不会出现能导致强烈化学反应的热点。

5.2.1.3 热点成因

实践证明，机械作用可由很多途径导致热点产生，但最主要有以下三种原因。

1. 炸药中空气隙或气泡在机械作用下的绝热压缩

一方面，空气隙或气泡本身即存在于炸药内部。另一方面，炸药在受到撞击等机械作用时，将外界的气体带入炸药中形成气泡。气泡中的气体既可以是空气，也可以是炸药或其他易挥发性物质的蒸气。这些气体在受到撞击时被封闭住。由于气体具有较大压缩性，所以在受到绝热压缩时气泡的温度上升形成热点，该热点使得气泡中的炸药微粒以及气泡壁面处的炸药点燃和爆炸。

气体被绝热压缩时温度升高由下式计算：

$$\frac{T_2}{T_1}=\left(\frac{p_2}{p_1}\right)^{\frac{\gamma-1}{\gamma}}=\left(\frac{V_1}{V_2}\right)^{\gamma-1} \tag{5-4}$$

式中：T_1, p_1, V_1—— 气体初态时的温度、压力和体积，K，Pa，m^3；

T_2, P_2, V_2—— 气体终态时的温度、压力和体积，K，Pa，m^3；

γ—— 气体压缩指数，无量纲。

实践证明，炸药中存在气泡时能够增大感度。气泡产生热点与气体的热导率以及相应的热力学性质有关。气体的热导率越高，热点就越容易形成，在绝热压缩中气体产生的热量就越容易传给气体周围的炸药，这样炸药的感度也越高。此外，如果气泡的体积越小，比表面积越大，则传出的热量越多，亦使炸药的感度增大。

2. 炸药颗粒之间、炸药与杂质之间、炸药与容器壁之间发生摩擦而生热

炸药颗粒接触时，真正发生接触的位置是颗粒突出点，因此颗粒之间的接触面积远小于颗粒实际面积。在外界作用下，颗粒之间发生接触的各类突出点相互摩擦、变形，促使质点发生相对位移。在摩擦过程中，部分摩擦能转化为热能，并在这些点上聚集起来从而导致接触点温度上升。另外，颗粒与容器的内壁之间也会发生摩擦，进而形成热点发展到爆炸。

因摩擦导致两物体之间局部温度升高，最终达到的温度可通过下式计算：

$$T-T_0=\frac{\mu w v}{4R}\,\frac{1}{\lambda_1+\lambda_2} \tag{5-5}$$

式中：T—— 物质终态的温度，K；

T_0—— 物质初态的温度，K；

μ—— 摩擦因数，无量纲；

w—— 作用于摩擦表面的负荷，N；

v—— 摩擦速率，m/s；

R—— 两物体圆形接触面的半径，m；

λ_1, λ_2—— 两物体的导热系数，W/(m・K)。

在摩擦作用下，热点能够达到的最高温度主要受炸药熔点的影响，这是因为炸药在熔化相变过程中温度会维持恒定。由于大多数起爆药的熔点高于它的爆发点，其起爆发生在它的熔点以下，摩擦起爆较容易；而大多数猛炸药的熔点低于它的爆发点，其摩擦起爆需要先熔化，然后再爆炸，摩擦过程中较难形成热点，起爆难度加大。

如果炸药的热分解温度低于其熔点，热点的形成主要受炸药硬度的影响。这是因为硬且尖锐的颗粒在摩擦过程中可由较小的摩擦能转换为热能进而形成热点。如果颗粒较软，则在摩擦时颗粒发生塑性形变，导致能量难以集中，也就难以形成热点。换言之，炸药中掺入部分

熔点高、硬度大的物质，如金属粉，或使用内壁粗糙的金属容器盛装炸药，特别是液体炸药，有利于热点的形成，炸药感度增大；而炸药中掺入部分熔点低、塑性大的物质，如塑料、石蜡，将阻碍热点的形成，炸药感度减小，有的甚至不能爆炸。

3. 液态炸药(或低熔点炸药)高速黏性流动加热

液体或胶体炸药受到机械撞击后，相互碰撞的表面有可能因挤压产生高速黏性流动。一些低熔点的固体炸药在较高机械撞击下，也会部分熔化，熔化后的炸药液体迅速在固体颗粒之间发生黏性流动。上述情况下的黏性流动均可导致炸药局部加热，使其温度升高引爆炸药。因此，黏性流动所产生的热点是液体炸药、胶体炸药和低熔点炸药发生爆炸的原因。

因黏性流动导致炸药局部加热，其升高的温度可以用固定截面积毛细管中的流体因黏性流动而升温的近似公式来计算：

$$T=\frac{8L\eta v}{\rho c R^2} \tag{5-6}$$

式中：T—— 升高的温度，K；

L—— 毛细管的长度，cm；

η—— 流体黏滞系数，Pa·s；

v—— 平均流动速率，cm/s；

ρ—— 流体的密度，g/cm^3；

c—— 流体的比热容，J/(g·K)；

R—— 毛细管的半径，cm。

从式(5-6)可以看出，流体的流动速率越大，黏滞系数越大，则黏性流动所产生的热量越大，温升也就越高，炸药越易发生爆炸。

上述三种机制是撞击作用下炸药中热点形成的动因。需要指出的是，炸药中热点的形成与其在撞击作用下的形变性质密切相关。如果形变发生在封闭的炸药体系中，则炸药内部的局部形变，如微位移、气泡绝热压缩、黏性流动等对热点形成起决定作用；如果在撞击作用下炸药装药先发生了形变，并且在压力作用下外部空气渗入炸药孔隙中，则流体的黏性流动以及粒子间的摩擦效应对热点形成起决定作用。

5.2.1.4　热点爆炸临界条件

假设机械作用下，炸药内部的热点为球形(半径为 r)，热点爆炸的临界半径为 a，同时设炸药相对于热点是无限大的，并且：

(1) 热点温度均匀分布，作用时机械能瞬间变为热能；

(2) 延滞期内不考虑反应物的消耗，热点周围介质按惰性物质处理，放热为0；

(3) 热点周围介质温度为 T_0，热点温度为 T_1，$T_1>T_0$。

热点的边界条件如下。

初始条件：$t=0, r\leqslant a, T=T_1$；

$r>a, T=T_0$。

终态条件：$t\to+\infty, r=0, T=T_0$。

按假设，用球面极坐标表示傅里叶热传导定律的热点能量平衡方程：

$$\frac{\partial T}{\partial t}=\frac{\lambda}{\rho c}\left(\frac{\partial^2 T}{\partial r^2}+\frac{2}{r}\frac{\partial T}{\partial r}\right) \tag{5-7}$$

式中：λ—— 炸药的导热系数，W/(m·K)；

ρ—— 炸药的密度，g/cm^3；

c—— 炸药的热容，J/(g·K)；

r—— 距热点中心的距离，μm。

由于 $T_1 > T_0$，热由热点向外扩散，热点温度随时间增加而下降。热点内热量向外流动，可以看成冷却波到达中心之前。如果冷却波侵入中心爆炸还未发生，热点将熄灭。可见，只有当形成的热点满足一定的条件，即具有足够大的尺寸、足够高的温度和放出足够热量时，才能逐渐发展而使整个炸药爆炸。

解式(5-7)得到热点中心温度随时间的变化如下

$$T = T_0 + (T_1 - T_0)\exp\left[-2.02\exp\left(-0.233\ 6\frac{a^2}{kt}\right)\right] \tag{5-8}$$

$$k = \frac{\lambda}{\rho C}$$

式中：k—— 炸药的导热系数，W/(m·K)。

由式(5-8)可知，当 t 处于 $0 < t < \frac{0.04a^2}{k}$ 时，中心温度不变；当 $t > \frac{0.04a^2}{k}$ 时，中心温度迅速下降，热点熄灭。热点中心温度随时间的变化如图 5-7 所示。

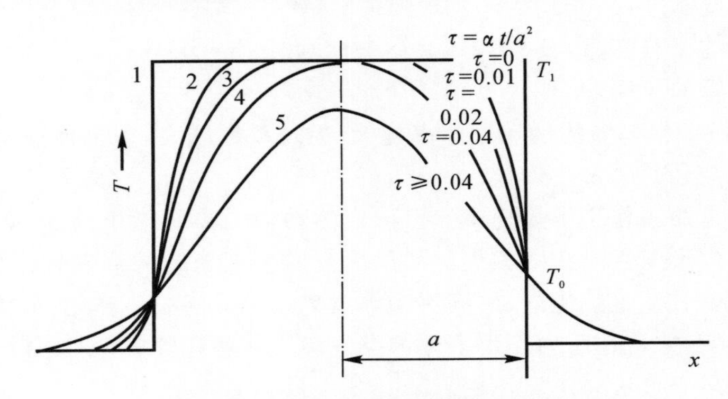

图 5-7　热点中心温度随时间的变化

由图 5-7 可见，当 $t=0$ 时，热点温度为图 5-7 中的线 1，由中心到边界的热点温度是均匀的，此时 $T = T_1$。随着时间增加，冷却波入侵并在 $t = \frac{0.04a^2}{k}$ 时到达热点中心。因此，热点爆炸的临界时间为 $t \leqslant \frac{0.04a^2}{k}$。

根据热爆炸理论，绝热条件下炸药的爆炸延滞期如下：

$$t_e = \frac{cRT_0^2}{QZE}e^{\left(\frac{E}{RT_0}\right)}$$

可得

$$\frac{cRT_0^2}{QZE}e^{\left(\frac{E}{RT_0}\right)} \leqslant \frac{0.04a^2}{k} \tag{5-9}$$

式中：Q—— 炸药的反应热，J/g；

Z—— 频率因子，1/s；

E—— 活化能，J/mol；

k—— 炸药的导热系数，W/(m·K)；

c—— 炸药的比热容，J/(g·K)；

a—— 热点爆炸的临界半径，μm。

根据式(5-9)且 T_0 用 T_1 代替，可求得热点各参数。以 RDX 为例，计算结果列于表 5-18。RDX 参数：$\rho=1.8\ \mathrm{g/cm^3}$，$c=2.1\ \mathrm{J/(g\cdot K)}$，$\lambda=293\ \mathrm{kJ/(K\cdot cm\cdot s)}$，$Q=2.1\ \mathrm{kJ/g}$，$Z=10^{18.5}\ \mathrm{s^{-1}}$，$E=199\ \mathrm{kJ/mol}$。

表 5-18　RDX 热点参数

热点温度/K	热点半径/μm	爆炸延滞时间/μs	吸收的总能量/($\mathrm{J\cdot cm^{-2}}$)
450	710	260 000	88
500	56	1 600	7.1
550	6.9	25	0.80
600	1.3	0.83	0.17
700	0.08	0.003 6	0.008 4
800	0.01	0.000 066	0.001 3

由表 5-18 可见，热点吸收的总能量随热点尺寸变化。由于激发炸药爆炸的热点需有足够的能量加热其周围介质(冷炸药)，因而一般炸药热点具备以下条件才能成长为爆炸：

(1)热点温度 $T_1=(570\sim870)$ K；

(2)热点半径 $a=10^{-5}\sim10^{-3}$ cm；

(3)热点作用时间 $t\geqslant10^{-7}$ s；

(4)热点具有的热量 $q=4.18\times10^{-10}\sim4.18\times10^{-8}$ J。

5.2.1.5　热点成长过程

撞击作用下热点的成长过程可通过高速摄影装置进行观察，如图 5-8 所示。按热点形成和发展的过程，大致可以分成 4 个阶段。

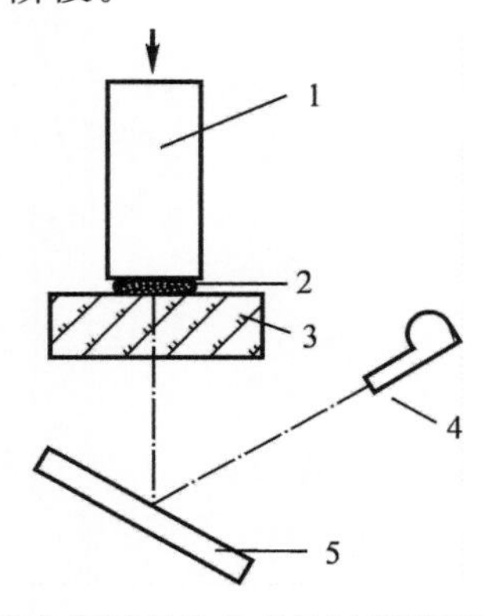

图 5-8　撞击作用下热点成长过程摄影装置示意图

1—冲头；2—炸药；3—有机玻璃砧；4—高速摄影机；5—反射镜

(1)热点的形成阶段。炸药在冲头和透明的有机玻璃砧之间受摩擦而产生热点,当炸药爆炸发光时,通过反射镜反射,用高速摄影机记录下来。从底片上看只有个别亮点。

(2)热点向周围介质快速燃烧的阶段。在分幅相机底片上所见到的图形如图 5-9 所示。

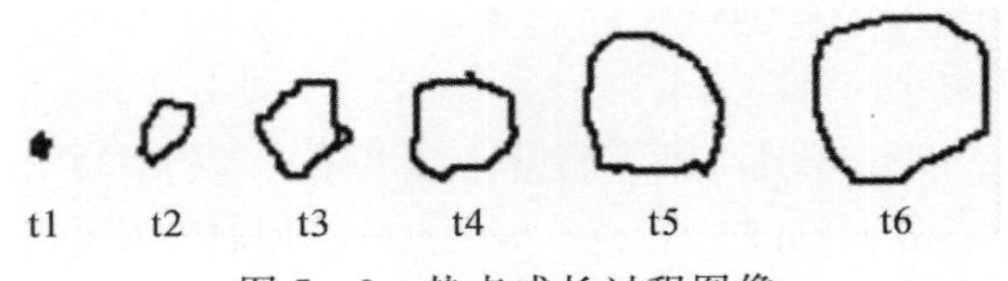

图 5-9　热点成长过程图像

亮点是逐渐发展的,只要用面积仪求出每一幅亮点面积,换算成平均半径为 r 的圆,即可计算平均燃速。这一阶段的速率为亚声速。例如 PETN 和 RDX 初始阶段燃速为 300～460 m/s。

(3)快速燃烧转变为低速爆轰阶段。由于燃烧产物压力增加,燃速达到某一个极限时,快速燃烧可以转变为低速爆轰。对一般炸药来说,这一阶段特征爆速为 1 000～2 000 m/s,这个速率是超声速。如 PETN 低速爆轰时,特征爆速为 1 300 m/s。

(4)低速爆轰转变为高速爆轰阶段,即转变为 5 000 m/s 或更高的稳态爆轰阶段。这只有在药量足够大时才有可能发生。

热点成长不一定经历上述 4 个阶段。例如,叠氮化铅的爆轰成长过程就不存在燃烧阶段。

5.2.2　硝胺炸药晶态对机械感度的影响

机械作用下炸药热点成因主要包括气泡绝热压缩、颗粒摩擦剪切和液体黏滞流动三种。由于硝胺炸药 RDX 的熔点为 204℃,β-HMX 的熔点为 278℃,ε-CL-20 的吸热相变温度为 182℃,分解温度为 210℃,它们的熔化温度较高,因此撞击作用下 RDX,HMX,CL-20 发生熔化产生黏滞流动的势垒大,对机械感度影响弱;反之颗粒之间的挤压、摩擦以及颗粒中的气泡等对其机械感度影响较大。以前主要考察颗粒形态、粒度等因素对感度的影响,而对颗粒内部的气泡(或其他内部缺陷)对机械感度的影响则甚少研究。本小节旨在考察硝胺炸药的内部晶态对机械感度的影响。

5.2.2.1　RDX 晶态对机械感度的影响

采用不同结晶工艺分别制备具有多种晶体缺陷的粗颗粒 RDX,然后用 80 目尼龙筛分,取筛下物得到粒度及其分布类似的 5 个样品,利用《高品质降感黑索今规范》(GJB 9565 —2018)测试 5 个样品的晶体内部缺陷。用 SEM 分析颗粒形貌(见图 5-10),可以看到图 5-10(c)(d)(e)的颗粒外观棱角明显,图 5-10(a)(b)无明显棱角,图 5-10(b)更加接近于球形,图 5-10(c)与其他 4 个样品相比,小颗粒更多(粒度分布)。

摩擦感度试验按照《炸药试验方法》(GJB 772A —1997)中 602.1 方法测试。测试条件:摆角为 90°,药的质量为 20 mg,温度为 18℃,表压为 3.92 MPa;摆锤的质量为 1.5 kg;相对湿度为 60%。撞击感度爆炸概率按照《炸药试验方法》(GJB 772A — 1997)中的 601.1 方法测试。测试条件:落锤质量为 5 kg,药的质量为 50 mg,落高为 25 cm,温度为 14℃,相对湿度为 57%。特性落高按照《炸药试验方法》(GJB 772A —1997)中的 601.2 方法测试。测试条件:落锤质量为 2 kg,药的质量为 30 mg,温度为 24℃,相对湿度为 67%。

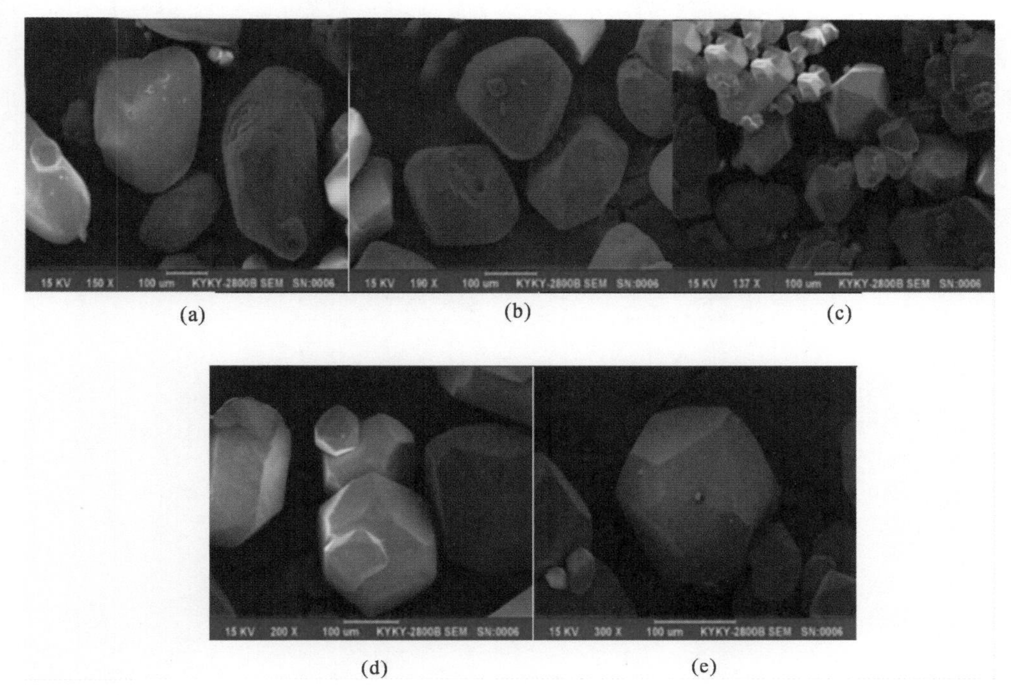

图 5-10　5 种晶态 RDX 的 SEM 图

(a)n-RDX1;(b)n-RDX2;(c)n-RDX3;(d)D-RDX1;(e)D-RDX2

5 种晶态 RDX 及其机械感度的测试结果见表 5-19。

表 5-19　5 种晶态 RDX 及其机械感度

炸药	晶体表观密度 g·cm^{-3}	密度分布区间 g·cm^{-3}	晶体孔隙率 %	撞击感度 %	摩擦感度 %	特性落高 cm
n-RDX1	1.796 1	1.789 6～1.798 7	0.18	20	40	43.8
n-RDX2	1.796 8	1.791 3～1.798 7	0.14	12	12	29.3
n-RDX3	1.797 1	1.793 9～1.797 9	0.13	42	28	45.1
D-RDX1	1.797 9	1.792 2～1.798 7	0.08	44	24	32.9
D-RDX2	1.798 3	1.794 8～1.798 8	0.06	12	32	32.9

将 5 种晶态 RDX 的晶体密度与撞击感度和摩擦感度进行关联，如图 5-11 所示。由图 5-11 可见，RDX 晶体表观密度与其撞击感度、摩擦感度均没有明显相关性，这表明炸药在受到撞击等机械作用时，炸药颗粒之间的气泡发生绝热压缩在形成热点过程中占据主导因素，而晶体内部气泡的数量差异在机械感度的评价尺度上难以显现出来。

这一事实可以从热点产生机制来理解。对 RDX 的机械和冲击波刺激而言，虽然它们都可以通过气泡绝热压缩产生热点进而实现起爆来解释，但气泡被压缩前的状态却不同。对冲击波而言，晶体内部的气泡位置相对固定。气泡在冲击波作用下发生塌陷和绝热压缩，晶体颗粒之间基本不发生相对位移，所以晶体内部的气泡对冲击波感度起重要作用。对机械刺激而言，不仅颗粒之间的气泡相比晶体内部的气泡在数量上占据绝对优势，而且颗粒之间的滑移、剪切、破碎为主要做功方式，所以测试环境和颗粒形状对机械感度起重要作用。这些导致了晶体内部气泡的数量差异在机械感度的评价尺度上难以显现。

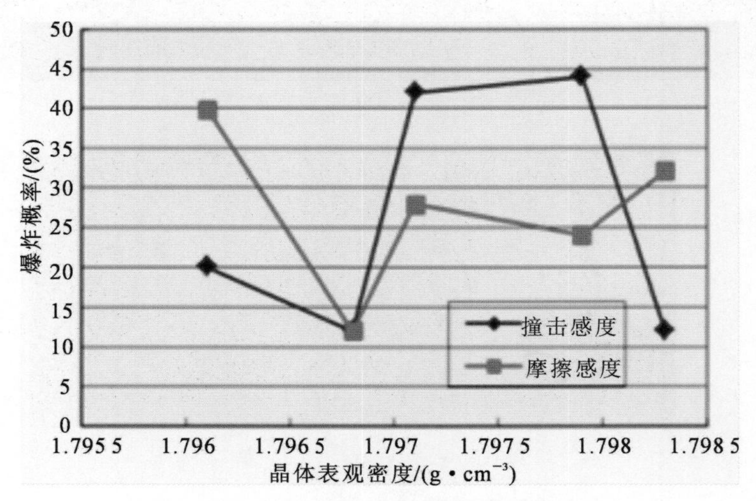

图 5-11　RDX 晶体密度与机械感度的关系

5.2.2.2　HMX 晶态对机械感度的影响

先选用 a，b 两种晶体缺陷的细颗粒 HMX 进行机械感度对比实验。其中，a 为商业级市售普通 5 类 HMX，平均粒径为 25 μm，粒径为双峰分布，分布区间为 1～120 μm，颗粒团聚；b 为重结晶高品质细颗粒 HMX，平均粒径为 35 μm，粒径为单峰分布，分布区间为 4～60 μm，颗粒表面较光滑，形状更规整、均匀。

两种细颗粒 HMX 的折光指数匹配照片（OMS）和粒径分布如图 5-12 所示。

两种细颗粒 HMX 的机械感度实验结果见表 5-20。

表 5-20　两种晶体缺陷细颗粒 HMX 的机械感度①

炸药	撞击感度/(%)	摩擦感度/(%)	特性落高/cm
n-F-HMX	88	56	16.8±0.1
D-F-HMX	24	44	72.2±0.1

注：①机械感度测试条件是落锤的质量为 5 kg，药的质量为 50 mg，落高为 25 cm。摩擦感度概率测试条件是落锤的质量为 1.5 kg，摆角为 90°，药的质量为 20 mg，表压为 3.92 MPa。特性落高测试条件是落锤的质量为 2 kg，药的质量为 35 mg。

选用 4 种（H1，H2，H3，H4）晶体缺陷的粗颗粒 HMX 进行机械感度对比实验，4 种样品均为 80 目筛下物，平均粒径约为 200 μm。利用《高品质降感奥克托今规范》（GJB 8380—2015）中晶体折光指数匹配法（OMS）测试晶体内部缺陷（见图 5-13）。

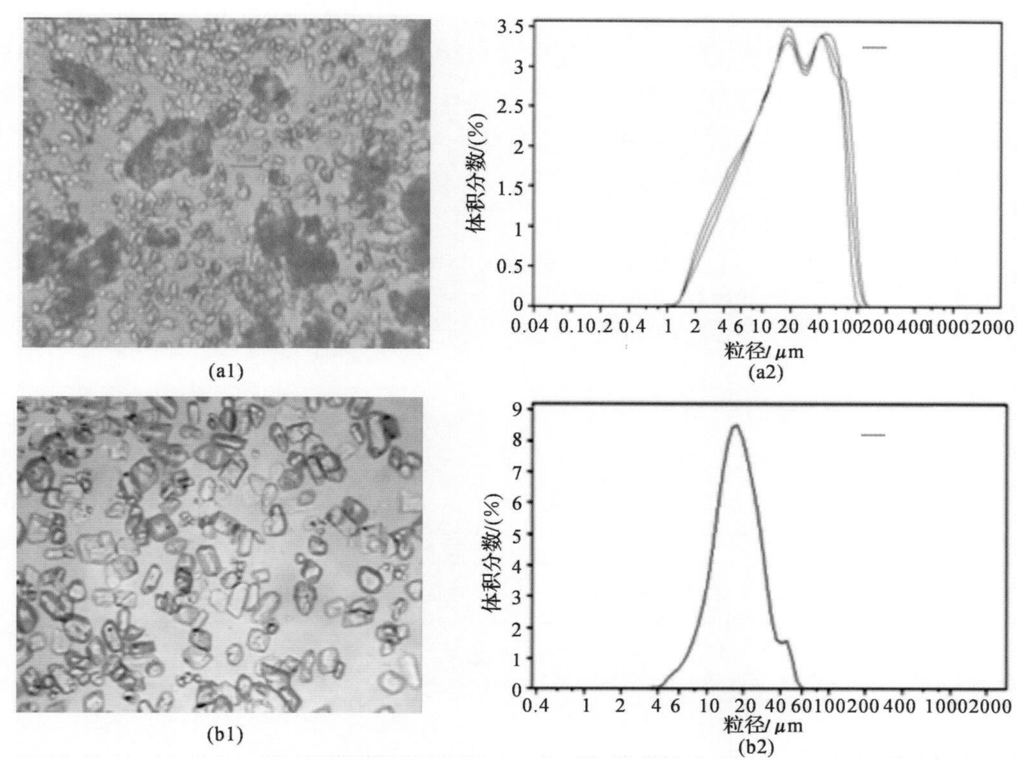

图 5-12　两种晶态 HMX 的 OMS 和粒径分布图 CSD

(a1)普通细颗粒 HMX-OMS;(a2)普通细颗粒 HMX-CSD;

(b1)高品质细颗粒 HMX-OMS;(b2)高品质细颗粒 HMX-CSD

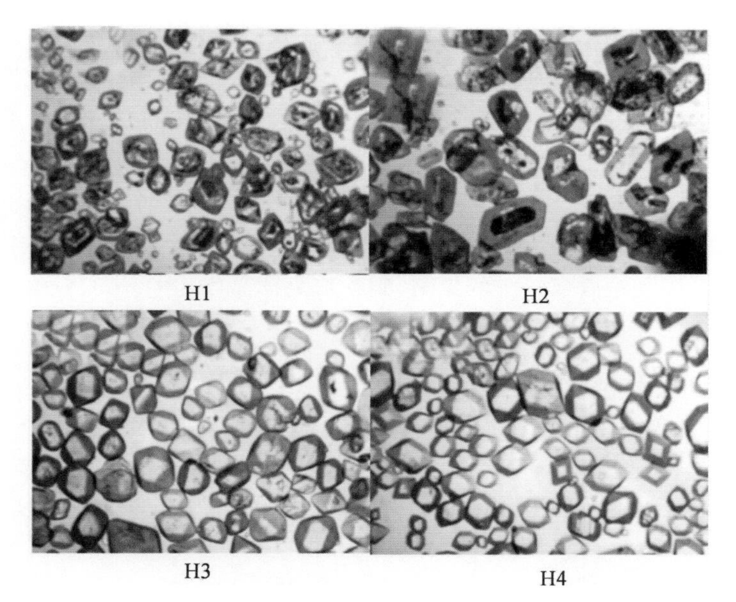

图 5-13　两种晶态 HMX 的 OMS 照片

(H1)普通粗颗粒 HMX-OMS1;(H2)普通粗颗粒 HMX-OMS2;

(H3)高品质粗颗粒 HMX-OMS3;(H4)高品质粗颗粒 HMX-OMS4

4 种粗颗粒 HMX 的晶态及其机械感度的测试结果和晶体密度与机械感度关联见表 5-21。结果表明，粗颗粒 HMX 晶体密度与其机械感度亦没有明显关联。与普通细颗粒 HMX 相比，高品质细颗粒 HMX 撞击感度大幅度降低，而摩擦感度相差不大。但是，普通粗颗粒 HMX 与高品质粗颗粒 HMX 的撞击感度、摩擦感度均相差不大。另外，普通粗颗粒 RDX 与高品质粗颗粒 RDX 的撞击感度、摩擦感度也没有明显差异。为什么晶体品质各异、仅粒度存在粗细之别的 RDX 和 HMX 有这样的表现？

表 5-21　4 种晶体缺陷粗颗粒 HMX 的机械感度①

炸药	晶体表观密度 $g \cdot cm^{-3}$	孔隙率 %	密度分布宽度 $g \cdot cm^{-3}$	撞击感度 %	摩擦感度 %
H1	1.899 2	0.19	0.005 0	64	32
H2	1.900 3	0.13	0.004 4	24	56
H3	1.901 1	0.10	0.002 4	44	36
H4	1.901 6	0.06	0.000 8	40	40

注：①机械感度测试条件是，落锤的质量为 5 kg，药的质量为 50 mg，落高为 25 cm。摩擦感度概率测试条件是，落锤的质量为 1.5 kg，摆角为 90°，药的质量为 20 mg，表压为 3.92 MPa。

如前文所述，炸药在受到机械作用时，热点形成主要来源于：①颗粒之间的剪切摩擦；②气泡的绝热压缩。摩擦作用是通过压砧横向位移促使颗粒之间发生剪切摩擦，外界气体会被带入炸药内部，带入的气体以及晶体颗粒之间的破碎、剪切、晶体品质等对热点形成起主导作用。而撞击作用是通过落锤促使颗粒之间发生破碎，没有外界气体被带入炸药内部，仅有晶体颗粒之间的破碎、剪切以及晶体品质对热点形成起主导作用。显然，撞击作用下粗颗粒的破碎、剪切效应远大于细颗粒。因此，炸药晶体密度相近，细颗粒较粗颗粒的撞击感度更低。炸药均为细颗粒时，晶体密度更高的撞击感度更低。这也是细颗粒高品质 HMX 较细颗粒商业级 HMX 撞击感度低的原因所在。

虽然对于粗颗粒炸药而言，热点形成源于晶体颗粒之间的摩擦、破碎、剪切和重排等效应，使得晶体品质差异在机械撞击的评价尺度上难以显现出来。但是，如果采用冲击波感度来评价，热点形成源于晶体颗粒内部缺陷的塌陷，则炸药晶体品质的差异可以得到很好的鉴别和区分，这部分工作将在 5.3 节介绍。

5.2.2.3　CL-20 粒度对撞击感度的影响

炸药晶体密度近似，细颗粒 HMX 较粗颗粒 HMX 的撞击感度更低，这种现象在 RDX，CL-20 上同样存在。本书采用蒸发法，以乙酸乙酯为溶剂，通过控制工艺参数制备得到晶体密度在2.033～2.035 7 g/cm^3 范围内的高品质 CL20，利用密度梯度法测量晶体表观密度。

将样品筛分为 4 个粒度级别，测得其特性落高，见表 5-22。结果表明，随着 CL-20 粒径增长，特性落高值逐渐降低。可见，大颗粒 CL-20 对机械撞击比细颗粒更加敏感，该规律与 HMX 和 RDX 一致。

表5-22 CL-20粒度与机械感度的关系[①]

炸药	粒度范围/μm	特性落高/cm
CL-20-A	45～75	48.2
CL-20-B	75～150	43.8
CL-20-C	150～250	38.3
CL-20-D	250～400	15.4

注:①机械感度测试条件是,落锤的质量为2 kg,药的质量为50 mg,落高为25 cm。

5.3 炸药晶态对冲击波感度的影响

5.3.1 炸药冲击起爆

冲击波是一种脉冲式压缩波,其主要参数是压力p和持续时间τ。它作用于物体时先是压缩作用。物体受压缩时都要产生热,所以可认为炸药冲击起爆基本上也是热起爆,但是其机理更复杂。按冲击作用下细观响应的不同,凝聚炸药大致可分为均匀炸药和非均匀炸药两类。均匀炸药的物理和力学性质是均匀的,例如不含气泡或杂质的液体炸药和单晶固体炸药;非均匀炸药的物理或力学性质不均匀,例如含气泡、孔隙、杂质的多晶、液体和混合炸药。

均匀炸药和非均匀炸药具有不同的冲击起爆机理及行为。均匀炸药受冲击波作用时,其冲击波阵面上一薄层炸药均匀地受压升温,此温度如达到爆发点,则经一定的延滞期后发生爆炸。非均匀炸药受热升温发生在局部热点上,爆炸由热点开始和扩大,然后引起整个装药的爆炸。可见,炸药冲击起爆与机械作用导致颗粒挤压、破碎、剪切与摩擦进而发生爆炸的机制有显著不同。

5.3.1.1 均匀炸药冲击起爆

所谓均匀炸药是指不含有气泡和杂质的液体爆炸,以及单晶体(无空隙、杂质和密度间断)的固体炸药。在实际炸药中这种物理性能完全均匀的情况很少见,因而均匀炸药的概念是一种理想情况。对那些物理性能比较均匀的炸药,可近似为均匀炸药。

由雷管引爆炸药平面波发生器,通过传爆药使炸药柱达到稳定爆轰,再用隔板衰减到一定强度后引爆硝基甲烷(NM),冲击波起爆实验装置如图5-14所示。

均匀炸药的起爆过程大致为:初始冲击波进入炸药,先以常速(或稍有衰减)前进,同时界面以质点速率(低于冲击波速率)前进,在界面上的炸药经过一定的延滞期后,开始爆炸反应,并在硝基甲烷中产生爆轰波。由于此爆轰波既在经受到初始冲击波压缩的硝基甲烷(密度增大)中行进,其爆速比原密度炸药的稳定爆速要大,又在运动着的界面上行进,所以是超速爆炸。该爆炸经过一段时间,追上初始冲击波,两波重叠并出现过激速率,形成超速爆轰(约比稳定爆轰高10%左右),然后很快衰减到硝基甲烷的稳定爆速。按此模型可得均匀炸药起爆特性如图5-15所示。

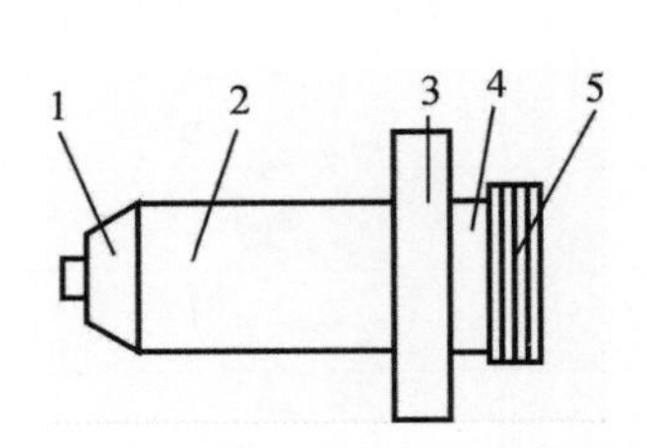

图 5-14 冲击波起爆实验装置示意图

1—平面波发生器；2—主装药 TNT40/RDX60；
3—有机玻璃隔板；4—硝基甲烷炸药；
5—有机玻璃片堆

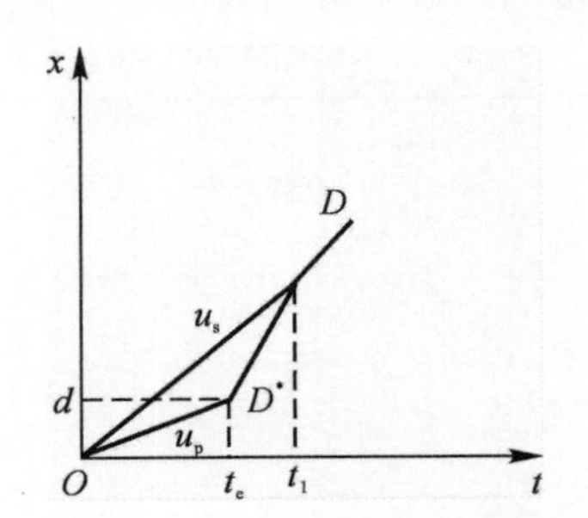

图 5-15 均相炸药起爆特性图

u_s—硝基甲烷中初始冲击波速率；u_p—质点速率；D^*—超爆轰速率；t_e—延滞期；D—正常爆轰速率
t_1—到正常爆轰时间；d—起爆深度

由图 5-15 可知，从冲击波到爆轰波是突然发生的，两波轨迹呈折线。其起爆过程经历了一个延滞期 t_e，经过一段起爆深度 d，并存在超爆轰速率 D^*。因此，在冲击波作用下波阵面后的均匀炸药被冲击压缩而整体加热，温度提高。经过一定感应期后在最早升温的炸药受载面处发生热爆炸，并转变为爆轰波。该爆轰波在经过冲击波预压的炸药中高速传播，赶上冲击波后再逐步衰减为正常爆轰波。如果入射冲击波压力较低，脉宽较长，热爆炸也可能首先发生在离受载面不远的炸药内部某处。根据平面一维热爆炸理论，可通过计算均匀炸药的起爆临界温度 T_{cr} 和绝热感应期 t_{ad}，再根据未反应炸药物态方程来确定临界温度所要求的冲击起爆压力 p_{cr}，就可得冲击起爆临界参数估值，见表 5-23。

表 5-23 部分均匀炸药冲击起爆的临界参数

炸药	起爆临界温度 K	绝热感应期 μs	冲击起爆压力计算值 GPa	冲击起爆压力实验值 GPa
PETN	700	0.3	12.2	11.2
Tetryl	810	1.0	15.0	
TNT(S)	1 000	0.7	18.0	
TNT(L)	1 000	0.7	12.5	12.5
NM	1 200	1.0	11.5	9.3
NG	760	0.3	12.0	

5.3.1.2 非均相炸药冲击起爆

炸药的冲击起爆与其物理性态有密切关系。事实上，炸药晶体内部以及各组分之间或多或少都含有孔隙，而不可能达到理想密度，这就存在物理不均匀性，这种物理不均匀的炸药就是所谓的非均匀炸药。

非均匀炸药的冲击波起爆和均匀炸药有很大不同。非均匀炸药的反应是从局部“热点”处扩散展开，而不像均匀炸药那样能量均匀分配给整个起爆药面。因此，同样起爆深度所需的起爆压力，非均匀炸药比均匀炸药要小。非均匀炸药 TNT/RDX(质量比为 35∶65)和均匀炸药硝基甲烷两种炸药起爆所需的冲击波压力对比如图 5-16 所示。

1. 起爆过程

冲击波进入非均匀炸药后，炸药密度不连续造成冲击波交会，在炸药内激起局部热点而产生化学反应。这些反应加强了初始冲击波，然后以大于初始冲击波的速率在炸药中传播，同时激起更多的炸药反应，进一步加强冲击波，反复作用使在炸药中传播的冲击波最后转变为高速爆轰波。根据大量实验研究，非均匀炸药与均匀炸药的起爆过程可归纳为以下几点：

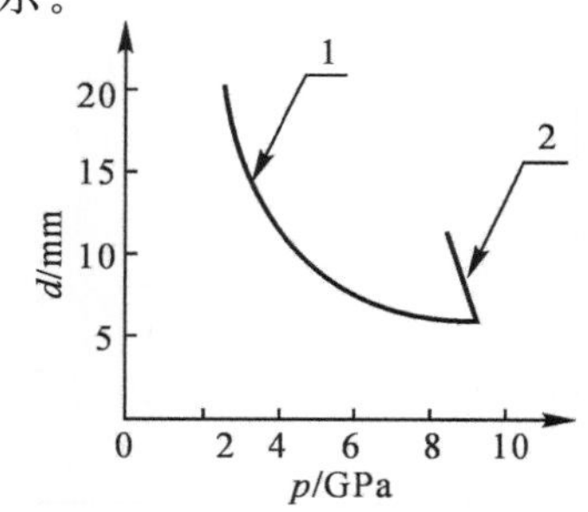

图 5-16　非均匀相炸药 1 和均匀炸药 2 起爆深度随初始冲击波压力 p 的变化

1 — TNT 的 RDX 质量比为 35：65；

2 —硝基甲烷

(1)均匀炸药中的初始冲击波速率是恒定的或随时间而略微降低的，而非均匀炸药中的初始冲击波在整个传播过程中是加速的。

(2)均匀炸药中的过渡爆轰是突然发生的，而非均匀炸药中的过渡爆轰是一个渐进过程。

(3)均匀炸药中的稳定爆轰伴随有过压爆轰(或叫超速爆轰)，而非均匀炸药中无此现象。

(4)均匀炸药中的爆轰发生在隔板和炸药界面，而非均炸药中的爆轰发生在波阵面。

(5)均匀炸药中，爆轰开始前，初始冲击波阵面后的物质相对不导电；而非均匀炸药中，初始冲击波阵面后的物质是完全导电的，并且当其过渡到稳定爆轰时变得更明显。

(6)均匀炸药中起爆过程对于初温或初始冲击波压力的响应要比非均匀炸药敏感得多。

2. 起爆机理

炸药内部的孔隙、晶粒边界、晶体的位错和缺陷以及较硬的杂质颗粒等，是在冲击作用下可能形成热点的地方。塑料黏结炸药中孔隙度为 2%～3%(体积分数)，密度较低的传爆装药中则达到 5%～10%。炸药内部物理、力学性质的不均匀性导致非均匀炸药的冲击起爆阈值明显低于均匀炸药，在冲击波作用下通过多种机制可形成许多局部高温核区(热点)，这些热点就成为反应的起源。

热点的形成和成长是理解非均匀炸药冲击起爆机理及行为的关键。关于冲击作用下热点形成的力学机制，人们提出了多种模型，主要有如下 4 种。

(1)流体动力学热点。冲击波与炸药内部孔隙或杂质处密度间断界面的相互作用，引起孔隙中气体、周围炸药或惰性介质的会聚流动、射流、冲击波反射等流体动力学现象，形成局部高温区域。Mader 对这类机制做了许多数值模拟研究。例如，压力为 8.5 GPa 的冲击波掠过硝基甲烷中半径 0.2～0.3 mm 的孔隙或铝颗粒时，下方小区域内硝基甲烷温度可达到 2 000℃以上。

(2)晶体的位错运动和晶粒之间因高速摩擦产生热点。关于炸药黏性流动、非弹性变形或外部摩擦形成热点的机制已在前面讨论，它属于持续脉冲低压加载情形。位错是晶体中已滑移区和未滑移区的交界线，是一种线缺陷，在结晶过程中形成并在晶体变形时大量增殖。高速变形的炸药晶体中由于位错运动部分塑性功也可转化为热量，因此可形成热点。

(3)剪切带形成的热点。剪切带是介质因热塑性失稳或熔化等原因造成剪切应变高度局域化的变形带，这里塑性功局域化形成了热点。计算表明，当 PBX9404 炸药中冲击压力为

3.8 GPa 时，其内部剪切带的温度可达 1 600 K，热区的体积分数为 1.6%。

(4)微孔隙弹黏塑性塌缩形成的热点。这是目前最受人瞩目的机制。把炸药中的微孔隙设想为空心球壳的元胞，其内、外半径分别为 a 和 b，孔隙度 $\alpha=b^3/(b^3-a^3)$，元胞外表面承受均匀压力 p，推动元胞向内塌陷。假定介质为不可压缩的弹黏塑性材料，可导出 α 随时间变化的微分方程，得到 α 与 p 的关系，称为 $p-\alpha$ 模型。塌缩过程中元胞内壁塑性变形最大，形成局部高温区。以 $p-\alpha$ 模型为基本思路的工作很多。关于这一机制将在后面的专题中详加讨论。

3. 起爆特性

非均匀炸药的起爆特性如图 5-17 所示。

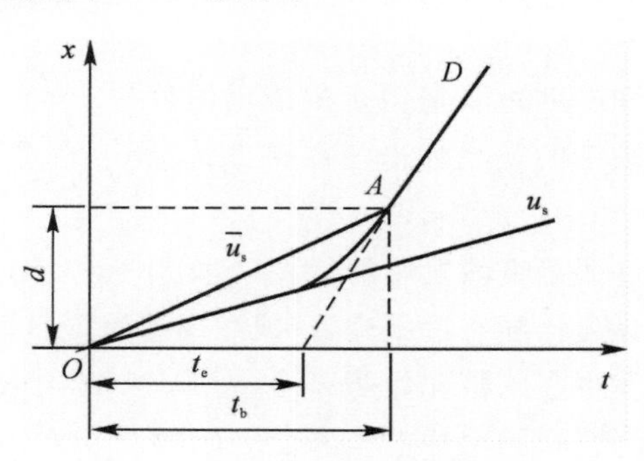

图 5-17　非均匀炸药起爆特性图

t_b—起爆时间；u_s—初始冲击波速率；d—起爆深度；A—正常爆轰开始点；

t_e—起爆延滞期；$\overline{u_s}$—起爆前冲击波平均速率；D—正常爆轰速率

起爆延滞期 t_e 是指冲击波(能量)输入炸药里至起爆所经历的时间。对非均匀炸药冲击波起爆来说，初始冲击波进入炸药中就有局部的化学反应，经过不断加强后才达到稳定爆轰。从起爆特性图来看，初始冲击波从 O 点进入炸药，在 A 点达到正常稳定爆轰。在冲击波传播轨迹两端各作切线，分别表示初始冲击波速率 u_s 和炸药正常爆轰速率 D。曲线 OA 间斜率变化表示稳定爆轰波出现前冲击波速率增长情况，直线 OA 是正常爆轰波前这段时间内冲击波的平均速率 u_s。其延滞期 t_e 为达到稳定爆轰前由于非正常爆轰而延长了的时间，即

$$t_e=t_b-\frac{d}{D} \tag{5-10}$$

式中：t_e—— 起爆延滞时间，μs；

t_b—— 到爆轰时间，从初始冲击波进入稳定爆轰的时间，μs；

d—— 到爆轰距离，从初始冲击波进入炸药到稳定爆轰在炸药柱中经过的距离，mm；

D—— 正常爆轰速率，mm/μs。

从起爆特性图看出延滞时间和起爆深度有对应关系，凡延滞期长的，起爆深度也大。Salthanoff 对 Plaxiglass 炸药用不同冲击波压力进行起爆，结果如图 5-18 所示。

在起爆特性图 5-17 中，如 u_s 沿曲线 OA 增加时，坐标原点向右上方移动，t_e 减小，d 也减小，直到 $u_s=D$ 时，$t_e\to 0$，$d\to 0$；相反，当 u_s 沿曲线 OA 减小时，坐标原点向左下方移动，t_e 增加，d 也增加。当 $u_s=D$ 时，相当于爆轰波在炸药中层层传递；当 $u_s>D$ 时，即为大于炸药正常爆速的冲击波在炸药中传播，并迅速降为 D；当 $u_s<D$ 时，爆轰波逐渐成长，随着 u_s 的减

小，t_e 和 d 都增大。如果起爆一定长度 L 的药柱，在 $d > L$ 时，药柱不能达到稳定爆轰。u_s 小到一定程度时，爆轰成长不起来，导致爆轰熄火。可见，对每种炸药 u_s 都有一个临界值。

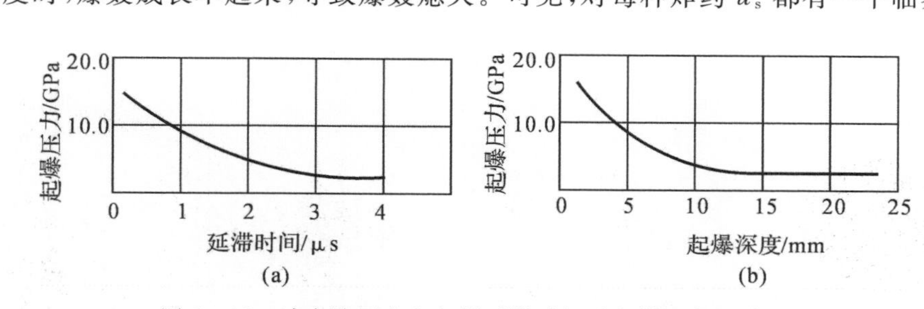

图 5－18　冲击波压力和起爆延滞时间及起爆深度的关系

Wacherle 曾研究了高密度 PETN(99.95 %TMD)的冲击波起爆，发现当冲击波压力接近 0.25 GPa 时，炸药中行进的是弹性波超前，炸药不发生爆炸。当 p>1 GPa 时，炸药可以起爆，起爆深度随压力增加而下降，如图 5－19 所示。

PETN 的装药密度和粒度对炸药冲击起爆感度也有显著影响，如图 5－20 所示。

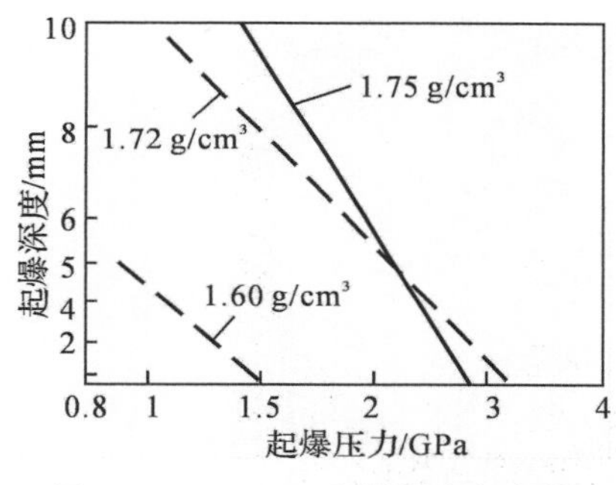

图 5－19　PETN 起爆深度与起爆压力、密度的关系

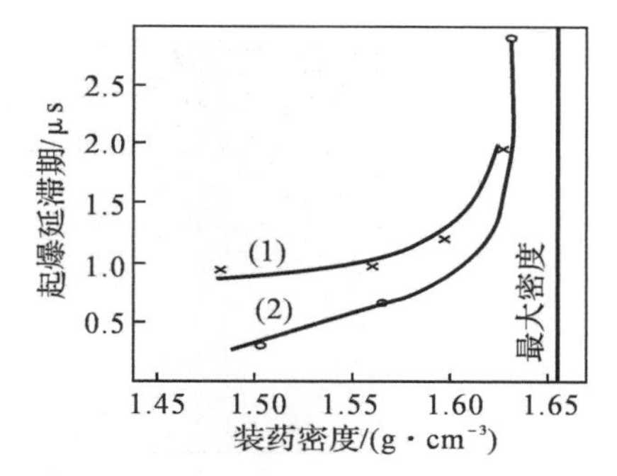

图 5－20　PETN 起爆延滞期与装药密度的关系

(1)－粗颗粒；(2)－细颗粒

延滞期随装药密度增加而增加。粒度影响在低密度时较明显，随粒度增大，延滞期增长；密度增大后，粒度对延滞期的影响会减小。

5.3.2　硝胺炸药晶态对冲击波感度的影响

5.3.2.1　RDX 晶态对冲击波感度的影响

按照微孔隙弹黏塑性塌缩模型，影响炸药冲击波感度的因素不仅与 RDX 的内部晶态有关，还与黏结剂、药柱的成型方式等有关。如何使制备的药柱尽可能消除组分之间的孔隙，尽量真实地反映 RDX 晶态与其冲击波感度的关系，而不受其他因素的影响是关键。针对该问题，可用液体填充法来制备被测药柱。液体填充法最大的好处是可以不破坏晶体本身的状态。用该装药方式，分别研究了晶体表观密度、粒度和颗粒形貌对冲击波感度的影响。

冲击波感度实验按 5.1 节冲击波感度-隔板法进行。实验所用主发药柱采用 ϕ20 mm×20 mm 的 JO－9159 药柱，密度为(1.860±0.003) g/cm^3，被发药柱的制备采用液体填充法，配方为：炸药/色拉油质量比为 76∶24。实验步骤为：先制备内径 ϕ20.5 mm×40 mm 钢套筒，套筒底部黏结上一层 400 目滤网，如图 5－21(a)所示；然后用炸药颗粒填充套筒，使得每个套筒内的样品量接近；最后用色拉油浸泡套筒，利用毛细现象让油缓慢填充药柱中的孔隙，如图 5-21(b)所示；实际测试装置如图 5-22(a)所示；通过验证板上的凹坑，来判定是否起爆，如图 5-22(b)所示。

(a) (b)

图 5-21 液体填充法制备被测药柱

(a)预制钢套筒；(b)液体填充药柱

(a) (b)

图 5-22 小隔板试验图

(a)实际测试装置；(b)起爆后验证板照片

1—雷管套；2—主发药柱；3—铝隔板；4—被发药柱；5—验证板起爆处

为了考察晶体表观密度对冲击波感度的影响，利用筛分法得到粒度均小于 180 μm 的 3 种 RDX，利用密度梯度法测量晶体表观密度，利用液体填充法制备被测药柱。采用小隔板实验获得的冲击波感度结果见表 5-24。

表 5-24 RDX 晶体表观密度与冲击波感度的关系

测试项目	RDX-1	RDX-2	RDX-3	RDX-4
晶体表观密度/($g\cdot cm^{-3}$)	1.796 1	1.797 1	1.798 3	1.799 2
冲击波感度隔板厚度/mm	14.0	13.0	12.2	11.2

从表 5-24 中数据可以看出，随着晶体表观密度的增加，即晶体内部孔隙率的降低，RDX 炸药配方的冲击波感度降低。晶体表观密度与冲击波感度基本呈线性关系，如图 5-23 所示。

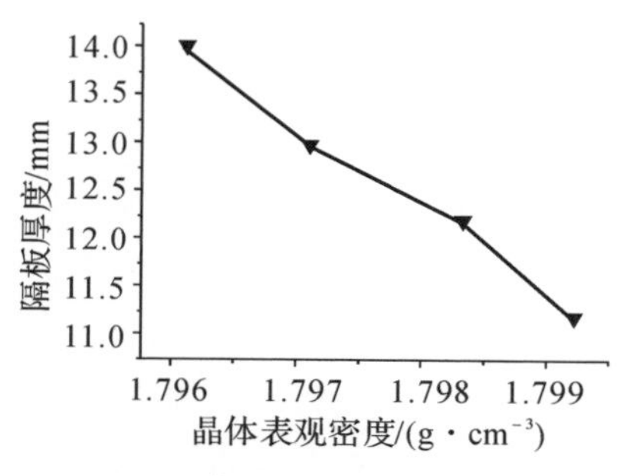

图 5-23　RDX 晶体表观密度与冲击波感度的关系

为考察粒度对冲击波感度的影响，选用了晶体表观密度均为 1.797 6 g/cm^3 的同批次 RDX，筛分得到 3 种粒度的 RDX 样品，利用液体填充法制备被测药柱，采用小隔板实验获得的冲击波感度结果见表 5-25。从表 5-25 可以看出，在一定粒度范围内，随着 RDX 粒度的增加，RDX 炸药配方的隔板冲击波感度逐渐升高。

表 5-25　RDX 颗粒度与冲击波感度的关系

测试项目	RDX-1	RDX-2	RDX-3	RDX-4
粒度分布/μm	≤125	<125～280	<280～425	≥425
冲击波感度隔板厚度/mm	12.1	12.8	13.3	14.3

为考察 RDX 颗粒形貌对冲击波感度的影响，采用溶剂侵蚀的球形化方法处理普通 RDX (n-RDX)，如图 5-24(a)所示。得到表面光滑、外形接近球形或椭球形的 RDX(Q-RDX)，如图 5-24(b)所示。

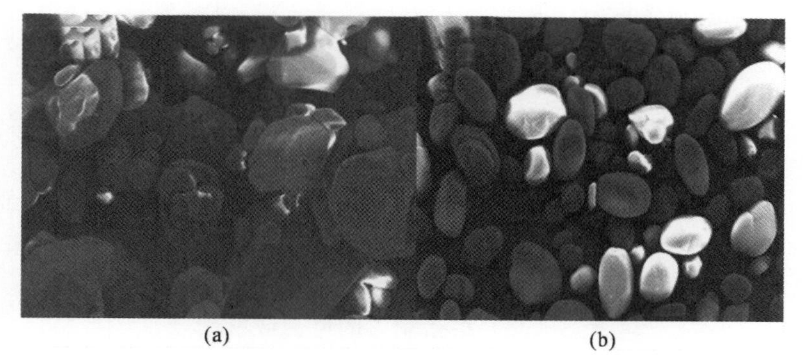

图 5-24　RDX 球形化处理前后对比 SEM 图

(a)普通 RDX(n-RDX)；(b)球形化 RDX(Q-RDX)

利用液体填充法制备被测药柱，采用小隔板实验获得的冲击波感度结果，如表 5-26 所示。从表中数据可以看出，当晶体表观密度、粒度等性质相同时，在液体填充法装药方式下晶体之间的孔隙率相当，表现为冲击波感度隔板厚度相同。

表 5-26 RDX 颗粒形貌与冲击波感度的关系

炸药	晶体表观密度 g·cm^{-3}	粒度分布 μm	冲击波感度隔板厚度 mm
n-RDX	1.793 9	250～320	14.0
Q-n-RDX	1.793 9	250～320	14.0

上述几种装药方式均采用了液体填充法，利用毛细现象让色拉油缓慢浸润填充炸药颗粒间的孔隙。由于浸润过程处于常压状态，不能完全消除颗粒之间的孔隙。为此，国内外也采用了真空浇铸型固化塑料黏结炸药来制备被测药柱的方法，黏结剂使用了端羟基聚丁二烯。采用与澳大利亚 Muwula 研究所相类似的配方，将 3 种高品质晶态的 RDX 用于 CCPBX 配方来考察对比它们之间的冲击波感度。具体配方为 RDX/HTPB 的质量比为 80：20；三种高品质晶态的 RDX 分别为法国火炸药公司研制的 I-RDX、澳大利亚 Muwula 工厂制备的 Grade A RDX、中国工程物理研究院研制的 D-RDX。实验结果见表 5-27。

表 5-27 几种晶态 RDX 的冲击波感度隔板值

对比的 高品质炸药	冲击波感度隔板厚度		降幅/(%)
	n-RDX	D-RDX	
I-RDX[①]	168	123	26.7
Grade A RDX[①]	171	119	30.4
D-RDX[②]	17.5	12.0	31.4

注：①采用卡片法测试，卡片为聚酯薄膜，厚度为 0.1 mm；
②采用本书的冲击波感度-铅隔板法测试。

实验表明，与普通 RDX 相比，高品质 RDX 的低压冲击波感度降低幅度同国际上其他几种高品质 RDX 的降低幅度相当。整体而言，高品质 RDX 的冲击波感度降低十分明显，达到了 30%左右，这对于钝感弹药的研制具有重要意义，对于改善武器系统的殉爆特性，使其能通过殉爆考核实验具有重要的推动作用。

20 世纪 90 年代初，法国曾用浇铸炸药配方 PBXN109 来鉴别 I-RDX 和普通 RDX 的冲击波感度，发现 I-RDX 基 PBX 除冲击波感度降低外，其他性质与普通 RDX 基 PBX 基本相当。但是，使用熔铸配方则冲击波感度效应不明显。采用 B 炸药(配方组成为 RDX/TNT 的质量比为 60：40)作为参比配方，对比了不同晶态的 RDX 在熔铸炸药中的冲击波感度，实验结果见表 5-28。

表 5-28 熔铸配方的冲击波感度

对比的 高品质炸药	冲击波感度隔板厚度		降幅/(%)
	普通 RDX	高品质 RDX	
I-RDX[①]/片	235	234	0.4
D-RDX[②]/mm	20.0	17.0	15.0

注：①采用卡片法测试，卡片为聚酯薄膜，厚度为 0.1 mm；
②采用本书的冲击波感度-铅隔板法测试。

从表 5-28 中的数据可知，法国火炸药公司研制的 I-RDX 与普通 RDX 对 B 炸药的冲击波感度影响不明显，而中国工程物理研究院研制的高品质 RDX 与普通 RDX 相比，冲击波感度降低了 15%。这是因为采用 D-RDX 得到的熔铸药柱密度为 1.700 g/cm^3，比普通 RDX 的药柱密度 1.690 g/cm^3 更大。这说明，D-RDX 的表面更光滑、球形度更大，更有利于提高浇铸的流变性，增加药柱的相对密度，减少引起炸药冲击波感度增加的孔隙。因此，即使对于 B 炸药这样的配方，采用高品质 RDX 也可以明显降低冲击波感度，安全性显著改善。

一个间接事实也可以说明高品质 RDX 有可能减少熔铸炸药的冲击波感度。澳大利亚的 Swinton 等人研究了高品质 RDX(Grade A RDX)在 B 炸药中的临界直径和爆轰反应区长度。结果发现，与普通 RDX 相比，Grade A RDX 的临界直径和反应区长度大幅度增加，见表 5-29。

表 5-29　澳大利亚试验高品质 RDX 在 B 炸药中的临界直径和爆轰反应区长度

炸药	爆速/(m·s^{-1})	反应区长度/mm	临界直径/mm
Grade A RDX/TNT(质量比为 60：40)	7 723	3.04	6.7
n-RDX/TNT(质量比为 60：40)	7 658	0.86	1.9
n-RDX/TNT(质量比为 55：45)	7 659	1.64	3.6

5.3.2.2　HMX 晶态对冲击波感度影响

炸药感度选择性和相对性不仅与分子结构相关，而且与晶体特性密切相关。炸药晶体内部的缺陷含量、类型导致其呈现复杂的刺激响应反应。普通 RDX 与 HMX 的 OMS 照片如图 5-25 所示。

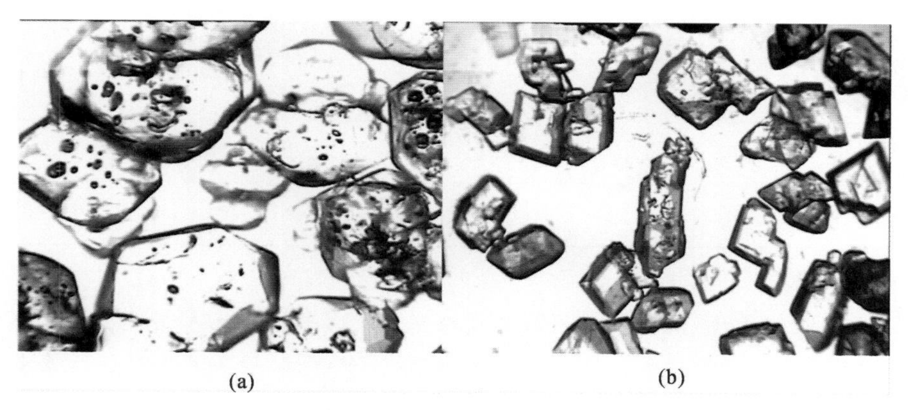

图 5-25　普通 RDX 与普通 HMX 的 OMS 照片

(a)普通 RDX 主要含孔隙/包藏物；(b)普通 HMX 主要含孪晶/包藏物

炸药晶体内部的缺陷主要取决于合成工艺和结晶工艺，几种单质炸药的合成原料与结晶工艺特征见表 5-30。

表 5-30 几种单质炸药合成原料与结晶工艺特征

炸药	晶系	晶型	合成工艺	结晶工艺	缺陷类型
TNT	单斜	α	甲苯/硫酸/硝酸	Na_2SO_3 水溶液/酸化	片状晶体形貌、酸性杂质、体缺陷
RDX	斜方	Ⅰ,Ⅱ	乌洛托品/硫酸/硝酸	硝酸结晶/K法结晶	板状、条状聚晶、酸性杂质、体缺陷
HMX	单斜	α,β,γ,δ	乌洛托品/硝酸/醋酐	丙酮-乙酸乙酯转晶 DMSO结晶	块状孪晶、多晶型、面缺陷
CL20	单斜 斜方	α,β,γ,ε	HBIW/硝酸	乙酸乙酯	块状聚晶、多晶型、体缺陷、面缺陷

为考察 HMX 晶体表观密度与冲击波感度的关系，采用 DMSO 制备具有不同晶体密度的 4 个粗颗粒样品（H1,H2,H3 和 H4），筛分得到粒度为 120～180 μm 的样品。4 个样品的 OMS 照片如图 5-13 所示。从图中看出，按 H1～H4 的顺序，图片中的黑点逐次减少，表明晶体密度不断提高。用密度梯度法测量其密度和密度分布，晶体密度测试结果与 OMS 照片一致。将 4 种 HMX 样品用油浸方式制成药柱，进行小隔板实验，结果见表 5-31。

表 5-31 不同晶体表观密度无孪晶 HMX 样品的冲击波感度

炸药	晶体表观密度 $g\cdot cm^{-3}$	表观密度分布宽度 $g\cdot cm^{-3}$	孔隙率 %	冲击波感度隔板厚度 mm
H1	1.899 2	0.005 0	0.19	15.5
H2	1.900 3	0.004 4	0.13	14.3
H3	1.901 1	0.002 4	0.10	13.7
H4	1.901 6	0.000 8	0.06	13.2

从表 5-31 可以看出，随着晶体表观密度增加，HMX 炸药配方的冲击波感度降低。虽然 H1 和 H2 的晶体表观密度接近，但由于 H1 的密度分布更宽，故 H1 的部分晶体表观密度更低、缺陷更多，表现为冲击波感度更高，小隔板实验值达到 15.5 mm。总体而言，HMX 的晶体表观密度越高，密度分布越窄，越利于降低冲击波感度。

为考察 HMX 颗粒大小与冲击波感度的关系，采用 DMSO 为溶剂结晶出晶体表观密度为 1.900 7～1.901 1 g/cm^3 的一批样品，然后筛分得到 4 种粒径样品 H5,H6,H7 和 H8，再用液体填充法制得被测药柱，小隔板实验获得的冲击波感度见表 5-32。

表 5－32　不同颗粒度 HMX 样品的冲击波感度测试结果

炸药	晶体平均粒度 μm	晶体表观密度 $g\cdot cm^{-3}$	冲击波感度隔板厚度 mm
H5	20	1.900 8	13.0
H6	137	1.901 0	13.2
H7	436	1.901 1	13.8
H8	634	1.900 7	14.3

从表 5－32 中的数据看出，细颗粒的冲击波感度低于粗颗粒，这与目前文献报道的规律一致，即低压长脉冲冲击激发下，细粒径更钝感，该实验结果与 RDX 的情况也相似。

为考察 HMX 颗粒形貌对冲击波感度的影响，采用棱角优先溶蚀原理和陈化原理对两种粒度的普通 HMX 进行球形化，得到表面光滑的球形 HMX(Q－HMX)。其中，40 目筛上的大颗粒 HMX 球形化前后的 SEM 照片如图 3－23 所示。采用真空浇铸固化的方法制备被测药柱，采用小隔板实验对比 HMX 球形化前后的冲击波感度。两种粒度级配的配方为 HMX/HTPB 的质量比为 82∶18，实验结果见表 5－33。从表 5－33 中数据可以看出，采用真空浇铸固化方法具有与液体填充法类似的效果，当晶体表观密度、粒度相似时，晶体颗粒的外观形貌对炸药冲击波感度影响不大，这与 RDX 的情况类似。

表 5－33　不同颗粒度 HMX 样品的冲击波感度测试结果

<table>
<tr><th>炸药</th><th>平均粒径
μm</th><th>粒度跨度
μm</th><th>堆积密度
g·cm⁻³</th><th>晶体表观密度
g·cm⁻³</th><th>冲击波感度隔板厚度
mm</th></tr>
<tr><td>n－HMX①</td><td>687.6</td><td>0.30</td><td>1.01</td><td rowspan="2">1.901 1</td><td rowspan="2">16.7</td></tr>
<tr><td>n－HMX②</td><td>237.7</td><td>0.63</td><td>0.97</td></tr>
<tr><td>Q－HMX①</td><td>673.7</td><td>0.41</td><td>1.15</td><td rowspan="2">1.901 2</td><td rowspan="2">16.5</td></tr>
<tr><td>Q－HMX②</td><td>227.8</td><td>0.72</td><td>1.12</td></tr>
</table>

注：①40 目筛上颗粒物；
②60 目筛下颗粒物。

晶体的缺陷一般分为点、线、面、体等四类，对炸药晶体而言，最为常见的是线缺陷（主要是位错）、面缺陷（孪晶）和体缺陷（溶剂包藏和空洞）。其中体缺陷尺度一般为 1～5 μm，这恰恰在经典热点理论的最小临界尺寸范围内，对热点形成起重要作用。但对于位错和孪晶等缺陷，尺寸在纳米级别，它们对热点的形成起多大的作用还不得而知。仅有一些理论学家从分子动力学模拟出发，认为晶体中的位错等微结构也有利于热点的形成，但没有实验数据证实。对 HMX 而

图 5－26　具有“十字”孪晶的 HMX 晶体

言，最容易在(101)晶面上产生孪晶缺陷，形状如“十字”(见图 5-26)，这类缺陷对冲击波感度的影响是重点。

为了考察 HMX 晶体内部的面缺陷对冲击波感度的影响，以二甲基亚砜为溶剂来制备无孪晶 HMX 晶体，以聚碳酸丙烯酯为溶剂来制备含孪晶 HMX 晶体。两类晶体的 OMS 照片如图 5-27 所示。采用液体填充法制备被测药柱，采用小隔板实验获得的冲击波感度结果见表 5-34。从表 5-34 的中数据可以看出，无论是粗颗粒还是细颗粒，含有孪晶缺陷的 HMX 冲击波感度显著偏高。即使是孪晶样品 HMX-b2 具有最高的晶体表观密度，也易于在冲击作用下起爆。本实验结果表明，在制备高品质 HMX 中应尽量避免“十字”孪晶的生成。

表 5-34　缺陷类型对冲击波感度的影响

缺陷类型	晶体表观密度/($g\cdot cm^{-3}$)	冲击波感度隔板厚度/mm
孪晶 b_1 ①	1.901 1	16.5
非孪晶 a_1 ①	1.901 1	13.8
非孪晶 a_2 ①	1.900 7	14.3
孪晶 b_2 ②	1.902 2	16.2
非孪晶 a_3 ②	1.902 1	12.2
非孪晶 a_4 ②	1.900 8	13.0

注：①40 目筛上颗粒物；
②80 目筛下颗粒物。

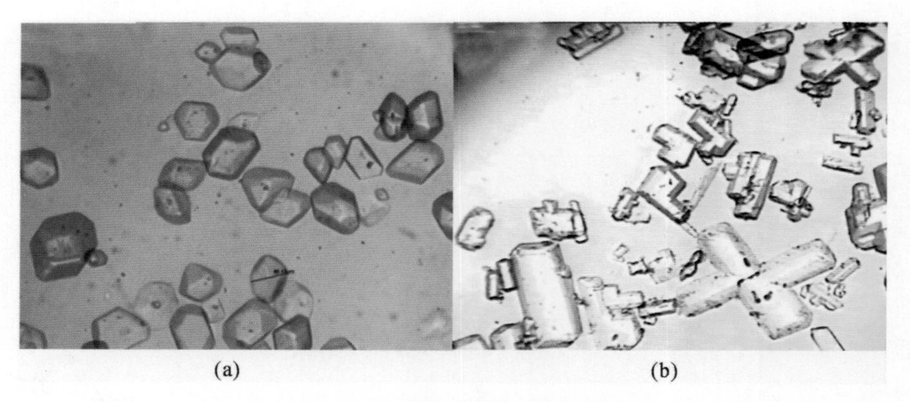

(a)　　(b)

图 5-27　HMX 晶体的 OMS 照片

(a)以 DMSO 为溶剂制备的无孪晶 HMX；(b)以 PC 为溶剂制备的孪晶 HMX

为考察不同结晶密度 HMX 在压装型 PBX 中的冲击波感度，设计了一个以 HMX/TATB 为基的压装 PBX 配方，TATB 的质量分数约为 20%。对制备的高品质 HMX 与普通 HMX，采用水悬浮造粒方法分别按相同的配比制备造型粉，然后采用模压技术压制成 PBX 药柱，用小隔板实验分别考察其冲击波感度，结果见表 5-35。

表 5-35　两种结晶密度 HMX 的压装 PBX 冲击波感度

压装 PBX-HMX	装药密度 $g \cdot cm^{-3}$	冲击波感度隔板厚度 mm	降幅 %
n-HMX	1.901±0.001	17.00	
D-HMX	1.901±0.001	15.25	10.8
D-HMX(颗粒级配)	1.901±0.001	10.25	40

压装 PBX 中药柱成型是通过较高比压压制而成的，压制过程中部分炸药晶体会发生破碎。由于这种破碎发生在黏结剂组成的连续交联网格中，黏结剂在颗粒之间的孔隙中发生塑性流动，因此采用压装型 PBX 来对比高品质 HMX 与普通 HMX 的冲击波感度依然可以区分出晶体内部孔隙差异对冲击波感度的影响。表 5-35 中的数据表明，高品质 HMX 对于压装型 PBX 的冲击波感度仍然有明显的降低作用，可显著提高压装型 PBX 的安全性。显然，这为高品质 HMX 在压装型 PBX 中的应用开辟了广阔前景。

5.3.2.3　CL-20 晶态对冲击波感度影响

为考察 CL-20 晶体表观密度与冲击波感度的关系，以乙酸乙酯为溶剂，利用蒸发结晶工艺制备得到不同晶体密度的重结晶样品 CL-20，然后分别筛分出粒度范围为 45～75 μm 的 4 种样品 CL-20-1，CL-20-2，CL-20-3，CL-20-4。其中，CL-20-1 和普通 CL-20(n-CL-20)的 OMS 对比照片如图 5-28 所示。照片显示 n-CL-20 颗粒呈梭形，颗粒粘连和聚集较多，蒸发结晶制备的 CL-20 颗粒形状较规则，呈宝石状，颗粒分散性好，表面光滑。

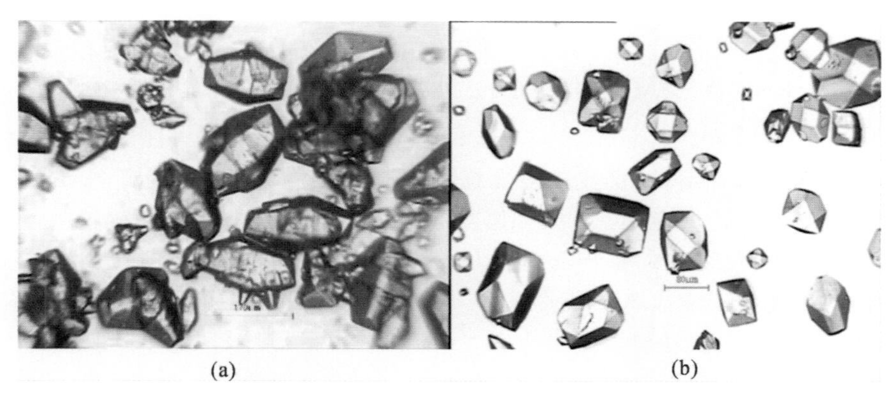

图 5-28　普通 CL-20 与高品质 CL-20 的 OMS 照片
(a)普通 CL-20；(b)高品质 CL-20

将粒度都在 45～75 μm 范围内密度不同的 4 种 CL-20 样品用油浸方式制成药柱，用标准大隔板实验测试冲击波感度，结果见表 5-36。从表 5-36 和图 5-28 可以看出，随着晶体表观密度的增加(即晶体内部孔隙率的降低)，CL-20 炸药配方的隔板厚度呈降低趋势。晶体表观密度的提高有利于冲击波感度的降低，其规律与 RDX 和 HMX 相似。其中 CL-20-4 的密度比 CL-20-3 大，而隔板厚度反而降低，反常原因可能由于测试误差所致。

表 5－36　CL－20 晶体表观密度与冲击波感度的关系

炸药	晶体表观密度/($g \cdot cm^{-3}$)	晶体表观密度分布/($g \cdot cm^{-3}$)	冲击波感度隔板厚度/mm
n－CL20	2.028 6	2.021 2～2.036 5	22.3
CL20－1	2.031 9	2.031 8～2.032 2	20.8
CL20－2	2.033 4	2.029 6～2.036 4	19.3
CL20－3	2.037 8	2.037 2～2.038 2	18.8
CL20－4	2.038 6	2.038 2～2.038 8	18.5

为考察 CL－20 颗粒大小与冲击波感度的关系，将晶体表观密度在 2.037 2～2.038 7 g/cm^3 范围内的 3 种不同粒度的 CL－20 样品用硅油浸润方式制成药柱进行实验，结果见表 5－37。从表 5－37 中数据可以看出，在一定粒度范围内，随着颗粒度的增加，CL－20 炸药配方的冲击波感度略有升高，其规律与 RDX 和 HMX 相似。

表 5－37　CL－20 颗粒度与冲击波感度的关系

炸药	晶体表观密度分布/($g \cdot cm^{-3}$)	粒度分布/μm	冲击波感度隔板厚度/mm
CL－20－A	2.037 2～2.038 7	＜45	18.0
CL－20－B		≤45～75	18.8
CL－20－C		≤75～150	19.8

5.3.2.4　D－RDX，D－HMX 和 D－CL－20 的冲击波感度对比

《高品质降感黑索今规范》(GJB 9565 — 2018)中规定 RDX 的表观晶体密度不小于 1.795 g/cm^3 时定义为 D－RDX；《高品质降感奥克托今规范》(GJB 8380 — 2015)中规定 HMX 的表观晶体密度不小于 1.895 g/cm^3 时定义为 D－HMX。目前，D－CL－20 尚无明确下限值，一般认为 D－CL－20 的晶体表观密度应大于 2.030 g/cm^3。为统一对比 D－RDX，D－HMX 和 D－CL－20 的冲击波感度，使用了液体填充法来研究。冲击波感度实验按冲击波感度隔板法进行。被发药柱的配方为炸药/色拉油的质量比为 76∶24。3 种高品质炸药 D－RDX，D－HMX 和 D－CL－20 的冲击波感度对比实验结果见表 5－38。

表 5－38　D－RDX/D－HMX/D－CL－20 的冲击波感度比较

炸药	晶体表观密度/($g \cdot cm^{-3}$)	配方组成	装药方式	冲击波感度隔板厚度/mm
D－RDX	1.798 2	D－RDX/油 (质量比为 76∶24)	液体填充	12.3
		RDX/HTPB (质量比为 78∶22)	浇铸	12.0

续表

炸药	晶体表观密度 g·cm^{-3}	配方组成	装药方式	冲击波感度隔板厚度 mm
D-HMX	1.898 5	D-HMX/油 (76∶24)	液体填充	13.3
		HMX/HTPB (质量比为83∶17)	浇铸	13.2
D-CL-20	2.035 2	D-CL-20/油 (质量比为76∶24)	液体填充	19.0

从表5-38中数据可以看出，对于D-RDX和D-HMX，采用液体填充和浇铸两种装药方式所得到的冲击波感度相当，而且RDX和HMX的最低冲击波感度分别在12 mm和13 mm左右。而D-CL-20在相同装药方式下的最低冲击波感度约为19 mm左右。

对RDX，HMX和CL-20的晶态和感度进行研究，可以得到如下结论。

(1)理论密度附近，RDX，HMX和CL-20的晶体密度对摩擦感度基本无影响。RDX，HMX和CL-20的晶体密度对机械感度均有影响，密度越高，特性落高越大。相对而言，CL-20的特性落高随晶体表观密度的增加而增加的趋势更为显著。

(2)接近理论密度时，RDX，HMX和CL-20的晶体密度越大、内部孔隙率越低，其冲击波感度也随之降低，二者间关系接近线性。

(3)在液体填充和浇铸装药方式下，随着RDX，HMX和CL-20晶体颗粒尺寸增大，冲击波感度略增。在液体填充和浇铸装药方式下，颗粒形貌对冲击波感度影响较小。

(4)影响RDX和CL-20冲击波感度的关键因素是晶体内部的孔隙，影响HMX冲击波感度的关键因素是晶体内部的孪晶。

5.4　成型方式对炸药晶态及其冲击波感度的影响

5.4.1　浇铸成型

5.4.1.1　RDX基浇铸炸药

炸药晶体是颗粒粉末材料，这些颗粒之间存在较多孔隙。考察炸药晶体缺陷对冲击波感度的影响，需要在不对晶体产生破坏的前提下尽量消除这些孔隙。根据冲击热点产生机制，采用吸热、柔性材料作为浇铸成型填充介质可以达到目的。由此，选择低密度的轻油(0.92 g/cm^3)、水和空气作为装填介质，对比考察了两种晶体表观密度的RDX与其冲击波感度的关系，浇铸所得药柱尺寸为ϕ20 mm×20 mm，冲击波感度实验按5.1节的冲击波感度隔板法进行，结果见表5-39。

表 5-39 RDX为基的填充介质与冲击波感度的关系

炸药配方	装药方式	晶体表观密度 g·cm^{-3}	内部孔隙率 %	药柱空隙率 %	冲击波感度隔板厚度 mm
RDX/油（质量比为 76∶24）	浸润	1.796 8	0.18	0.75	14.0
		1.798 3	0.06	0.73	12.4
RDX/水（质量比为 76∶24）	浸润	1.796 8	0.18	0.75	14.0
		1.798 3	0.06	0.70	13.0
RDX/HTPB（质量比为 78∶22）	浇铸	1.796 8	0.18		17.5
		1.798 3	0.06		12.0
RDX（质量比为 100%）	空气	1.798 3	0.06	0.2	22.0

从表 5-39 中的结果可看出，晶体表观密度（或晶体孔隙率）与冲击波感度关系密切，晶体孔隙率越低，隔板厚度越小，冲击波感度越低。采用浸润和浇铸两种方式，降感作用不同，油和水的降感作用使得高品质晶体体现的降感效果得以减少。在 HTPB 基浇铸配方中，D-RDX 的降感作用最好。通过填充不同介质油和水，排除药柱内晶粒之间的空隙，降感作用更为明显，可以推测，晶体体缺陷中的溶剂包藏物对感度的贡献不大，真正起作用的是晶体中的孔洞。

5.4.1.2 HMX 基浇铸炸药

分别采用空气、轻油（0.92 g/cm^3）和重油（1.90 g/cm^3）作为填充介质进行冲击波感度实验，样品为普通 HMX（n-HMX）和从 DMSO 中重结晶的高品质 HMX（D-HMX），两类样品都取自 40 目筛上颗粒物，采用小隔板实验获得的结果见表 5-40。

表 5-40 HMX为基的填充介质与冲击波感度的关系

对比配方	主体炸药	填充介质	介质密度 g·cm^{-3}	配方中炸药质量分数 %	冲击波感度隔板厚度 mm
PBX1	n-HMX	轻油	0.92	79	15.5
	D-HMX	轻油	0.92	80	18.5
PBX2	n-HMX	重油	1.90	64	16.5
	D-HMX	重油	1.90	69	18.5
PBX3	n-HMX	空气	1.29×10^{-3}	100	30.0

从表 5-40 的结果可看出，如果 HMX 晶体颗粒间填充的是空气，样品冲击波感度很高。无论填充轻油或重油，都造成隔板厚度下降。相比较而言，低密度轻油的隔板厚度下降得最多。由此可见，晶体颗粒间的空隙在冲击作用下的确会产生大量热点，当用轻油或重油填充时，绝大部分颗粒间的空隙被液体填充，这大大降低了在冲击作用下产生热点的数量，使冲击

起爆阈值变高。

相关文献认为，晶体内部体缺陷中的溶剂包藏虽然不会形成热点，但使得晶体内密度不均匀，冲击波在界面会发生反射与会聚，进而使得晶体容易起爆。实验结果也表明，与 HMX 晶体密度匹配的重油作为填充介质，其冲击波感度有所增高。尽管溶剂包藏造成了晶体密度的不均匀，也对感度的影响不大，反而由于密度的不均匀，可能造成冲击波能量在局部会聚，表现为感度升高。可见，冲击作用下晶体中热点的重要来源是晶体内部的孔洞，而不是溶剂包藏物。

5.4.2　压制成型

5.4.2.1　低比压成型对 PBX 冲击波感度的影响

炸药晶体是组成各种炸药的主体材料，在粒度、形状、装药相对密度等条件基本相同的情况下，高结晶品质炸药晶体与普通炸药晶体制成的炸药配方的冲击波感度的差异，还有可能是由于在炸药柱制备过程中压力过大而产生新的裂纹和缺陷所导致，从而掩盖炸药晶体结晶品质的差异。为此，在相同 PBX 配方中采用了低软化点、低弹性模量的黏结剂聚丙烯酸酯(PA)，以及高装药密度、低比压成型的方式来考察 HMX 的晶体缺陷对冲击波感度的影响。

对比所用的 n－HMX 和 D－HMX 由筛分得到同一粒度分布为 250～320 μm，PBX 配方为 HMX/TATB/PA，压制成型压力为 80 MPa，压制成尺寸为 ϕ20 mm×20 mm，97%TMD 的炸药试样。冲击波感度实验按本书的冲击波感度隔板法进行，测试结果见表 5－41。实验结果表明，采用 D－HMX 较采用 HMX 基 PBX 模型配方的冲击波感度降低，50%爆炸概率的隔板值由 19.0 mm 降为 17.5 mm。这说明，虽然在压装过程中 HMX 炸药晶体有轻微的破碎现象发生，但由于 D－HMX 晶体相对于普通 HMX 晶体内部缺陷更少，且缺陷尺寸更小，对冲击波感度的影响仍然较小。

表 5－41　低比压成型 HMX 基炸药的冲击波感度

炸药配方	压制比压 MPa	HMX 粒度分布 μm	HMX 表观密度分布 $g\cdot cm^{-3}$	冲击波感度隔板厚度 mm
n－HMX/TATB/PA (质量比为 85∶10∶5)	80	250～320	1.896 9～1.898 4	19.0
D－HMX/TATB/PA (质量比为 85∶10∶5)	80	250～320	1.900 4～1.901 0	17.5

5.4.2.2　高比压成型对 PBX 冲击波感度的影响

为考察更高压制比压下，晶体破碎程度较高时晶体缺陷对冲击波感度的影响，设计了两个 HMX/TATB 基的压装型 PBX 配方，其主要区别在于 TATB 的含量不同。筛分得到粒度分布为 250～320 μm 的 n－HMX 和 D－HMX 样品，PBX 配方为 HMX/TATB/F2311，压制成型压力为 260 MPa，压制成尺寸为 ϕ20 mm×20 mm，99%TMD 的炸药试样。冲击波感度实验按本书的冲击波感度隔板法进行，测试结果见表 5－42。

结果表明，高比压成型条件下晶体缺陷的多少对冲击波感度的影响依然较大。可以认为：①压装过程中 HMX 晶体虽然有破碎发生，但由于 D－HMX 晶体相对于普通 HMX 晶体内部缺陷更少，且内部缺陷尺寸更小，仍然可以降低 PBX 的冲击波感度；②由于含有较多细颗粒的 TATB，加之 TATB 的类石墨结构，本身具有较强的润滑作用，使得在压制过程中 HMX 与 TATB 都具有较好流散性，这可以减少 HMX 的晶体破碎。

表 5-42　高比压成型 HMX 基炸药的冲击波感度

对比配方	配方组成	压制比压 MPa	HMX 表观密度分布 $g \cdot cm^{-3}$	冲击波感度隔板厚度 mm
PBX3	n-HMX/TATB/F2311 （质量比为 85∶10∶5）	260	1.896 9～1.898 4	23.4
	D-HMX/TATB/F2311 （质量比为 85∶10∶5）	260	1.900 4～1.901 0	20.1
PBX4	n-HMX/TATB/F2311 （质量比为 75∶21∶4）	260	1.896 9～1.898 4	17.00
	D-HMX/TATB/F2311 （质量比为 75∶21∶4）	260	1.900 4～1.901 0	15.25

5.4.2.3　成型方式对冲击波感度影响

将表 5-40 和表 5-42 中的浇铸成型 PBX1，PBX2 和高比压压装成型的 PBX3，PBX4 放在一张图里，可比较得到两种成型方式下 D-HMX 和 n-HMX 的晶体缺陷差异对冲击波感度的影响，如图 5-29 所示。总体而言，D-HMX 在浇铸、压装配方中均有明显降感作用，与普通 HMX 相比，冲击波感度降低幅度为 10%～25%。

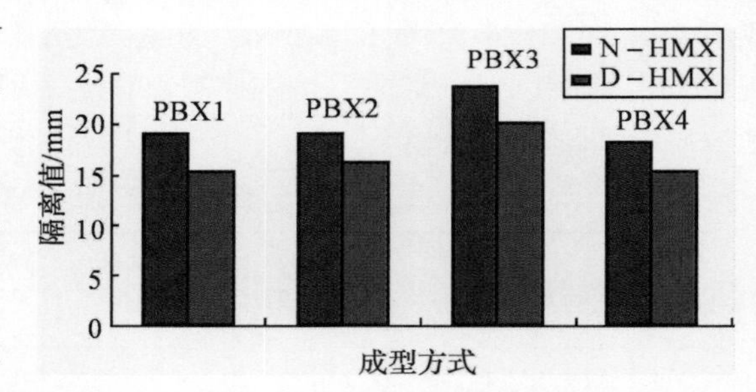

图 5-30　成型方式对冲击波感度影响

PBX1 和 PBX2 炸药配方分别使用了轻油（0.92 g/cm^3）和重油（1.90 g/cm^3）进行油浸浇铸成型；PBX3 和 PBX4 则使用黏结剂 F2311 进行高比压成型，所不同的是 PBX4 中的 TATB 含量比 PBX3 的多 10%。从图 5-30 可以看出：①随着配方中钝感剂 TATB 含量增高，配方的冲击波感度降低，如 PBX4 的冲击波感度可以和浇铸型的 PBX1，PBX2 相当，这反映了钝感剂的作用；②4 个对比配方中，无论是浇铸成型还是压装成型，D-HMX 取代 n-HMX 都会产生明显降感作用，这反映了晶体破碎对冲击波感度并没有产生明显影响，而晶体内部孔洞依然是最主要的影响因素。

5.5　冲击作用下硝胺炸药热点形成计算

大量的研究工作表明，冲击作用下微孔隙黏塑性塌缩是热点形成的一种重要机制。通过隔板实验，初步得到了炸药晶态与冲击波感度的一般规律。但是对于“热点到底有多热？”“热点间相互作用的总体效应到底多大？”等这些关于热点是如何形成、成长和相互作用的问题，实验观测十分困难。在具体问题中,对于占主导地位的热点机制,常常只能推测,而难以确认。为了解决这些问题,需要进行炸药晶体的细观尺度数值模拟。细观结构在炸药中具有承上启下的角色。一方面,炸药的宏观响应行为直接取决于细观结构;另一方面,外界作用需通过细观结构传递到炸药分子、原子,这一过程精细地影响着化学反应的发生。通过细观数值模拟,可以展示细观结构特别是热点的演化,确定在不同条件下细观结构的影响和热点形成机制,揭示从热点燃烧发展到流体动力学机制占主导地位的爆轰波的形成过程和爆轰波的结构,为建立可用于工程计算的宏观模型提供依据。

以前关于起爆实验主要使用非均相炸药,注重对炸药集聚体的刺激响应进行统计分析,由于研究对象为非均相混合体系,起爆影响因素很多,很难确切反映炸药的固有特性。而炸药大单晶较为纯净,杂质与缺陷较少,一致性好,可在一定程度上避免这些问题。采用离散元法(Discrete Element Method)和格子模型(Lattice Model)研究孔隙大小、形状以及孔隙阵列对HMX 炸药受冲击作用后热点峰值和热场分布的变化,并讨论冲击波强度对热点形成过程的影响。对比了同一模型在有无孔隙存在时的热点分布和温度峰值,探索了这一过程中孔隙塌缩所起的作用。

5.5.1　离散元计算方法

离散元法的基本思想是把物体离散为具有一定物理意义的独立“元”或“粒子”,相邻的单元之间存在某一种或某几种作用力,单元的运动受牛顿第二运动定律支配。用时步迭代的方法求解各单元的运动方程,通过研究离散元系统的整体运动形态就可以得到模拟对象的物理和化学的状态分布和演化规律。

在物体的离散化方面,将所研究的区域划分成独立的“元”,介质的运动和变化由系统中各元的运动和变化来描述,并通过节点建立单元间的联系。元具有几何和物理两类基本特征。几何特征主要有形状、尺寸以及初始排列方式等。理论上元可以为任意形状,并且允许变形,但实际常用的是圆盘形(2D)和球形(3D)刚体。排列方式则常用类似空间晶格点阵的有序排列(这样排列的材料具有一定的各向异性),有时也采用伪随机排列。元的物理性质有质量、温度、比热、热膨胀、相变阈值、化学活性以及元之间的相互作用力等。在计算程序中不同的材料用不同的代码表示,通过改变元的材料代码,可以方便地在初始构型中生成夹杂、孔隙等缺陷,并且在系统演化过程中,当某个或某些元达到相应的阈值时,可发生相变或化学反应,而改变其材料代码。因此,可以设想这样的模型具有独特的可描述高缺陷、非均质、多相材料力学行为的能力。

5.5.1.1　邻居关系

离散元系统是一个多体系统,每个元除了可能受外力作用以外,还可能受其他元的内力作用。因为元的尺寸通常在细观和宏观层次,元不是分子或原子,所以元之间不存在长程作用,而只有那些相邻的元才有力的作用。这样,为了计算内部作用力,就必须先确定邻居关系,即确定任意两个元之间的连接状态。

如果某两个元互为邻居,则它们可能有 3 种作用方式:键接并接触、只键接不接触和只接触不键接。如果二者既不键接也不接触，则它们就不是邻居，没有相互作用。这里“键接”是指两个元之间有化学键，而“接触”只是机械作用。表 5－43 给出了计算中第 n 步时元 i 和元 j 之邻居关系的判断标准。

表 5－43　元 i 和元 j 的各种连接状态

第 n 步时两元的中心距离 r^{ij}	$(n-1)$步时的状态	n 步时的状态
$r^{ij} \leqslant r^{ij}_{\min}$	所有状态	键接并接触
$r^{ij}_{\min} < r^{ij} \leqslant r^{ij}_{0}$	键接	键接并接触
	非键接	仅接触
$r^{ij}_{0} < r^{ij} \leqslant r^{ij}_{\max}$	键接	仅键接
	非键接	非键接、非接触
$r^{ij} > r^{ij}_{\max}$	所有状态	非键接、非接触

表中，$r^{ij}_{\min}$ 和 $r^{ij}_{\max}$ 是两个重要参数（通常 $r^{ij}_{\min} \leqslant r^{ij}_{0} \leqslant r^{ij}_{\max}$，$r^{ij}_{0} = r^{i}_{0} + r^{j}_{0}$，即元 i 和元 j 的半径之和），当两元之间的距离 $r^{ij} > r^{ij}_{\max}$ 时，两元即无相互作用，相当于产生了一条微裂纹。改变 $r^{ij}_{\max}$，可改变材料的韧脆特性，而 $r^{ij}_{\min}$ 则提供了裂纹重新愈合的可能。

5.5.1.2　运动方程

邻居关系确定后，下一个问题就是根据元的当前位置、速率和系统演化历史计算邻居元之间的相互作用力。离散元方法中的作用力模型相当于连续介质力学中本构关系的概念，它和材料性质有关，根据经典力学理论可写出离散元系统的运动方程：

$$\left.\begin{aligned} m_i v_i &= \sum_{j=1}^{k} F_{j\to i} + F_i \\ J_i \theta_i &= \sum_{j=1}^{k} (R_{j\to i} F_{j\to i}) + \phi_i \end{aligned}\right\} \quad (i = 1, 2, \cdots, n) \tag{5-11}$$

式中：m_i—— 元 i 的质量，g；

J_i—— 元 i 的转动惯量，$g \cdot m^2$；

v_i—— 元 i 的平动矢量的模，m/s；

θ_i—— 元 i 的角矢量，°；

$F_{j\to i}$—— 邻居元 j 对元 i 的作用力，N；

$R_{j\to i}$—— 邻居元 j 到元 i 的力臂，m；

F_i—— 元 i 所受的作用力，N；

ϕ_i—— 元 i 所受的作用力矩，N·m；

n—— 系统中元的总数，个；

k—— 元 i 的邻居元数目，个。

上述运动方程是动力学方程，反映了系统的惯性响应，根据边界条件求解上述 $2n$ 个矢量常微分方程即得到系统的演化规律。

5.5.1.3 孔隙塌陷计算模型

离散单元采用三角密排方式排列，单元半径为 0.2 μm，如图 5－30(a)所示。计算模型如图 5－30(b)所示，模型的初始条件为假定 HMX 晶体中预制一直径为 10 μm 的孔隙缺陷，图中 HMX 晶体的左右两端为周期性边界条件，上方为自由边界条件，加载面位于下方，加载方向如图中箭头所示。为减小计算量，在下边界采用活塞加载方式，即以恒定速率推动样品。

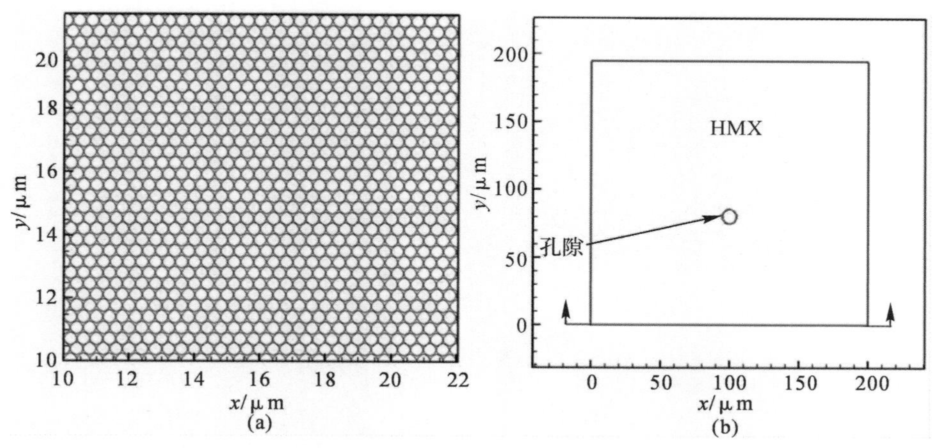

图 5－30 冲击加载下硝胺炸药孔隙塌陷的离散元计算模型

(a)离散元三角密排方式；(b)计算模型的初始条件

5.5.2 炸药孔隙塌缩的离散元模拟

现在介绍炸药冲击加载下孔隙塌缩离散元模拟的具体算例。模拟仅限于力学和热效应，未考虑相变和化学反应，主要目的在于定性或半定量揭示热点形成和演化规律。HMX 离散元的直径为 0.4 μm，时间步长为 0.01 ns，初始温度为 293 K。

5.5.2.1 冲击作用下 HMX 晶体中圆孔隙的塌缩

计算模型如图 5－30 所示，孔隙直径为 10 μm，活塞加载速率为 100 m/s，含 281 501 个离散元。图 5－31 为加载不同时刻的 y 轴应力分布示意图。由图 5－31 可见，由于孔隙的卸载作用使得孔隙周围的应力分布存在较大不均匀性。19 ns 时，弹性先驱波到达孔隙下界面，应力分布均匀，波剖面呈现典型的弹塑性双波结构。24 ns 时，塑性波到达孔隙下界面，由于弹性先驱波的作用，孔隙左边和右边存在应力集中，同时向孔隙下方传播稀疏波，在孔隙上方的弹性波绕过孔隙并汇聚。29～54 ns 时，冲击波继续传播，同时孔隙开始塌缩，在塌缩过程中向孔隙下方和上方不断传播稀疏波，稀疏波作用直至孔隙完全闭合时才终止；孔隙左右两边处于平面应力状态，存在应力集中，并形成微射流。由于加载强度较低，孔隙塌缩过程较缓慢，当冲击波到达上自由面时，孔隙仅仅部分塌缩。

模拟计算表明，应力集中在孔隙左右两端，此处最先形成热点，孔隙塌缩过程中在稀疏波的边界处形成高温带。这些高温带是由局部区域的强烈剪切变形引起的。图 5－32(a)(b)分别为 54 ns 时孔隙左上方和左下方高温带的网格变形示意图，图中箭头为相对滑移方向(这里的网格是为显示变形而引入的，并未参与计算)。由图 5－32 可见，高温带存在明显的剪切变形，其周围区域基本保持三角密排的状态，高温带显示了绝热剪切带的基本特征。剪切带从孔隙左右两边的应力集中处开始发展，并呈现固定角度，这是由于孔隙左右近似处于平面应力状态，此时最大剪应力方向为45°角，因此剪切作用从最大剪应力方向开始，并向孔隙周围传播。图5-32中剪切带之间并不是严格互相垂直的，可能是由于孔隙附近并不是严格的平面应力状态，并且计算网格的三角排列也会给剪切带的方向带来一定的影响。

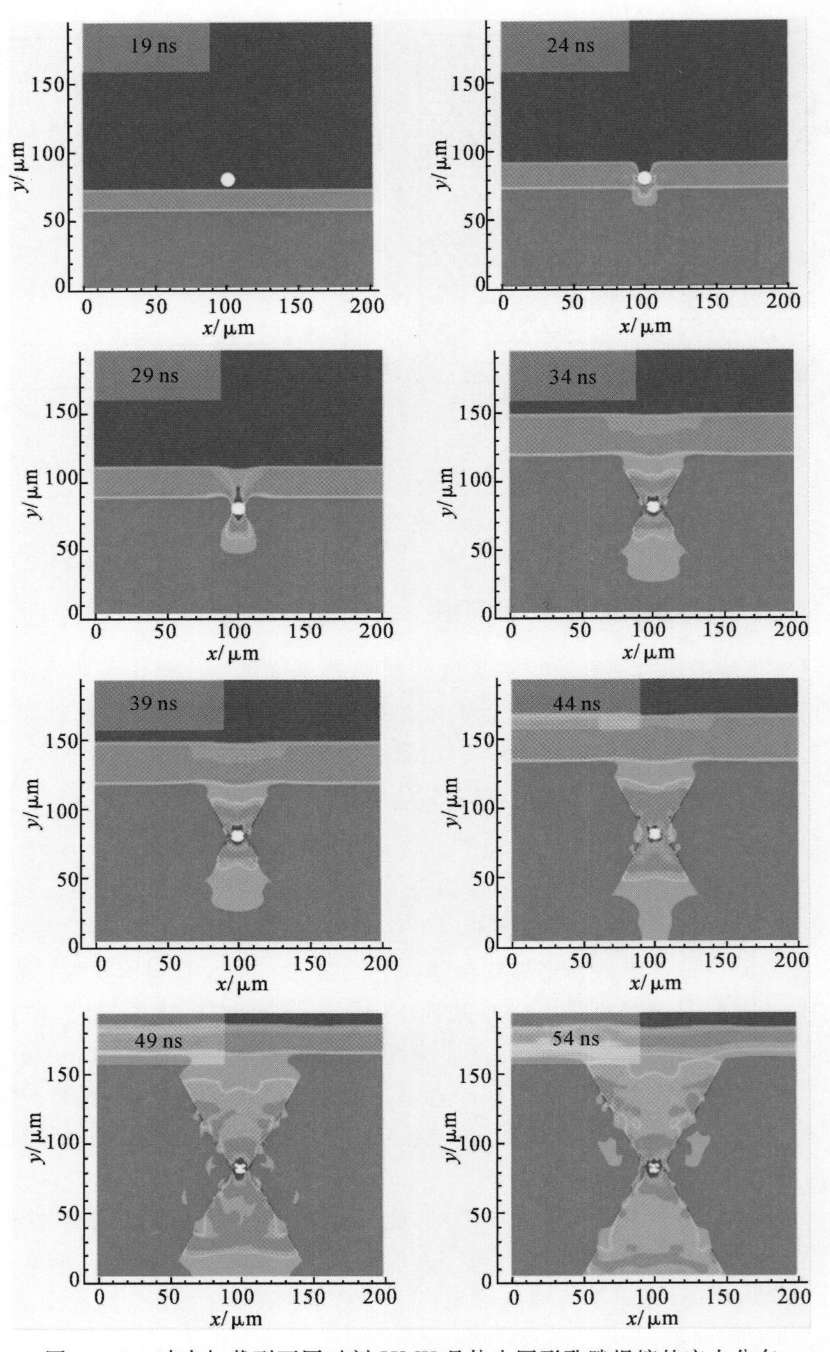

图5-31 冲击加载到不同时刻HMX晶体中圆形孔隙塌缩的应力分布

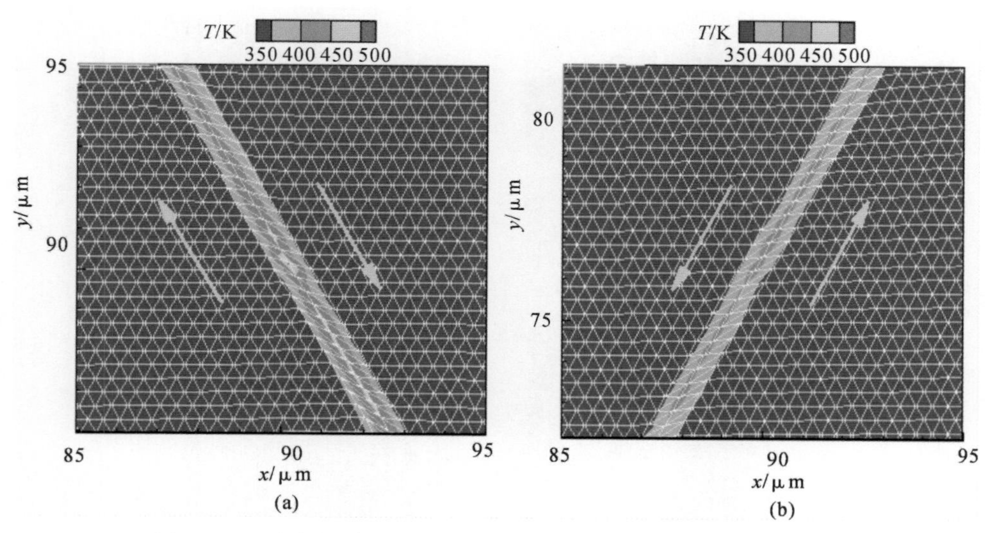

图5-32 冲击加载到54 ns时HMX晶体中圆孔隙的绝热剪切带

(a)孔隙左上方的高温剪切带;(b)孔隙左下方的高温剪切带

图5-33为加载到不同时刻时孔隙附近的速度矢量场分布。29 ns时,孔隙左右两边的微射流开始形成(在高速加载情况下,微射流从孔隙底部形成)。在冲击波绕过孔隙后,孔隙上部出现微断裂。孔隙上部受稀疏作用影响的区域内,加载压力降低,因此粒子速率低于未受稀疏作用区域,这个速率差将造成稀疏波边界处剪切变形的局域化,形成绝热剪切带;同理,在孔隙下部受稀疏波影响的区域内,压力降低,粒子间的势能转化为动能,使得粒子速率增加,同样在稀疏波边界处形成绝热剪切带。孔隙左上方与右下方的剪切带的滑移方向相同,孔隙左下方与右上方的剪切带的滑移方向相同。由于在孔隙塌缩过程存在断裂现象,破坏了计算中的孔隙左右对称性,所以后期速度矢量场不存在左右对称性。

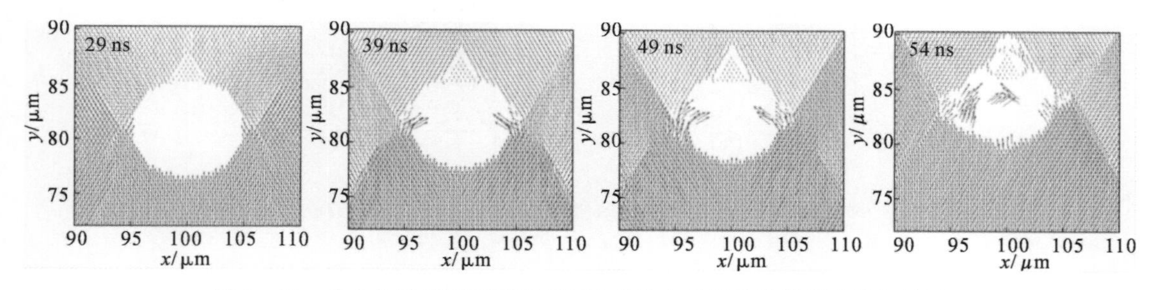

图5-33 冲击加载到不同时刻HMX晶体中的圆孔隙附近速度矢量场

5.5.2.2 含方形孔隙炸药中的冲击波和热点

计算模型与5.5.1.3小节单孔隙模型类似,仅仅是将直径为10 μm圆形孔隙改变为边长为10 μm正方形孔隙,活塞加载速率同样为100 m/s。图5-34为加载不同时刻 y 轴应力分布示意图,应力波传播过程与5.5.2.1小节中所描述的基本类似,仅仅在孔隙附近的应力分布细节出现变化。

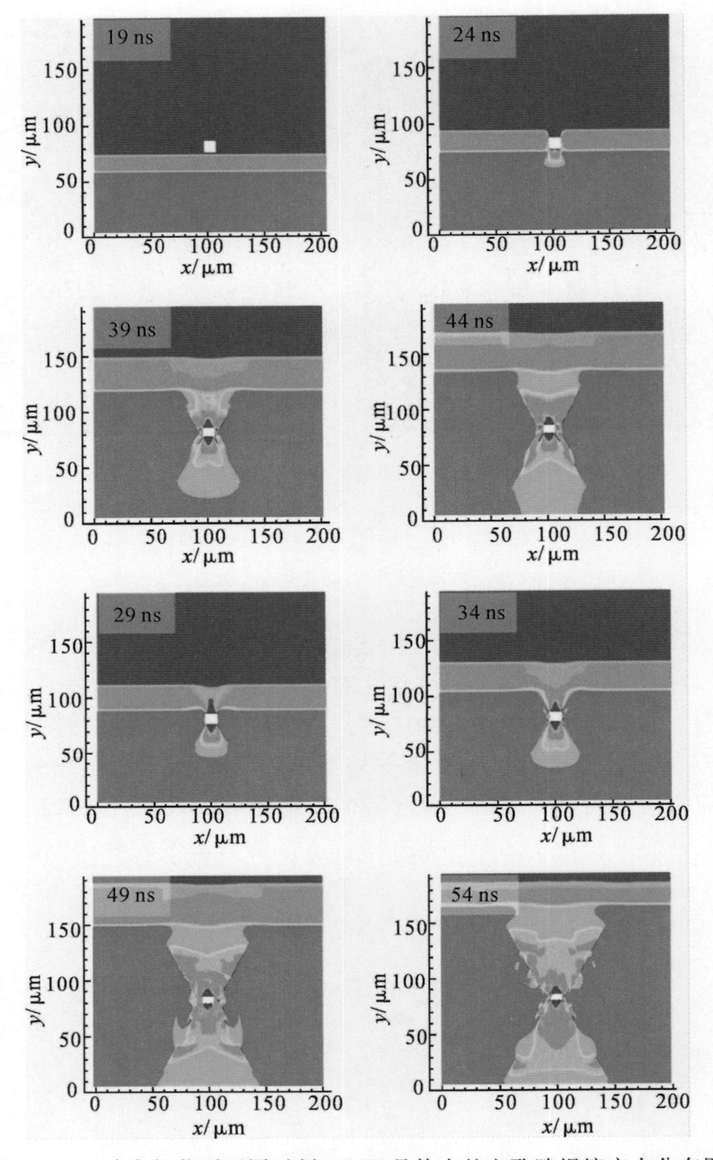

图 5-34　冲击加载到不同时刻 HMX 晶体中的方孔隙塌缩应力分布图

模拟计算表明，冲击波在 29 ns 时经过孔隙下边界后，由于局部剪切作用，将从孔隙下部的两角向上发射剪切带，同时向下传播的稀疏波边界处也形成剪切带。冲击波在 34 ns 时已开始绕过孔隙，并从孔隙上部的两角向下发射剪切带，与孔隙下部向上发射的剪切带相交，两条剪切带相交释放了局部的变形势能，并且热点峰值处于两条剪切带的交点处。图 5-35 为冲击波在 39 ns 时孔隙附近的剪切带及温度分布图，可见热点峰值位于两条剪切带相交处，并且孔隙上部和下部出现破碎现象，与圆形孔隙相比，低载条件方形孔隙的塌缩过程不存在明显的微射流。

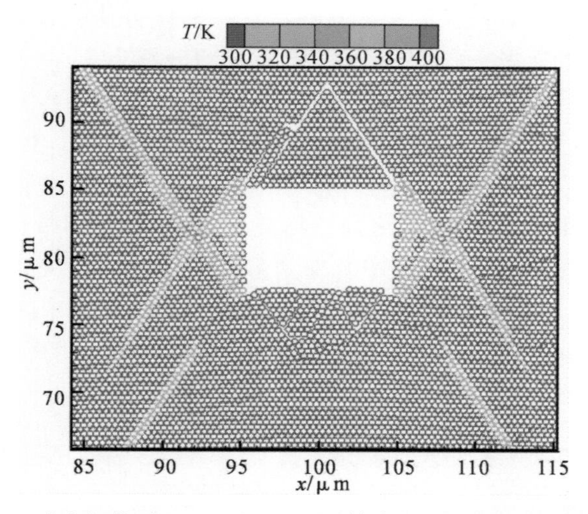

图 5－35　冲击加载到 39 ns 时 HMX 晶体中方孔隙附近的绝热剪切带

5.5.2.3　孔隙尺寸与排列对温度场的影响

模拟计算了活塞速率 100 m/s、冲击波到 54 ns 时，直径分别为 10 μm，20 μm 和 30 μm 的圆形孔隙附近温度场分布，计算表明它们的温度峰值分别为 548 K，536 K 和 530 K。如果将圆形孔隙换为边长分别为 10 μm，20 μm 和 30 μm 的方形孔隙，计算表明它们的温度峰值分别为 504 K，541 K 和 571 K。由此可见，低速加载情况下，圆形孔隙的尺寸对热点温度峰值影响不明显，温度峰值区处于孔隙的左右两端；而对于方形孔隙，热点温度峰值随着孔隙尺寸的增加而增加，温度峰值区处于孔隙下端向上发射的剪切带。图 5－36 为圆形孔隙直径 10 μm 和 30 μm 的模型在加载 54 ns 时的剪切带及温度分布示意图，可见孔隙直径增加后，在孔隙附近形成更多的微裂纹，并且在两个剪切带之间形成微裂纹。

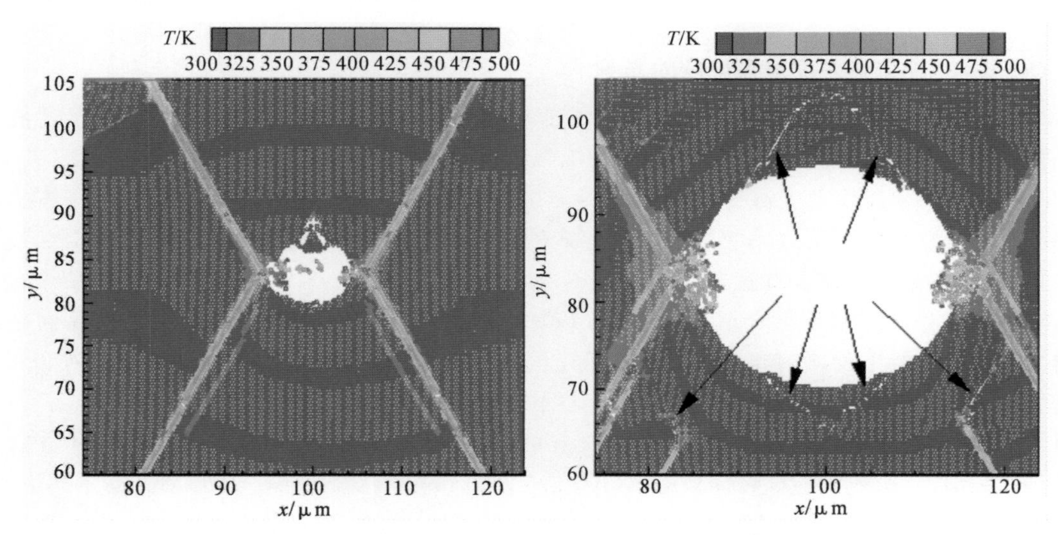

图 5－36　冲击加载到 54 ns 时 HMX 晶体中不同尺寸圆形孔隙附近的绝热剪切带

(a)圆形孔隙尺寸为 10 μm；(b)圆形孔隙尺寸为 30 μm

进一步研究了孔隙间距对温度分布的影响。计算模型为预制圆形孔隙缺陷，加载方式为速率 100 m/s 的活塞推动。图 5-37(a)(b)是孔隙间距分别为 65 μm 和 20 μm 的模型在加载 54 ns 时的温度分布。当孔隙间距较远时，温度分布与单孔隙相似；当两个剪切带相交时会形成局部热点，并抑制剪切带的进一步发展，温度峰值为 498 K，低于单孔隙情形(54 ns 时温度峰值为 548 K)，如图 5-37(a)所示。这是由于孔隙附近的变形受到另一个孔隙远场稀疏波的影响而减小。当孔隙间距较近时，孔隙之间的稀疏作用较强，剪切带彼此相交并彼此抑制，使得高温区局域化更加明显，高温单元较单孔隙情形增加，温度峰值也增加为 572 K。因此，在低载情况下，当缺陷相距较远时对温度分布并无明显影响，本算例中热点峰值的降低并不具有普遍性；当缺陷相距较近时，对温度分布影响明显，剪切带的彼此相交进一步加剧温度局域化，热点温度峰值升高。

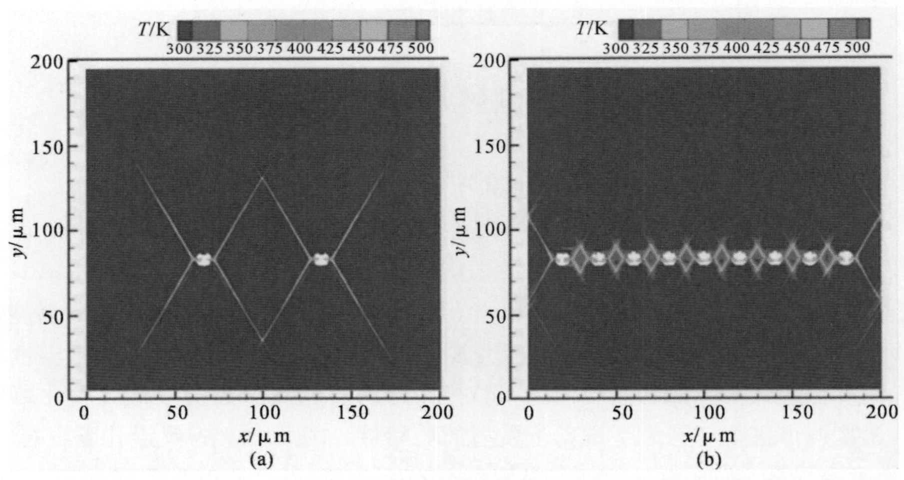

图 5-37 冲击加载到 54 ns 时 HMX 晶体中不同间距圆形孔隙附近的绝热剪切带

(a)孔隙间距为 65 μm；(b)孔隙间距为 20 μm

5.5.2.4 冲击波强度对温度场的影响

冲击波强度对温度场的影响显而易见。随着冲击强度的增加，孔隙闭合时间和温度值升高速率必然加快。计算表明当活塞加载到 54 ns 时，加载速率 200 m/s 时的峰值温度(T_{peak})为 914 K，而加载速率 300 m/s 时的 T_{peak} 为 1 284 K。但是，由于孔隙塌陷过程中存在体积黏性变形、弹塑性黏性变形和剪切黏性变形等多种引发温升的因素，这些因素对温升的贡献各不相同。为此考察了活塞加载速率为 300 m/s，输出时刻为 54 ns 时 3 种黏性变形对温升的贡献，模拟结果如图 5-38 所示。由图 5-38 可见，温升主要由弹塑性黏性变形和剪切黏性变形引起，而体积黏性变形则对温升的贡献较低。Conley 等人在研究 HMX 的剪切黏性变形时，也发现体积黏性变形可以忽略不计，这与本工作的结果是一致的。

图 5-39 为在模型中线距离加载面 40 μm 处取一单元(位于孔隙下方)，记录其 y 方向应力历史，3 条曲线分别对应 3 种加载速率(100 m/s，200 m/s 和 300 m/s)。在 3 种加载速率下，应力波未受孔隙稀疏影响前，计算得出的 y 轴应力分别达到 0.648 GPa，1.266 GPa 和 1.94 GPa。由于离散元模型对剪切变形的描述不是非常严格，所以图形所描述的波形仅反映整体趋势，而其细节不具有特征意义。

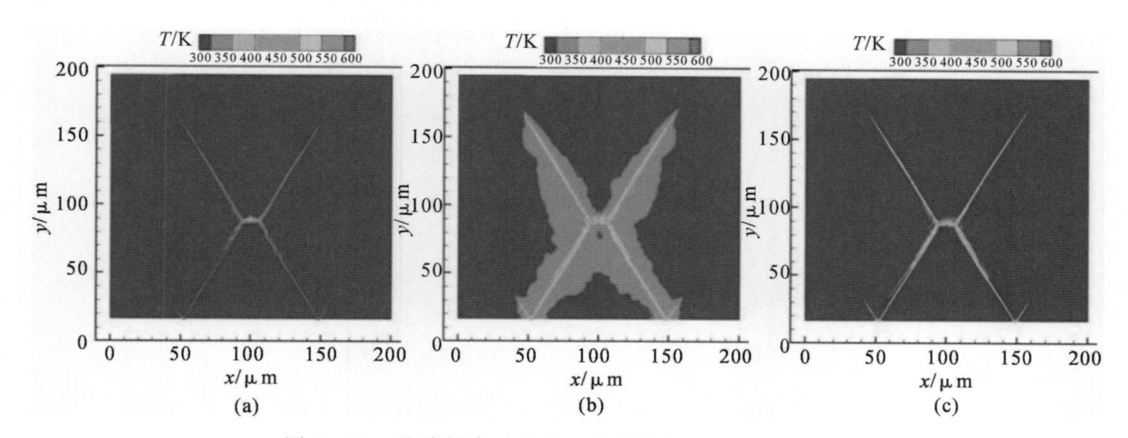

图 5－38　孔隙闭合过程中三种黏性变形对温升的贡献

(a)体积黏性变形(T_{peak}＝393 K)；(b)塑性黏性变形(T_{peak}＝588 K)；(c)剪切黏性变形(T_{peak}＝968 K)

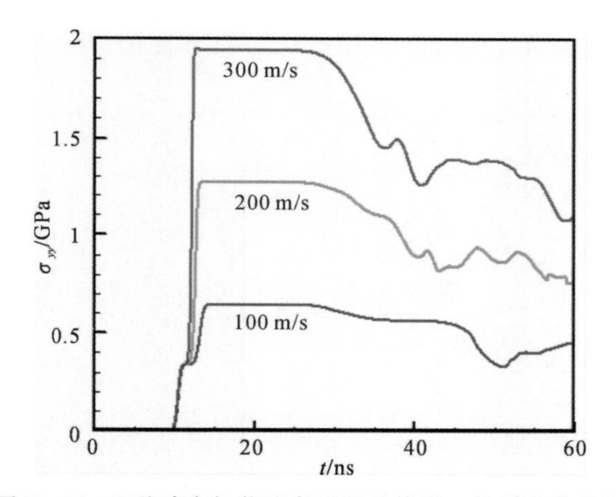

图 5－39　3 种冲击加载速率下记录单元 y 轴的应力曲线

5.5.2.5　孪晶结构的冲击响应

孪晶是由两个或两个以上的同种晶体构成的、非平行的规则连生体。本书采用两种方法建立孪晶模型：①孪晶由两组排列方向不同的离散元构成，结合面处的缺陷数量由平衡算法获取；②孪晶由均匀的离散元构成，在不同的均匀晶体区采用不同的参数。由于单晶一般具有各向异性，沿不同晶向加载的冲击波速率将发生变化，这种做法就是通过参数的变化近似模拟孪晶的各向异性性质。图 5－40 为 HMX 单晶常温常压条件下声波传播速率随角度的变化，可见 HMX 单晶具有明显的各向异性，其中，红色曲线纵波的声波传播速率相差约为 10%。

图 5－40 中红、蓝、绿线分别对应于纵波、水平横波和垂直横波，实线由实验数据拟合获得，虚线由分子动力学计算获得，三角符号为实验点。

首先采用第一种方法建立离散元孪晶模型。图 5－41(a)为初始离散元分布，两个离散元区域相对夹角为 72°，由图可见在结合面处存在较多重叠。结合面处的缺陷数量需要通过平衡算法降低，具体做法为，在整个离散元区域的边界处采用固壁边界条件，维持作用力模型不变，经过较长时间计算后，整个离散元模型将基本平衡。图 5－41(b)为经过 8 000 步计算后的离散元分布图，虽然结合面处的重叠大大降低，但在模型中存在较大的内应力，量级约为 0.2 GPa。如图 5-41(c)(d)所示，其中结合面位于 x 轴 40 μm 和 80 μm 处，方向平行于 y 轴。

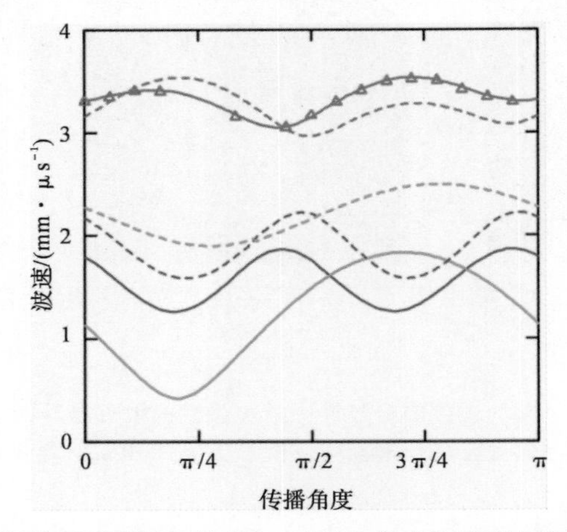

图 5-40　常温常压下 HMX 单晶[010]晶向的声波速率与传播角度的关系

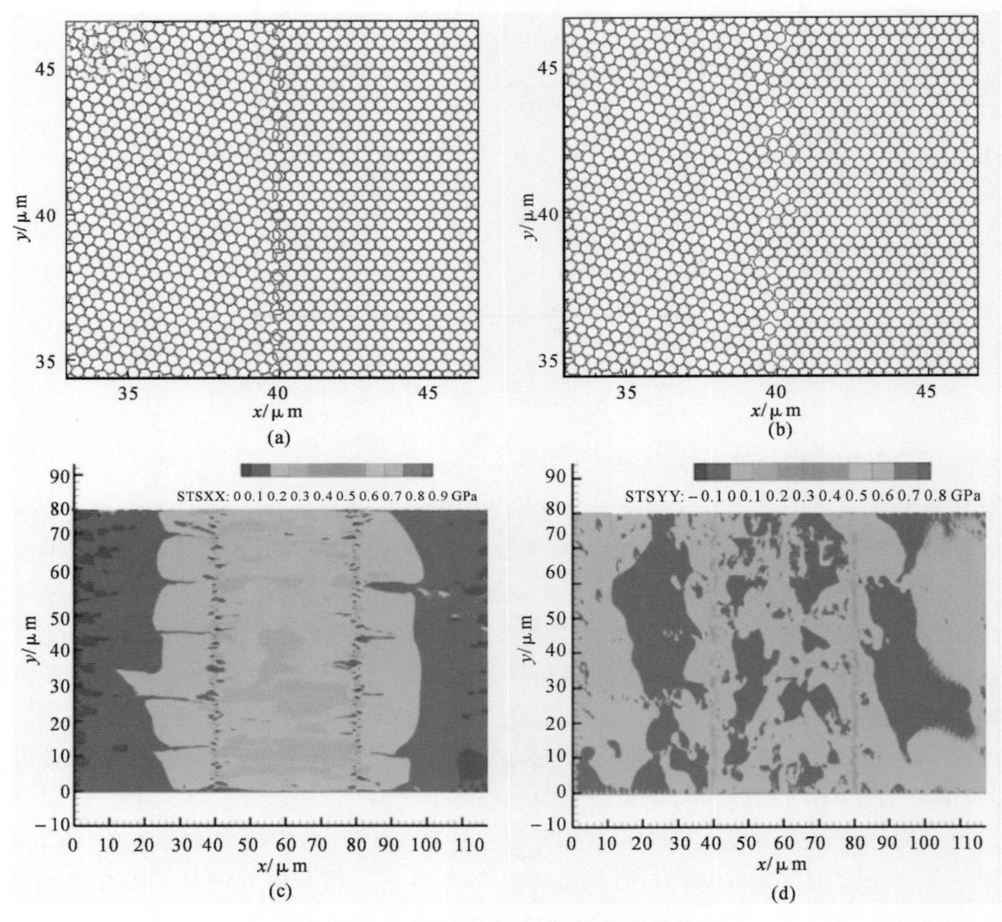

图 5-41　异向排列的两组离散元型孪晶

(a)相对夹角 72°的初始离散元分布；(b)平衡计算后的离散元分布；

(c)平衡计算后 x 方向应力分布；(d)平衡计算后 y 方向应力分布

其次，采用第二种方法建立孪晶模型。图5-42(a)为计算模型，模型中1,2,3,4为均匀单晶区域，左、右两端为滑移固壁边界，上、下两边为自由边界，每个区域仅有Hugoniot参数C_0和λ发生变化，参数设置见表5-44。本书定性模拟孪晶在冲击加载下由各向异性引起的应力波状态。其中，对晶区4的加载方式为飞片冲击，初始飞片速率为400 m/s。

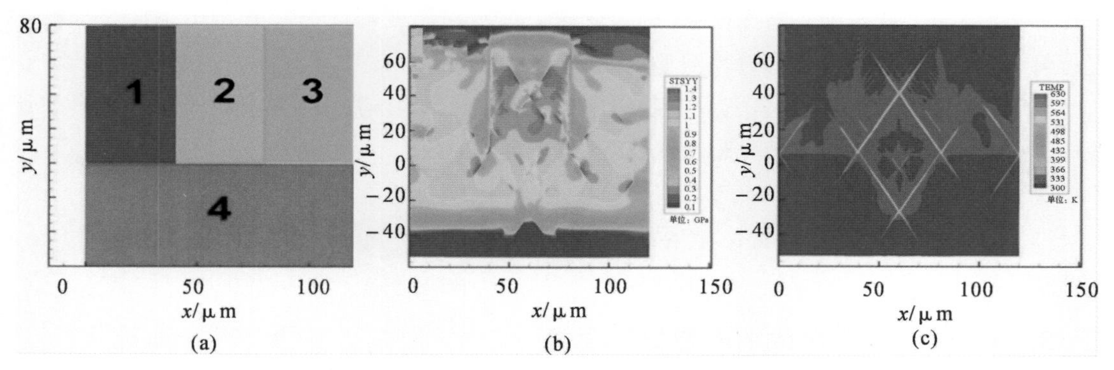

图5-42　离散元分区型孪晶

(a)离散元分区；(b)25 ns时y轴应力分布；(c)25 ns时温度场分布

表5-44　不同离散元晶区的Hugoniot参数

离散元晶区	C_0/(km·s^{-1})	λ
1	2.081	1.93
2	2.893	2.06
3	2.081	1.93
4	2.893	2.06

由图5-42(b)可知，位于中间区域的晶体2波速最快，晶体1和晶体2中冲击波速率相差约为30%。由图5-42(c)可见，冲击波速率的不同引发不同晶向的压缩程度产生了差异，这导致了绝热剪切带从结合面处生成，剪切带温度场中最高温度点位于两条剪切带的交点，约为630 K。这些研究工作表明：

(1)作用力模型中的体积黏性力、切变力、剪切黏性力以及干摩擦力的耗散做功对温升的贡献各不相同。由于干摩擦发生的概率较低，可忽略其对温升的贡献。体积黏性对温度升高的贡献较低。热点区域主要由剪切变形和剪切黏性的耗散功引起。

(2)孔隙塌缩过程中，其左、右两端的应力集中处向孔隙周围发射剪切带，剪切带的方向沿着最大剪应力方向发展，并且剪切带处存在明显的温升，这是孔隙塌缩的一种主要形成机制。

(3)低冲击加载条件下，孔隙尺寸对温度场的分布影响不明显。对于方形孔隙，温度峰值随着孔隙尺寸的增加而略增加，而圆形孔隙的尺寸对温度峰值影响不明显。随着孔隙尺寸的增加，在孔隙塌缩过程中会在孔隙附近形成更多的微裂纹，并且两条剪切带之间会形成新的微裂纹。

(4)当孔隙缺陷相距较远时，温度场的分布不会受到明显影响；当孔隙缺陷较近时，从孔隙附近发出的剪切带很快相交，在相交点处形成新的高温热点，同时抑制彼此的进一步发展，造成孔隙附近温度局域化加剧，形成更多的高温单元，并且温度峰值增加。

(5)随着冲击波强度的增加(仍保持为低速加载)，对温度场的分布并未产生明显影响，但温度峰值显著增加，孔隙闭合过程明显加快。

(6)在冲击加载下，孪晶各向异性使得应力波波系不均匀，剪切带从结合面处生成并发展；各向异性越显著，剪切带局域化越明显，热点峰值越高。

5.6 专题：多孔聚合球晶在爆炸网络中的能量传递

5.6.1 爆炸网络中炸药能量传递要求

爆炸网络也称爆炸线路，是一种在不同类型基材上布设各种线程并包含节点、拐角点的小沟槽炸药网络，是一种由基材提供结构支撑用于战斗部逻辑起爆、多点同时起爆和定向起爆的炸药元件，其功能是通过预装填于沟槽中炸药爆轰的能量传递来实现。

高延时精度是爆炸网络中炸药能量传递的基本要求。过去，学者普遍认为高精密装药是实现高延时精度的关键，无疑这种观点是正确的。但是，这一观点过于笼统，操作性不强，在当前网络炸药向钝感化发展的过程中，单从提高装药一致性、实现高延时精度的角度来理解，进而设计新型网络炸药已力不从心。因此，十分有必要深刻理解爆炸网络中炸药能量传递所涉及的物理问题，从科学本质上来指导新型网络炸药设计。

按照爆炸网络结构，可以建立包含 3 个物理过程的简化模型，如图 5－43 所示。

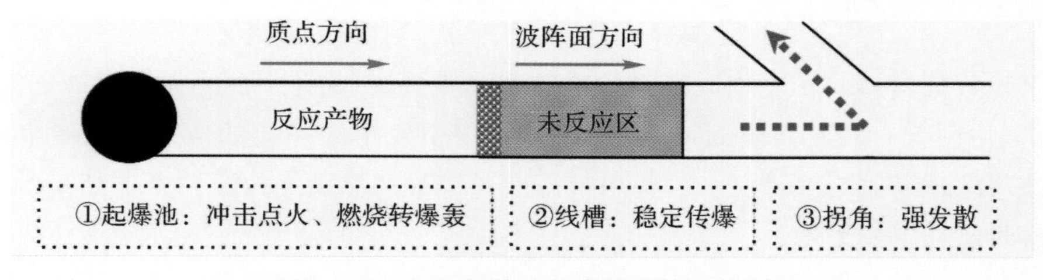

图 5－43 爆炸网络中炸药能量传递模型

图 5－43 的能量传递模型包含 3 个物理过程：①起爆池炸药在冲击波作用下的起爆过程，分为冲击点火和燃烧转爆轰两个阶段，在冲击波作用下起爆池炸药的起爆主要受热点点火控制；②线槽中炸药爆轰能量的传播过程，其传播稳定性受炸药猛度、装药密度和均匀性等影响；③拐角中炸药爆轰能量的发散过程，其发散能力受炸药爆轰强反应区的偏转角度影响。

根据图 5－43，分解出爆炸网络中炸药的能量传递特性，同时根据炸药应用要求归纳出网络炸药的一般特性，如图 5－44 所示。由此提出有利于网络炸药能量传递 3 条准则：①低点火阈值与快燃烧转爆轰的起爆准则；②高猛度传爆准则；③超反应拐角准则。

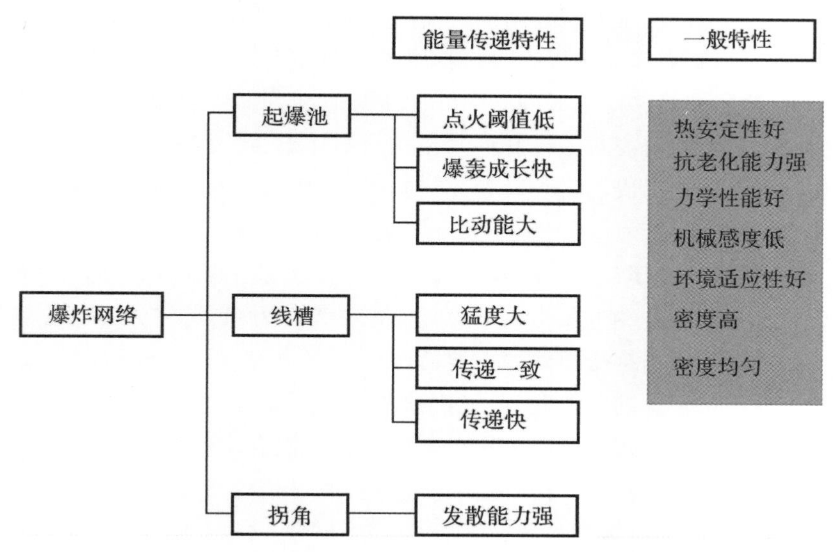

图 5-44　爆炸网络中炸药能量传递特性与一般特性

5.6.2　低点火阈值与快燃烧转爆轰的起爆准则

炸药起爆可细分为两个阶段，第一阶段为热点点火。此阶段，炸药的临界点火温度受制于热点尺寸。根据孔穴塌陷的热点理论，可将炸药内部的孔穴尺寸等效于热点尺寸。当炸药密度一定时，冲击波作用后形成的热点尺寸越大，临界点火温度及临界点火压力就越低。基于此，适度降低炸药密度，则有利于增大炸药内部的孔穴尺寸。通常，炸药颗粒度越大，炸药晶体缺陷越多，炸药的孔穴尺寸也越大，这些均有利于降低炸药密度。另外，粗颗粒炸药晶体易于成型，这也相应减少了混合炸药的黏度和塑性屈服强度，提高了模量，进而有利于提高冲击波作用下的孔穴温度。这些因素均有利于热点点火。

第二个阶段为燃烧转爆轰阶段。此阶段，爆轰成长的速率和距离主要取决于化学反应速率。化学反应为颗粒表面燃烧，燃烧产生的热量主要通过颗粒间的孔穴以热对流方式传递。因此，炸药颗粒越小，比表面积越大，反应速率越快；同时，炸药颗粒间保有适度孔穴，这加速了热流传递，进一步提高了反应速率，两方面作用都促使燃烧转爆轰的速率加快。

上述两个阶段中，炸药粒度对热点点火和爆轰成长的影响趋势正好相反。当炸药起爆由点火阶段控制时，粗颗粒利于热点点火；当炸药起爆由爆轰成长阶段控制时，细颗粒利于爆轰成长。而炸药起爆到底是受热点点火控制，还是受爆轰成长控制，这取决于冲击波的压力。

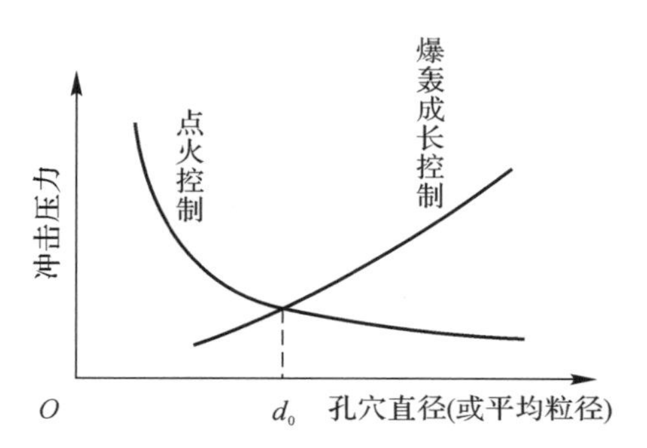

图 5-45　炸药低压长脉冲的起爆阈值与孔隙直径的关系

低压长脉冲条件下，炸药的起爆阈值与炸药内部孔穴直径的关系如图 5-45 所示。

图 5-45 不包括高压短脉冲条件下，炸药的起爆阈值与炸药内部孔隙直径的关系。一般认为，

炸药冲击波起爆取决于冲击压力。起爆阈值受两个压力控制，一是点火临界压力，二是爆轰成长临界压力，爆轰成长临界压力大于点火临界压力。当冲击压力高于点火临界压力而低于爆轰成长临界压力(比如炸药接受隔板实验中的低压长脉冲)时，由点火临界压力控制炸药的起爆，若炸药被点火成功，则由炸药的自身特性完成燃烧转爆轰。因此，炸药点火成功以后的爆轰成长对宏观意义上的起爆成功与否至为关键。很多情况下，可以观察到低感/钝感炸药在点火成功后又熄灭的事例。

显然，当冲击压力为高压(比如炸药接受薄飞片撞击实验中的高压短脉冲击)时，炸药的起爆过程受爆轰成长控制。若冲击压力大于爆轰成长临界压力，则可完成宏观意义上的起爆。

爆炸网络中起爆池炸药接受雷管冲击波的作用机制与隔板实验或殉爆实验类似，它们所接受的冲击波均属低压长脉冲。因此，低压长脉冲作用下起爆池炸药的起爆主要受热点点火控制，这就是爆炸网络中起爆池装药，采用粗颗粒更容易被点火的原因，即炸药内部的孔穴尺寸较大，点火所需的冲击压力更低；同时也冲击片雷管中，相对密度较低的细颗粒始发药在高压短脉冲作用下，更容易被起爆的原因：①细颗粒的化学反应速率更快；②颗粒间有一定孔隙，保证了燃烧转爆轰过程的强热对流传递。这两种因素共同促进了燃烧转爆轰速率加快。

需要指出的是，炸药起爆不论是受点火控制，还是受爆轰成长控制，虽然粒度在两种机制下的影响趋势正好相反，但两种机制的共同点是——炸药内部均保留适度孔隙，这些孔隙既有利于热点点火，也有利于爆轰成长。大量实验表明，被起爆炸药的相对密度在 85%～90% TMD 时，有利于降低炸药起爆阈值，增加起爆可靠性。

另外需要指出的是，在起爆池炸药完成起爆以后，能量被传递给后续线槽中的炸药，这需要输出足够高的能量，尤其是线槽中的装药为低感或钝感炸药时。因此，起爆池输出的能量特性实际上是其短距离的做功能力足够高，这一能量特性通常用比动能来表示。

总而言之，在低压长脉冲作用下，起爆池炸药被可靠起爆传爆的能量特性应当符合：①低点火阈值；②快燃烧转爆轰；③高比动能。实际装药中，起爆池和线槽中通常采用同种炸药，因此第三个特性往往被忽略。

综上所述，利于爆炸网络中起爆池起爆的第一条准则是：低点火阈值与快燃烧转爆轰。

5.6.3 高猛度传爆准则

炸药在线槽中的能量传递，可以理解为反应产物对未反应区的做功。反应产物的做功能力越强，则线槽中炸药的能量传递能力就越强。为了评价炸药爆轰产物的做功能力，目前发展了以下 4 种方法。

(1)20 世纪 60 年代前，国内外普遍以炸药爆速来表征炸药的做功能力。但是，后来研究发现，相同密度下，PETN 的爆速虽然低于 HMX/TNT(质量比为 75∶25)，但是 PETN 的比动能却更高，这意味着 PETN 对金属的加速能力强于 HMX/TNT(质量比为 75∶25)，也即 PETN 的做功能力更强。

(2)20 世纪 70—80 年代，国内外学者建议使用炸药的能量密度作为炸药做功能力的标尺。但是，后来的研究者发现该标尺只考虑了炸药的理论热量所能做的最大理想功，而没考虑有用功的转化率。因此，炸药的能量密度没有包含反应产物将化学能转化为机械能的效率，这个转化效率即多方因子 γ。γ 反映了炸药做功时的环境约束条件，约束越强，γ 越大。当两种炸药的体积爆热 Q_V 值相同时，γ 值大的炸药对金属飞片的加速能力更强。这是由于当 Q_V 及爆轰产物的体积膨胀系数相同时，γ 值大的炸药遗留在爆轰产物内的能量就少些，因而 Q_V 中有较多的部分转化为飞片动能，亦即 γ 值增大，炸药的能量传递给飞片的效率增加。

(3)20 世纪 90 年代，国内外学者以比动能来评价炸药的做功能力。这种评价方法既考虑了炸药本身的释能，也考虑了在环境约束下化学能转化为有用功的效率，评价方法更为科学。但这种方法对于炸药用于不同作战目的时，如利用炸药的高威力设计反舰战斗部，利用炸药的破坏力设计杀爆战斗部等，再用比动能的评价方法就难以真实评价炸药的做功能力。

(4)大约从 21 世纪初开始，国内外学者普遍认为应当针对炸药的使用目的，采用相应的评价方法来评价炸药的做功能力，这一观点早在 20 世纪 80 年代即由董海山院士提出，现在已被学界广泛认可。如用于金属加速时采用比动能指标，用于爆破时采用猛度指标，用于高威力时采用能量密度指标。因此，这一观点也可以从另一角度来理解，即炸药在某方面的做功能力越强，则可以将炸药设计应用于需要该方面能力的场合。

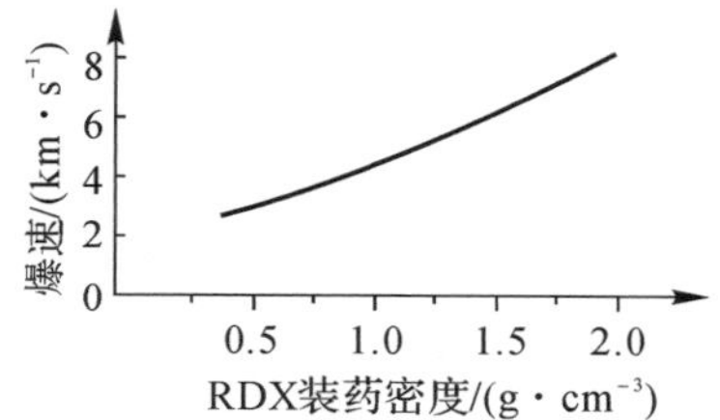

图 5-46 RDX 装药密度与爆速的关系

炸药的猛度反映了炸药单位时间内的做功能力，它也可称为炸药的做功烈度。爆炸网络中炸药的能量传递正是利用了炸药的猛度。猛度越高，单位时间内反应产物对未反应区传递的能量也越高。显然，炸药密度越高，爆速则越大，猛度就越大，爆炸网络线槽内能量传递的可靠性就越高，如图 5-46 所示。当装药密度一致性越高时，爆炸网络线槽内能量传递的稳定性也越高。

综上所述，利于爆炸网络中线槽炸药能量传爆的第二条准则是：高猛度传爆。

5.6.4 超反应拐角准则

炸药在拐角传爆中爆轰能量呈发散传递，其发散能力受爆轰的强反应区偏转角度影响。强反应区的偏转角度通过 Mushroom 实验测得，如图 5-47 所示。

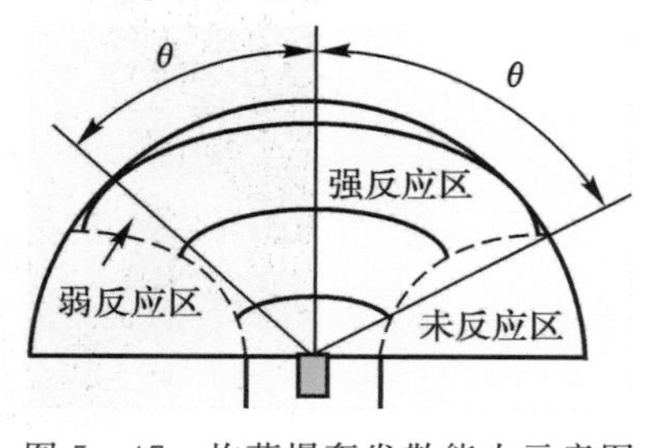

图 5-47 炸药爆轰发散能力示意图

强反应区的偏转角度越大，表明炸药的发散能力越强，拐角能力也越强。当炸药颗粒越细、密度越高时，爆轰发散能力就越强(炸药的临界直径也越小)，这一事实已被很多文献证实。LANL 对两种粒度 TATB 用于 LX07(98.5%TMD)的爆轰发散能力进行了研究，结果见表 5-45。

表 5-45　两种粒度 TATB 的爆轰发散能力

TATB 平均粒度/μm	LX-07 传爆药半径/mm	发散性		
		强反应区/(°)	可见反应区/(°)	角度差/(°)
10	85	80.0	90.0	10.0
80	85	35.5	51.5	16.0

显然,要实现爆炸网络炸药在超大拐角上的能量传递,不仅要满足第二条准则(即高猛度传爆准则),还要求爆轰波有足够高的发散能力(即炸药爆轰强反应区具有足够大的偏转角度),如此才能实现大拐角传递。从第一条准则的分析中已知,炸药颗粒越细,其爆轰反应速率越快,因此结合第二条准则、第三条准则,必然有炸药颗粒越细、密度越高,炸药拐角能力越强的结论。

综上所述,利于爆炸网络中拐角传爆的第三条准则:超反应拐角准则。

5.6.5　多孔聚合球晶的起爆传爆特性

一般来说,低感/钝感高能炸药的猛度较大,但临界直径通常也较大,将其直接用于网络炸药配方设计与装药,易出现难以起爆、起爆后难以传爆或传爆后难以拐角等各种问题。因此,提出第一条准则的目的在于采用超细颗粒、较低密度炸药提高起爆可靠性;第二条准则的目的在于采用高密度炸药提高直线传爆能力,补偿侧向稀疏波对能量的损耗;第三条准则的目的在于采用超细颗粒、高密度炸药提高绕爆能力。

爆炸网络装药中,起爆池装药是一个相对独立的问题。因此,将低感/钝感高能炸药用于网络装药,提高能量传递可靠性的关键在于采用超细、高晶体密度颗粒,并得到高密度、高均匀性的装药,这纠正了过去部分学者认为网络炸药应当采用有一定缺陷晶体颗粒的看法。

对起爆池装药而言,可对其单独考虑。最佳解决方案是在高于点火临界压力下,利用炸药自身的高爆轰成长特性实现炸药起爆,这正是提出第一条准则的初衷。而且第一条准则亦可适用于高压电雷管用起爆药或冲击片雷管用始发药的理解和设计。

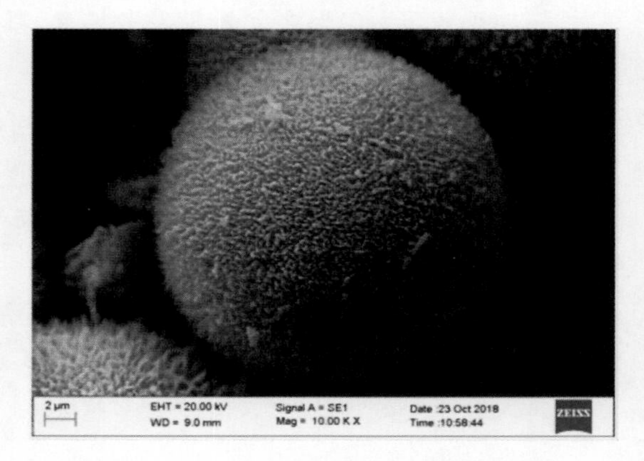

图 5-48　多孔聚合晶球 LLM105 炸药

根据第一条准则,采用超细颗粒、高晶体密度、较低装药密度有利于提高炸药起爆可靠性。但由于超细颗粒极易团聚失活,导致这种炸药及装药结构的长期存贮稳定性不佳。为此,推荐一种可以兼顾起爆可靠性和长期存贮稳定性的特殊结构炸药 LLM-105,该炸药是通过自组装形成的多孔聚合晶球,如图 5-48 所示。

参考文献

[1] 孙成纬，卫玉章，周之奎. 应用爆轰物理[M]. 北京：国防工业出版社，2000.

[2] 花成，黄明，黄辉. RDX/HMX 炸药晶体内部缺陷表征与冲击波感度研究[J]. 含能材料，2010，18(2)：152 - 157.

[3] 金韶华，松全才. 炸药理论[M]. 西安：西北工业大学出版社，2010.

[4] 郑孟菊，俞统昌，张银亮. 炸药的性能及其测试技术[M]. 北京：兵器工业出版社，1990.

[5] 陈福梅. 火工品原理与设计[M]. 北京：兵器工业出版社，1990.

[6] KAMLET M J，ADOLPH H G. The relationship of impact sensitivity with structure of organic high explosives. II. polynitroaromatic explosives[J]. Propellants Explosives Pyrotechnics，1979，4(2)：30 - 34.

[7] BOWDEN F P，YOFFE A D. Initiation and growth of explosions in liquids and solids [M]. Cambridge：Cambridge University Press，1952.

[8] COFFEY C S. Energy localization and the initiation of explosive crystals by shock or impact[J]. MRS Online Proceedings Library，1992，296(1)：63 - 73.

[9] AHMED E，MARCELA J，SVATOPLUK Z，et al. Explosive strength and impact sensitivity of several PBXs based on attractive cyclic nitramines [J]. Propellants Explosives Pyrotechnics，2012，37(3)：329 - 334.

[10] BORNE L，HERRMANN M C，SKIDMORE B. Microstructure and morphology，in Ulrich Teipel，energetic materials：particle processing and characterization [C]. Weinheim：[s. n.]，2005.

[11] HERRMANN M J，LUDWIG B. Microstructure of conventional and reduced sensitivity RDX[R]. ADA455553XAB，2005.

[12] BORNE L，BEAUCAMP A. Effects of explosive crystal internal defects on projectile impact initiation[C]. Snowmass Village：[s. n.]，1998.

[13] BORNE L，BEAUCAMP A. Effects of explosive crystal internal defects on projectile impact initiation[C]. San Diego：[s. n.]，2002.

[14] 花成，舒远杰，吴博，等. RDX 与 D - RDX 基 PBX 炸药撞击安全性研究[J]. 含能材料，2010，18(5)：497 - 500.

[15] 李洪珍，康彬，李金山，等. RDX 晶体特性对冲击感度的影响规律[J]. 含能材料，2010，18(5)：487 - 491.

[16] 黄明，李洪珍，徐容，等. 高品质 RDX 的晶体特性及冲击波起爆特性[J]. 含能材料，2011，19(6)：621 - 626.

[17] 李洪珍，徐容，黄明，等. 降感 CL - 20 的制备及性能研究[J]. 含能材料，2009，17 (1)：125.

[18] 徐容，李洪珍，康彬，等. HMX 晶体内部孔隙率、缺陷类型及颗粒度对冲击波感度的影响[J]. 含能材料，2011，19(6)：632 - 636.

[19] MOULARD H. Particular aspects of the explosive particle size effect on shock sensitivity of cast PBX formulations[C]. Portland：[s. n.]，1989.

[20] BORNE L. Influence of intragranular cavities of RDX particle batches on the sensitivity of cast wax bonded explosives[C]. Boston：[s. n.]，1993.

[21] BORNE L. Explosive crystal microstructure and shock - sensitivity of cast formulations[C]. Snowmass Village：[s. n.]，1998.

[22] CAULDER S M，MILLER P J，GIBSON K D，et al. Effect of particle - size and crystal quality on the critical shock initiation pressure of RDX/HTPB formulations [C]. Norfolk VA：[s. n.]，2006.

[23] BOUMA R H，HEIJDEN V D. Evaluation of crystal defects by the shock sensitivity of energetic crystals suspended in a density - matched liquid[C]. Karlsruhe：[s. n.]，2001.

[24] LECUME S，BOUTRY C，SPYCKERELLE C. Structure of nitramines crystal defects relation with shock sensitivity[C]. Karlsruhe：[s. n.]，2004.

[25] 花成，田勇，黄明. 冲击波作用下 HMX 晶体的细观响应[J]. 火炸药学报，2010，33(3)：5 - 8.

[26] 曹茂欣，李福平. 奥克托今高能炸药及其应用[M]. 北京：兵器工业出版社，1993.

[27] CONLEY P A. Microstructural effects in shock initiation[C]. Snowmass Village：[s. n.]，1998.

[28] BORNE L，HELMUT R. HMX as an impurity in RDX particles：Effect on the shock sensitivity of formulations based on RDX[J]. Propellants Explosives Pyrotechnics，2006，31(6)：482 - 489.

[29] DOHERTY R M，NOCK L A，WATT D S. Reduced sensitivity RDX round robin programme - update[C]. Karlsruhe：[s. n.]，2006.

[30] DENNIS N. Determination of a measure of sensitivity to shock detonate an explosive as a function of its shock parameters[J]. Propellants Explosives Pyrotechnics，2019，44(11)：1423 - 1431.

[31] JAMES H R，HASKINS P J，COOK M D. Prompt shock - initiation of cased explosives by projectile impact[J]. Propellants Explosives Pyrotechnics，1996，21(5)：251 - 257.

[32] BLUMENAU A T，JONES R F. The 60° dislocation in diamond and its dissociation [J]. J Phys Condes Matter，2003(15)：2951 - 2960.

[33] 卢果，方步青，张广财，等. 有限温度下位错环的脱体现象[J]. 物理学报，2009，58(11)：7934 - 7946.

[34] ZHOU X W，WADLEY H N G. Misfit dislocation in gold/permalloy multilayers[J]. Philos Mag，2004，84(2)：193 - 212.

[35] JEONG W K，HO J H. Molecular Dynamics Simulations of Energetic Aluminum Cluster deposition[J]. Comput Mater Sci，2002，23(1 - 4)：105 - 114.

[36] FU H，LIU C L，WANG W Q. A combined discrete/finite element method applied to energetic materials at the meso - scale simulation under shock loading[C]. Norfolk VA：[s. n.]，2006.

[37] BROUGHTON J Q，GILMER G H. Molecular dynamics investigation of the crystal - fluid interface Ⅱ. structures of the FCC(111)，(100)，and(110) crystal - vapor systems[J]. The Journal of Chemical Physics，1983，79(10)：5119 - 5127.

[38] WEBER B，STOCK D M，GARTNER K. Defect - related growth processes at an amorphous/crystalline interface：A molecular dynamics study[J]. Materials Science and Engineering B，2000，71(1 - 3)：213 - 218.

[39] KELCHNER C L，DEPRISTO A E. Molecular dynamics simulations of multilayer homoepitaxial thin film growth in the diffusion - limited regime[J]. Surface Science，1997，393(1)：72 - 84.

[40] 温晓沐. 微小尺寸爆炸网络用 GAP/DNTF 基传爆药研究[M]. 太原：中北大学，2016.

[41] 范军政，杜志明. 爆炸网络技术的发展及应用[J]. 火工品，2003(4)：39 - 41.

[42] 李晓刚，焦清介，温玉全. 超细钝感 HMX 小尺寸沟槽装药爆轰波传播临界特性研究[J]. 含能材料，2008，16(4)：428 - 431.

[43] MIL′ CHENKO D V，GUBACHEV V A，ANDREEVSKIKH L A. Nanostructured explosives produced by vapor deposition：structure and explosive properties[J]. Combustion Explosion and Shock Waves，2015，51(1)：80 - 85.

[44] 董海山. 高级炸药的性能及工艺[J]. 爆炸与冲击，1982(3)：86 - 95.

第6章 炸药单晶技术

6.1 概 述

高品质炸药晶体并不是单晶，它是内部品质接近单晶、外部消除了棱角且形状接近球形或椭球形的晶体颗粒。但高品质炸药晶体又十分接近单晶，原因就在于它的高内部品质。单晶的主要特征之一就是接近“完美”的内部品质，因此有必要对炸药单晶做专门论述。

研究炸药单晶是认识炸药本质特性最重要、最直接的手段。对比研究炸药单晶与粉末炸药或含有缺陷炸药的力学响应机制、起爆和爆轰机理和规律，对于炸药降感和起爆等物理过程的深入认识、炸药本质安全性预估、炸药配方和武器装药设计的详细结构模型所需要炸药的基本性能数据的提供都具有重要意义。这些性能的研究几乎都需要厘米尺寸的炸药大单晶。

研究炸药单晶的基本理论、方法均是以几何结晶学为基础的。就晶体生长而言，目前已经有多种不同的晶体生长理论，来研究晶体生长的规律以及与生长环境的相互关系。同时，针对各种不同性质的晶体材料，发展出了许多不同的生长方法和生长技术。比如，早在19世纪，就已经可以通过焰熔法生长红宝石、白宝石等高熔点晶体。

根据晶体生长时的物相变化，晶体生长技术可分为以下三类。

(1)气相→固相。如雪花的形成，炼丹术中丹砂的凝结。

(2)液相→固相。它又可分成两类：一类是从溶液中通过降温、蒸发、化学反应等控制过饱和度使得晶体结晶；另一类是从熔体中结晶。

(3)固相→固相。由于晶体的晶相转变能量较低，一般不超过10 kcal/mol，自然界中的非晶态、多晶态等物质，经过亿万年会有晶化现象，而晶体也有可能发生相变、转晶等变化。

由于炸药的敏感特性，炸药单晶的生长、加工和表征等都受到诸多限制。另外，炸药是有机小分子化合物，普遍存在了多晶现象，单晶生长特别是大单晶的生长十分困难。本章主要介绍RDX大单晶的生长方法、加工技术、表征方法，并以专题形式介绍RDX单晶的起爆特性。

6.2 溶液法生长单晶

从溶液中生长晶体的历史最悠久、应用最广泛，古代煮海为盐就是用蒸发法。这种方法的基本原理是将原料(溶质)溶解在溶剂中，采取适当措施使溶液形成过饱和状态，让晶体在其中生长。溶液法具有以下特点。

(1)晶体可在远低于其熔点的温度下生长。有许多晶体不到熔点就分解或发生不希望有的晶型转变，有的在熔化时有很高的蒸气压，而溶液使这些晶体可以在较低的温度下生长，从而避免了上述问题。此外，在低温下使晶体生长的热源和生长容器也较容易选择。

(2)晶体生长时可以大幅降低黏度。有些晶体在熔化状态时黏度很大，冷却时不能形成晶体而成为玻璃体，溶液法采用低黏度的溶剂则可避免这一问题。

(3)特别适用于具有敏感特性的晶体生长。如炸药对温度的刺激响应十分敏感，熔融法或冷凝法均不适用，而从溶液中生长炸药单晶则可有效解决这一问题。

(4)容易长成大块、均匀性良好的晶体，并且外形较完整。

(5)多数情况下可直接观察晶体生长过程，便于开展晶体生长动力学研究。

(6)溶液法的缺点是组分多，影响晶体生长的因素比较复杂，速率慢，周期长，生长炸药单晶一般需要10天以上。

(7)溶液法生长晶体对温控精度要求通常较高。

炸药的单晶生长一般使用溶液法，它又可分为蒸发法、降温法和流动法三种。

6.2.1　蒸发法

蒸发法的基本原理是保持晶体生长在恒温条件下，将溶剂不断蒸发除去而使溶液保持在过饱和状态，从而使晶体不断生长。此法适合于溶解度较大而其温度系数很小或是具有负温度系数的物质。根据晶体的生长方向，蒸发法生长单晶又可分为培养式和载晶台式两种方法。

6.2.1.1　培养式

培养式育晶方法简单、快捷，主要设备采用恒温箱。先将适度过量样品溶解在温度为 T、质量为 m 的溶剂中，搅拌、过滤得到澄清透明的饱和溶液，然后采用降温法或蒸发法制备一定数量的晶种，再挑选出数粒品相较佳的晶种置于盛有上述澄清透明饱和溶液的培养皿中，使用扎有数个小孔的塑料膜密封培养皿，将培养皿放置于温度为 T 的恒温箱中，培养皿中的溶剂通过塑料小孔缓慢挥发，促使晶种生长得到线径更大的单晶。

采用晶体培养方法制备的单晶，由于与培养皿接触的晶面受到约束，而且晶体生长发生在静止溶液中，晶体趋向于向长扁块状生长，表面和内部有缺陷，质地较脆。当溶剂选择不合适时，晶体的棱角与刻面甚至不清晰，晶面少、形状不规则。图6-1是以1,4-丁内酯(Bt)为溶剂蒸发培养的RDX单晶。

图6-1　以Bt为溶剂培养的RDX单晶

炸药晶体中的缺陷主要是体缺陷，这种情况尤其在培养式蒸发育晶生长的晶体中较为普遍。这是由于晶体的底部与培养皿底部接触的部位常常会产生底部孔隙，为避免这种情况，可以在晶体生长到一定的时间、尺寸之后，进行一次“翻身”的处理，但这种方法操作起来比较困难。比较好的方法是采用载晶台式育晶，关键是设计合适的载晶架。

6.2.1.2　载晶台式

根据Berthoud和Valeton模型，晶体生长时，第一步是结晶单元首先转移到结晶界面，第二步是结晶单元在结晶界面整合为晶体结构。其中，第一步的转移过程既受溶液过饱和度差的扩散作用影响，也受溶液因搅拌引起的对流作用影响。当溶液过饱和度较低时，系统接近热力学平衡，晶体生长主要受对流作用控制；当溶液处于微扰动层流状态时，生长的单晶块大、质量好。

因此，为了减少晶体生长过程中的杂质包藏和晶体缺陷，可采用载晶台式生长大晶体。图6-2为按照相关文献设计的载晶台式育晶装置和培育的磷酸二氢钾单晶，简称“KDP单晶”。

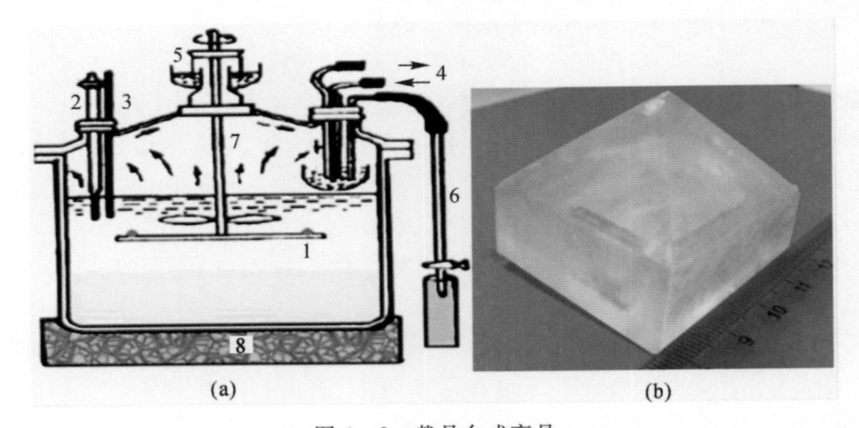

图6-2 载晶台式育晶

(a)载晶台蒸发育晶装置；(b) KDP单晶

1—籽晶杆；2—温度计；3—控制器；4—冷却水；5—水封装置；6—虹吸管；7—搅拌杆；8—加热器

与培养式育晶类似，载晶台式育晶方法也要预先制备籽晶和饱和溶液，但不同的是，需要将籽晶预埋在载晶架的小孔中，搅拌器带动载晶架在饱和溶液中缓慢旋转。随着溶剂蒸发，晶体逐渐生长，蒸发的溶剂经过冷却后导出装置外，小孔里的籽晶在载晶台上生长出单晶体。

6.2.2 降温法

图6-3是一种基于降温法的双槽育晶装置示意图。

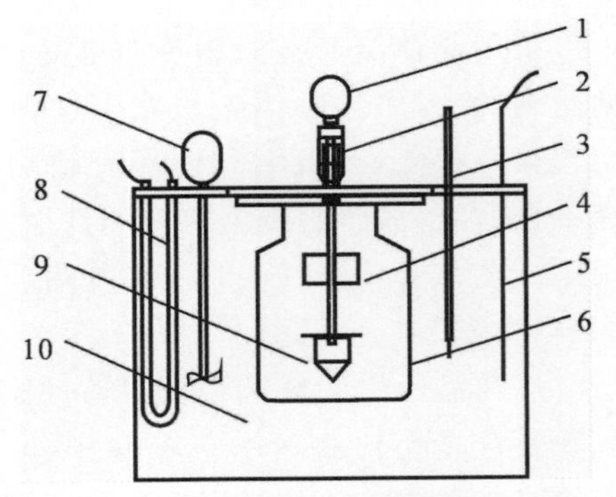

图6-3 降温式双槽育晶装置

1—转晶电机；2—油封装置；3—温度计；4—内槽结晶液；5—热电偶；6—生长瓶；7—搅拌装置；8—加热器；9—晶体；10—控温水浴槽

降温法是从溶液中培养晶体的一种常用方法，其基本原理是利用物质较大的正溶解度温度系数，在一定的温度区间内由于溶解度发生变化，在晶体生长的过程中逐渐降低温度，使析出的溶质不断在原有晶体上生长。这种方法适用于在一定的温度区间内溶解度和温度系数都较大的物质，溶解度温度系数最好大于或等于1.5 g/(1 000 g溶液·℃)。温度区间的限制条件一般为，温度上限不宜过高，否则蒸发量过大；温度下限也不宜过低，否则对晶体生长不利。一般来说，比较合适的起始温度是60～70℃，降温区间以15～20℃为宜。为提高晶体生长的完整性，需要在晶体生长过程中采用合适的降温速率，关键是实现精密控温。因此，降温法的核心是通过精密控制溶液的降温速率，使溶液中的晶体始终维持在较低过饱和度状态下生长。一般来说，生长初期降温速率要慢些，到了生长后期由于晶面总面积增加，降温速率可稍快些。

控制降温过程中，最好随时测定溶液的过饱和度。同时，一些晶体生长现象，如生长涡流的强弱，晶面相对大小的变化，次要面的出现和消失，以及晶面花纹等，往往是溶液过饱和度偏高、偏低或者晶体均匀性将遭到破坏的信号。这些现象也可作为估计过饱和度、控制降温速率的参考。

6.2.3　流动法

流动法将溶液配制、过热处理、单晶生长等操作过程分别在整个装置的不同部位进行，从而构成一个连续流程。生长大批量的晶体和培养大单晶并不受晶体溶解度和溶液体积的限制。一种四槽循环流动晶体生长装置如图 6－4 所示。

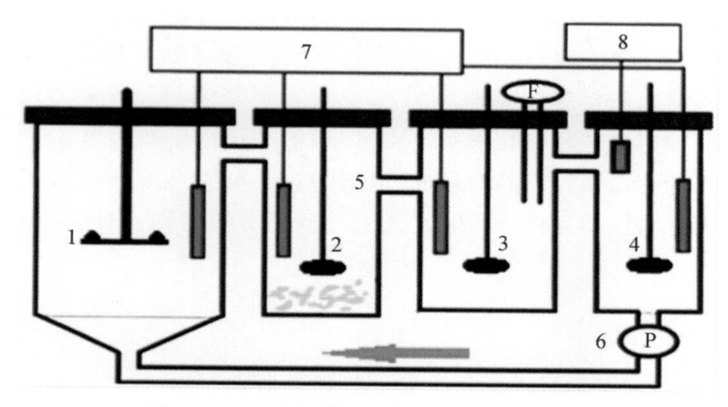

图 6－4　一种四槽循环流动晶体生长装置

1—生长槽；2—溶解槽；3—过热槽；4—热平衡槽；5—过滤器；6—蠕动泵；7—温控器；8—紫外灯

该装置主要由五部分组成：生长槽（单晶生长槽）、溶解槽、过热槽、热平衡槽以及辅助系统。辅助系统一般由温控器、紫外灯、蠕动泵和过滤器等组成。溶质在溶解槽溶解并搅拌后，通过蠕动泵泵入过热槽（温度略高几摄氏度），再次充分溶解并搅拌，然后泵入热平衡槽（温度略低几摄氏度），再次搅拌，并通过紫外灯照射杀死有机质（避免微生物繁殖影响结晶），然后经过滤器泵入晶体生长槽，晶体生长槽结晶后浓度变低的溶液又泵入溶解槽，至此完成一个循环。在生长槽液体加注满以后，这 4 个槽之间的液体交换就可以达到一个动态平衡。在设定好程序以后，加热、微量溶液注入完全自动完成，可全天候不间断工作，并可免去人工守候的麻烦。

流动法和蒸发法一样，晶体生长也是在恒温下进行的。不同的是流动法采用补充溶质的办法，而蒸发法采用移去溶剂的办法来使溶液产生过饱和度，通过控制溶液在四槽循环流动过程中各槽的温度、各槽的过饱和度以及溶液流动速率等晶体生长过程的不同条件，进而掌握各种参数变化对晶体生长过程的影响规律，找出晶体生长的最佳条件。

流动法可以生长尺寸较大的单晶体，比如大功率激光装置用的 KDP 晶体和 HMX 单晶。流动法的优点之一是生长温度和过饱和度都固定，使晶体始终在最有利的温度和最合适的过饱和度下生长，避免了因生长温度和过饱和度变化而产生的杂质分布不均匀和生长带等缺陷，使晶体完整性更好。流动法的另一个优点是生长大批量的晶体和培养大单晶不受溶解度和溶液体积的影响，只受生长容器大小的限制。流动法的缺点是设备比较复杂，调节四槽之间适当的温度梯度和溶液流速之间的关系需要一定的经验。

6.3 溶液法生长单晶技巧

6.3.1 结晶环境

尽量减少外界环境对单晶生长的影响,应当选择安静、无人为干扰的地方,最好选择独立的洁净间,否则振动、温度冲击或者外界杂质的引入会使得到的单晶质量很差甚至得不到单晶。有条件的话使用专门的房间来结晶。单晶生长过程中,不能频繁照看,也不可多日不管,因为不同溶剂体系的挥发速率各异。也许有的溶剂体系一天就析出了晶体,结果几天后溶剂完全挥发了。一般而言,一天照看一次比较合适。对于明显不适合结晶的体系,如析出絮状固体等,就需要用其他溶剂体系重新培养。

对于结晶容器,如果培养晶种时选用玻璃容器,不宜选用崭新的容器,也不宜选用很旧的容器,这是因为崭新的容器不利于晶核形成,很旧的容器可能形成晶核的部位太多,两种情况均不利于单晶生长。但是,在晶体生长时宜选用内壁光滑的容器,内壁越光滑,则越有利于晶体生长。

6.3.2 溶剂选择

溶剂的选择对提纯和结晶目标物很重要。选择的溶剂不同,即使很容易得到晶体,晶体形状也各不相同,甚至有时候得到的晶体是细长的针状,而这对晶体结构解析并不利。根据经验,合成反应时采用极性相对大些的甲苯、乙醚等,提纯和结晶反应物粗品时用极性小些的正己烷、正己烷与甲苯的混合溶剂等,然后再滴加极性大的溶剂,或采用微加热辅助溶解的办法来提纯和结晶,往往能得到理想的小晶体用于晶体结构解析。

一般而言,炸药合成产物中含有多种杂质或副产物,为了提纯和结晶目标物,去除杂质和副产物通常采用的办法是采用适量极性大的溶剂提纯目标物,过滤后浓缩到刚好有溶质析出时为止,再用针筒向溶液面上轻轻地滴加几滴极性小的(溶解度小的)溶剂,然后放置结晶。这种方法消耗的溶剂量少,但是结晶慢、收率不高。当然,也可以反其道而行之,先采用极性小的溶剂提纯目标物,具体方法是根据所得的粗品量,适量加入极性小的溶剂溶解目标物,如果不能全溶解,则可加入少量极性大的溶剂,注意不可多加。如果此时还有少量物质没有溶解,可重复加入极性小的溶剂,再加极性大的溶剂,直到全溶解,或者采用微加热的方法帮助溶解,微热后存在少量没溶解的物质可直接过滤,虽然这会损失一些目标物。

对于培养大单晶而言,合适的溶剂体系是溶液结晶的前提。由于炸药晶体受限于结晶方法,对降温法而言,炸药结晶所选的溶剂体系对炸药的溶解性不能太好也不能太差,适宜的溶剂应当是在低温时对目标物的溶解度较小,而高温时的溶解度较大。对蒸发法而言,溶剂的沸点亦不宜太高,一般常用甲醇、丙酮、氯仿、乙醇、乙酸乙酯等,溶剂体系挥发速率不能太快也不能太慢。对于制备结晶的溶液,除选用单一溶剂外,也常采用混合溶剂。一般方法是,先将物质溶于易溶溶剂中,再在室温下滴加适量的难溶溶剂,直至溶液呈微浑浊,再将此溶液微微加热,使溶液完全澄清后放置。

6.3.3　温度选择

结晶温度是影响单晶质量的重要因素。单晶培养时不宜采用快速结晶的方式，否则容易结晶太快造成晶体包藏物或晶格缺陷过多而降低晶体品质。一般而言，能够在室温中析出结晶，就不一定放置于冰箱中，以免伴随低温结晶析出更多的杂质。如果室温不结晶，可放置到0℃中观察，再不行的话可放置到－5℃和－10℃等更低温度环境中观察。如果一开始放置于低温环境，虽然结晶很快但可能得到多晶或者聚晶，或者结晶品质很差。

结晶时需要耐心，有时形成结晶需要较长的时间。结晶过程中，溶液浓度高、降温快，结晶速率也就快，但是结晶颗粒较小，杂质也可能多些。自溶液中析出的速率太快，超过物质晶核的形成以及分子定向排列的速率，往往只能得到无定形粉末。溶液太浓，黏度大反而不易结晶。假如溶液浓度适当，温度慢慢降低，有可能析出结晶较大而纯度较高的结晶。

6.3.4　预判补救

溶液结晶具有高度选择性。当加入同种物质时，结晶多会立即长大，如果溶液中含有光学异构体物质，还可倚重晶种的性质优先析出其同种光学异构体。没有晶种时，可沿着容器内壁滴入一滴过饱和溶液以诱导结晶的形成。如仍无结晶析出，可让溶液逐步挥发，慢慢析晶，或另选适当溶剂处理，或再精制一次，以尽可能去除杂质后再进行结晶操作。

物质结晶都有一定的外形、色泽、熔点，可作为初步预判的依据，这是非结晶物质没有的物理性质。物质结晶的外形往往因所用溶剂不同而有差异。如RDX在丙酮中形成宝石状结晶，在环己酮中则形成长条状结晶，在含10％水的环己酮中形成多棱块状结晶，所以文献中关于物质结晶常注明所用溶剂。

一次就得到单晶的可能性比较小。最好的方法就是在第一次培养单晶的时候，采取少量多溶剂体系的办法。例如有100 mg样品，以10 mg为一单位，这样就可以同时实验10种溶剂体系，而不仅仅是选择一两种溶剂体系。

6.3.5　操作技巧

单晶培养时要特别小心，特别是溶液转移过程中要保持稳定，如果不小心析出晶体，可以将晶体过滤出来，此时得到的晶体可能是单晶也可能是混晶，不能用母液清洗晶体。

制备结晶时，最好在形成一批结晶后，立即滤出上层溶液，然后再放置得到第二批结晶。过滤得到的晶体可以用溶剂溶解进行重结晶精制。上层溶液和重结晶后所得的各部分母液，再经处理又可分别得到第二批、第三批结晶。这种方法称为分步结晶或分级结晶。

分步结晶过程中，结晶的析出总是越来越快，晶体纯度也越来越高。分步结晶法各部分所得结晶，其纯度往往差异较大，在未加检查前不可贸然混在一起。

制备结晶在放置过程中，避免液面先出现结晶而致结晶纯度较低，最好先密封好容器口，假如放置一段时间后没有结晶析出，可以加入极微量的种晶以诱导晶核的形成，晶种是指2～3 μm的同种物质结晶的超细颗粒。

蒸发结晶时，往往需要塑料薄膜封口玻璃器皿，再用针戳3～5个小孔以便溶剂挥发，几天后就会发现容器内壁生长出晶体来。需要指出的是，对空气和水敏感的物质的蒸发结晶，应当选用带有侧活塞的容器，并置于手套箱内结晶，这样有利于晶体包裹、转运等操作。

用于单晶培养的样品应当越纯越好，否则得到的晶体外形不规则、缺陷多就会给后面的测试带来障碍，甚至无法解析晶体结构，这是非常可惜的。

炸药结晶综合了多种技巧和经验，下面为麻省理工学院化学系“单晶培养指南”。

培养单晶不仅需要耐心，而且还需要一双灵巧的双手。结晶过程对温度和其他轻微的扰动都非常敏感。因此，应该在相似的条件下多尝试几个不同的实验温度，并为单晶生长寻找一个没有干扰的安静环境。这里有一些经验可供参考，以利于实验开展。其中，可采用的溶剂系统有二氯甲烷/乙醚或戊烷、四氢呋喃/乙醚或戊烷、甲苯/乙醚或戊烷、水/甲醇或三氯甲烷/正庚烷等。

1. 方案 1

有时好的单晶仅需冷却溶液即可生长，也可以尝试加热溶液至所有物质完全溶解，达到过饱和，再慢慢地使其冷却。

2. 方案 2

(1)选取一种可以溶解目标化合物的溶剂，制成饱和溶液。

(2)如果有必要，可以通过过滤去除其中不溶性杂质。对于少量溶液，可使用一种有效的过滤器，其制备方法是：将玻璃毛(甚至可以用面巾纸)塞入一根一次性 Pasture 滴管中，然后填入 1 in(1 in≈25.4 cm)左右助滤物(如硅藻土)。用新鲜溶剂湿润硅藻土，然后用球形压力器将溶液压过该管进行过滤。

(3)寻找另一种溶剂，使目标化合物在其中不溶解(或仅微量溶解)，而且这种溶剂能够和前一种溶剂混溶，并具有较低的密度。

(4)将第二种溶剂小心地铺在小瓶中饱和溶液的上面。在两相界面上可看到一些混浊物。单晶将会沿着这个界面生长。

3. 方案 3

将盛有饱和溶液的小瓶放置在另外一个较大的瓶中。在外面的大瓶中加入方案 2 中的第二种溶剂并且盖紧盖子。第二种溶剂将会慢慢地扩散到饱和溶液中，就会出现晶体。为了进一步减慢这个过程，可将这个扩散装置放在冰箱中。

6.4 炸药单晶生长

6.4.1 溶剂筛选

现在，以 RDX 为例，叙述炸药单晶生长的溶剂筛选方法。

目前，国内生产的普通 RDX(n - RDX)，一般使用硝硫混酸直接硝解乌洛托品得到。生产过程中会产生较多水溶性杂质，这些杂质会包藏到 RDX 晶体中，再加上结晶过程产生的缺陷，都会降低 RDX 的晶体品质。由于 RDX 结晶所用的溶剂对晶态影响极大，用不同溶剂生长得到的单晶形态可能极不相同。为获得能够显示出重要晶面的单晶，先采用 2.2.1.2 小节所述的 PBC 模型计算结晶表面的附着能，预测真空中 RDX 的晶体形貌，确定其重要的生长晶面。然后采用 2.2.2.3 小节所述的双层模型 BL - AE 计算溶剂分子在晶面上的吸附能，用此吸附能度量表面构型上的溶剂效应，从而获得晶体生长速率和结晶形态。

基于计算结果，可采用蒸发法或降温法来快速考察不同溶剂对晶体品质的影响。实验方法是选用不同溶剂的 RDX 饱和溶液，静置于 50℃恒温箱中，观察溶剂在未蒸干情况下获得的 RDX 晶体。图 6－5 为普通 RDX(n－RDX)及其在 5 种溶剂体系中培养的晶体照片。

从单组分溶剂 1,4－丁内酯(Bt)、丙酮(AC)、环己酮(CH)中生长的 RDX 晶体内部存在较多包藏物，而使用丁内酯和丙酮混合溶剂后，丙酮将结晶体系的水溶性杂质萃取出来而不与丁内酯混溶，这使得 RDX 晶体品质明显提高。同样，在水的质量分数为 3％的环己酮体系中培养的 RDX 晶体品质也得到了明显改善。显然，丁内酯和丙酮混合溶剂，以及含水环己酮体系是生长 RDX 单晶的良溶剂。

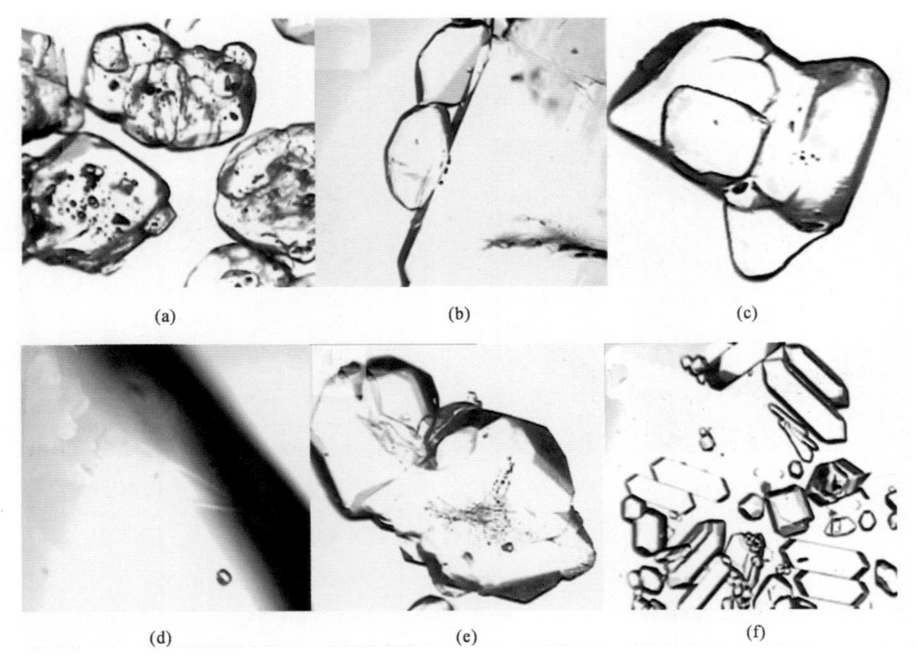

图 6－5　不同溶剂对 RDX 晶体品质的影响

(a)n－RDX；(b)Bt 结晶 RDX；(c)AC 结晶 RDX；

(d)Bt/AC 结晶 RDX；(e)CH 结晶 RDX；(f)CH(水的质量分数为 3％)结晶 RDX

6.4.2　单晶生长

6.4.2.1　载晶台式生长大单晶

考虑溶液处于微扰动层流状态时，生长的单晶块大、质量好，因此可以选择载晶台式生长 RDX 大单晶。溶液预处理阶段，采用微孔滤膜过滤晶体生长溶液的方法，从而确保溶液的高纯度。在 RDX 单晶生长过程中，为控制缺陷和解决应力集中问题，借助在线浓度测试技术，通过调节和优化溶液浓度、结晶温度、溶剂蒸发速率等结晶条件实现对晶体质量的监控。对结晶溶液进行严格控温，单晶生长装置系统所选用温控仪的控温精度为 0.01℃。所设计的结晶容器内壁非常光滑，采用无连接、整体式的载晶架。结合前述单晶生长技巧，得到了尺寸约为 5 cm×4 cm×4 cm 的 RDX 大单晶。以下叙述具体生长方法：

(1)将适量丙酮(去离子水的质量分数为 5％)加入置于 41℃水浴的洁净烧杯中，搅拌下慢慢加入 RDX，直至 RDX 不再溶解为止，少量溶质未溶解时采用微孔滤膜（比如 0.22 μm 的滤膜）热过滤得澄清透明滤液；

（2）将滤液倒入锥形洁净玻璃瓶中，用保鲜膜封口并用无菌针头扎数个小孔，在 40℃恒温烘箱中缓慢挥发、静置一周后长出细颗粒 RDX 单晶，取出单晶；

（3）重复（1）获得透明澄清溶液；

（4）将透明澄清溶液转移到载晶台式蒸发育晶装置内；

（5）挑选数颗质量好的细颗粒 RDX 单晶作为晶种，置于载晶台式蒸发育晶装置内的载晶架上；

（6）控制载晶台式蒸发育晶槽内溶液温度为 40℃，控温精度为 0.1℃，搅拌速率为 10～20 r/min；

（7）重复上述操作，可以获得多批次厘米级的 RDX 大单晶（见图 6-6）。

(a)

(b)

图 6-6　载晶台式生长的大单晶

6.4.2.2　培养式生长大晶体

采用培养式来生长 RDX 大单晶，其晶种制备方法与载晶台式生长大晶体相同，区别在于培养式是将晶种直接放置于容器内，这导致晶体在生长过程中，其一面总是受容器壁的限制，因此晶体主要向较扁的体块状发展，晶面较多，密度较高。

与载晶台式生长大单晶相比，培养式生长的大单晶受晶种质量好坏的影响更加显著，这依然与晶体生长过程中受容器壁的限制有关。通常认为，晶种的质量影响晶体的生长质量，其因有二：

（1）晶种内的缺陷如位错等会如同遗传一样，随着晶体长大，缺陷也会加大并逐渐延伸到晶体内；

（2）晶种内的缺陷区域，其势能高于连续区域，缺陷存在的局部应力在晶体生长过程中，或由于温度波动使晶体出现条纹状缺陷，或由于膨胀系数差异使晶体产生裂纹缺陷。

采用高质量的晶种是培养式生长炸药大单晶的关键环节。在晶种培养过程中，通过控制扎孔（孔径＜0.5 mm）的数目，来控制饱和溶液的溶剂挥发速率。当溶剂挥发速率过快的时候，晶种（尺寸约为 0.5 mm）内容易出现溶剂包藏、气孔等现象，如图 6-7(a)所示，并且在晶核形成的时候，容易出现大量的晶核，在其生长过程中多个晶体长到一起，就易形成聚晶，如图 6-7(b)所示。这些有缺陷的晶种对于生长大晶体很不利，最终容易长出尺寸虽大，但是缺陷较多而且密度也较低的晶体，不利于晶体特性研究。

需要特别指出的是，无论是培养式还是载晶台式生长炸药大单晶，在结束晶体生长、将晶体取出溶液时，晶体都容易产生裂纹和雾化现象，如图 6－7(c)所示。如果晶体温度与环境温度相差过大，这些裂纹和雾化甚至能够以肉眼可见的速率被观察到。鉴于此，可采取向生长液加入蒸馏水，逐步将溶液温度平衡到环境温度的办法。具体操作：先抽取转移部分生长溶液，留待下次生长晶体时使用，使得剩余生长溶液能够浸没晶体，防止晶体碎裂；然后向其中缓慢加入室温蒸馏水，此时少量 RDX 会随蒸馏水加入而析出，过滤、收集析出的 RDX 晶体，取出大晶体并用清水洗干净，再用滤纸吸干。采用这种方法能够有效防止晶体离开生长环境后产生裂纹和雾化的情况。

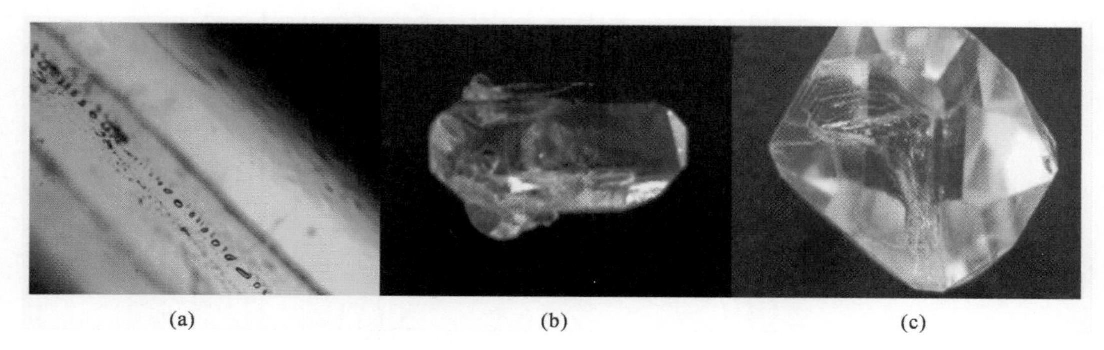

图 6－7　培养式蒸发育晶制备的单晶
(a)溶剂或孔隙缺陷；(b)聚晶；(c)雾化和裂纹

6.5　单晶加工与标定

6.5.1　晶面定向切割

迄今为止，对炸药单晶的性能研究主要局限于其 2～3 个较大生长面的弹性模量、断裂韧性等，虽然取得了一些创新性研究成果，但限于单晶质量、测试方法和测试精度的影响，相关结果还存在偏差。采用轻气炮冲击加载研究炸药单晶的起爆机理和纳米压痕技术测试单晶的微力学性能等具有良好前景。这对单晶的表面粗糙度、平面度、平行度、亚表面损伤程度等提出了较高要求。

对炸药单晶进行切割、打磨和抛光，实现精密机械加工的前提是对晶面进行精确定向，这需要将定向和切割匹配起来。一般而言，由于晶体的自然面平整度较高，加工难度小，可先对自然面进行定向切割。晶面定向时，需要用到炸药单晶在不同取向晶面的标准 X 射线衍射(X－ray diffraction，XRD)谱图，图 6－8 为 RDX 晶体的不同取向晶面标准 XRD 谱图。切割晶体前，需要根据定向结果确定切割方向和角度，然后小心地将晶体固定于样品台上，再切割、打磨、抛光。由于这一过程存在人为误差，操作过程中需要根据定向结果反复修正精密机加的方向和角度，直到实际晶面的 XRD 谱图与标准 XRD 谱图相符。

晶面测角原理如图 6－9 所示。

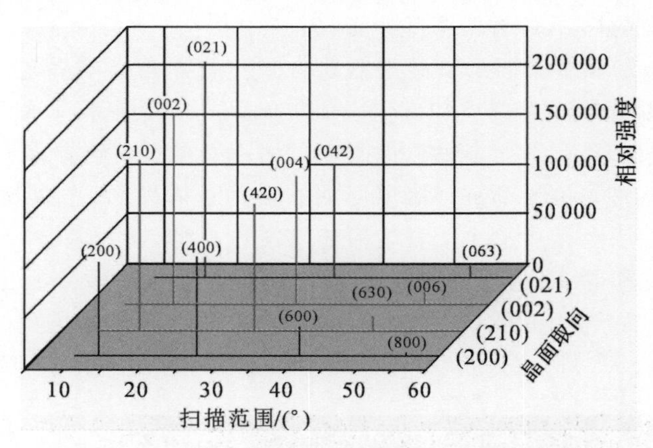

图 6-8　不同晶面取向 RDX 的标准 XRD 谱图

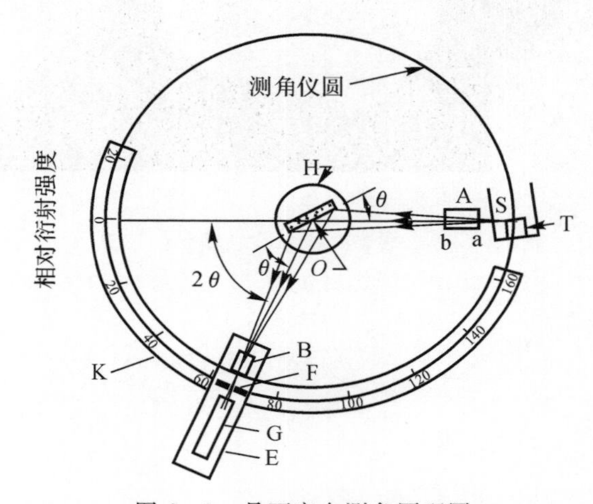

图 6-9　晶面定向测角原理图

S—X 射线焦点;A—入射光栅系统;B,F,G—接收光栅系统;

T—入射光;E—计步器;H—样品台;K—测角仪圆;O—中点;θ—衍射角

为提高效率,采用高分辨 X 射线衍射技术进行晶面定向时,初期的扫描范围和扫描速率可以适当放宽、加快一些,后期为了更精密分辨出晶体中的取向差异,扫描范围和扫描速率可以适当收窄、放慢一些。一般而言,初期使用的晶面定向测试条件可采用:Cu 靶,$K\alpha$ 辐射,$\lambda=1.540\ 6$ Å,扫描范围为 $2\theta=10°\sim60°$,扫描步长为 2°/s。

金刚石线切割机的切割原理与弓锯相仿,通过旋转并往复回转的绕丝筒带动金属线做循环运动,金属线被两个弹簧张紧线轮所张紧,同时两个导向轮确保样品切割精度和面型。通过自动控制工作台向上不断给进,在金刚石线与被加工工件间产生摩擦而形成切割。金刚石线弧施加到被加工工件的力与被加工工件的相对运动,推动切割不断进行。切割时采用室温去离子水作为冷却剂,通过不断调节切割速率和水滴速率来实现炸药单晶的安全切割。选用的 STX-202金刚石线切割 RDX 单晶的照片如图 6-10 所示。

由于炸药单晶质软、脆性大,对温度、摩擦等刺激特别敏感,在加工过程中特别需要注意两点:一是实现晶面定向与切割相匹配;二是解决切割过程热应力引起的单晶开裂。为避免单晶开裂,必须保证切割时剪切产生的热量与冷却剂带走的热量保持平衡,骤热和骤冷都会引起单晶开裂,这一过程必须仔细研究单晶的切割速率、冷却剂的种类和冷却速率。对 RDX 和 HMX 大单晶而言,实验证明,在线切割机主轴转速为 50 r/min、切割速率为 0.5 mm/min、室温去离子水滴加到切割面的速率为 2 s/滴的技术条件下,可实现安全切割。

图 6-10 STX-202 金刚石线切割 RDX 单晶

1 —水冷却剂;2 — RDX 单晶;

3 —金属线;4 —金刚石线切割机

需要指出的是,采用金刚石线切割机切割得到的炸药单晶片,其表面会留有小尺度波纹,波纹间隔与晶体特性和切割条件有关。按上面的切割条件,所得 RDX 晶片的波纹间隔约为 0.8 mm。这些波纹反映了切割后的晶面及其亚表面受到一定程度损伤,晶面平整度差,不仅影响晶体的表征,而且会严重影响对晶体力学和起爆特性的正确评估,必须要进一步研磨抛光。切割所得的 RDX 晶片如图 6-11 所示。

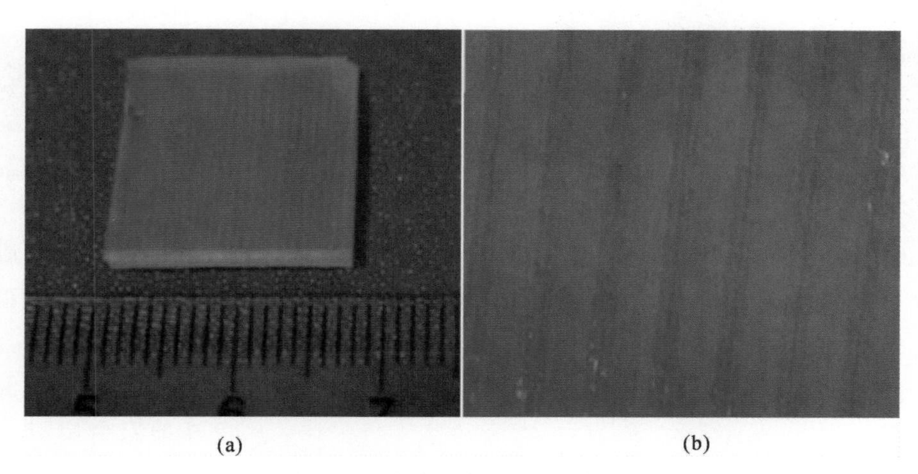

图 6-11 切割所得的 RDX 单晶片

(a)晶片整体形貌;(b)切割后的 RDX 晶片

6.5.2 晶片研磨抛光

研磨和抛光是基于晶面定向基础上的精密加工技术。它们都是采用从粗到细的刚性微粉逐步打磨晶面，然后逐步提高晶面平整度的过程。一般而言，刚性微粉的粒度大于 1 μm 的打磨称为研磨，刚性微粉的粒度小于 1 μm 的打磨称为抛光。

对于抛光而言，研磨是缩短抛光时间、校正晶面指数、提高晶面加工效率的重要环节。选择研磨磨料以及磨具应以提高研磨效率，而又不会给晶体研磨表面造成大的机械损伤为原则。对 RDX，HMX 等脆性炸药晶体，宜选用高精密研磨仪和有机玻璃研磨盘。第一步可使用较粗的刚玉粉作为磨料（如市售的 14 μm 刚玉粉），研磨一段时间后，再换用较细的刚玉粉作为磨料（如市售的 7 μm 刚玉粉）。研磨过程中，用清水冲洗磨面并用光学显微镜观察晶面。当晶面粗糙程度均匀且与磨粒的尺寸相当时，可停止研磨或换用更细的磨料。

采用 7 μm 刚玉粉研磨 RDX 晶面的光学显微照片如图 6 - 12 所示。图 6 - 12 中可以看到晶面布满划痕，与图 6 - 11(b)相比，虽然划痕增多，但划痕的深度明显减小。晶片的表面粗糙度可采用扫描探针显微技术构建三维轮廓来得到。对于 RDX 晶片，采用 7 μm 刚玉粉研磨的晶面高差一般可以达到 200 nm 以内。

抛光也是一个逐级过程，采用硬度小、颗粒细的抛光粉，所得晶片的光洁度越好。可以先采用 200 nm 的氧化铈抛光粉（莫氏硬度为 7）进行初抛，目测晶片加工面平滑，并且当反光性、透光性都较好且整个加工面无明显划痕时，便可进行精抛。精抛可采用 50 nm 的氧化硅粉（莫氏硬度为 6），采用黑色绒毛作为抛光垫。由于黑色绒毛为无纺布结构，可以容纳更多的抛光液，而且硬度较低，可压缩比较大，适合于软脆的炸药晶体抛光。由于很多聚氨酯抛光片中添加了氧化铈抛光粉，这些抛光粉的最大粒度同样决定了晶片最终的抛光精度。这一过程中需要仔细考察抛光时间、抛光液浓度、抛光盘转速、抛光液流量、抛光液温度等参数对抛光效果的影响。

对于 RDX 晶片，采用 50 nm 氧化硅粉抛光的晶面高差一般可以达到 20 nm 以内，其抛光加工参数为：抛光盘转速 80～120 r/min，抛光液流量 8～10 mL/min，抛光液温度为 20～25℃。抛光的 RDX 晶片如图 6 - 13 所示。

图 6 - 12　7 μm 刚玉粉研磨所得 RDX 晶片

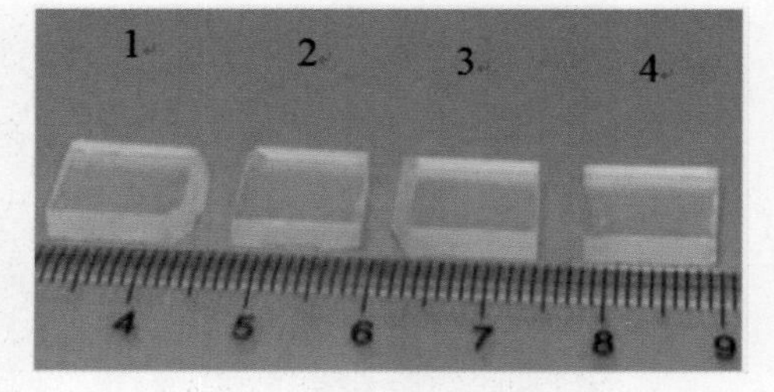

图 6 - 13　50 nm 氧化硅抛光所得 RDX 晶片

1 —{200}；2 —{210}；2 —{002}；4 —{021}

6.5.3 RDX 晶体微结构标定

6.5.3.1 晶格参数

晶格参数是表征晶体结构的重要参数。高分辨 X 射线衍射技术是一种研究晶体微结构的无损方法，非常适合研究单晶材料，是测量晶格参数的有效方法。使用精密机械加工得到的晶片，通过测定各个晶面的晶格参数，根据晶格参数与PDF卡片的差异情况，可分析、推断出晶体内部在不同取向上的内应力，并据此优化结晶溶剂和结晶动力学条件。

采用高分辨X射线衍射仪研究了RDX单晶{210}自然晶面族及{002}自然晶面族在不同取向上的面内晶格参数。RDX为正交晶系，晶格参数a，b和c值由下式计算得出：

$$\frac{1}{d^2}=\frac{h^2}{a^2}+\frac{k^2}{b^2}+\frac{l^2}{c^2} \tag{6-1}$$

需要指出的是，使用高分辨X射线衍射技术研究晶体的微结构，扫描范围应当较窄，扫描速率应当较慢。为更准确获取晶格参数，可以按“五点法”分别测试5个区域。一般而言，推荐使用的晶面微结构测试条件为：Cu靶，Kα辐射，$\lambda=1.540\ 6$ Å，扫描范围为$2\theta=-300''\sim300''$，扫描步长为$2''$/s。图6-14～图6-16分别是RDX{002}晶面族和RDX{210}晶面族的ϕ扫描结果。

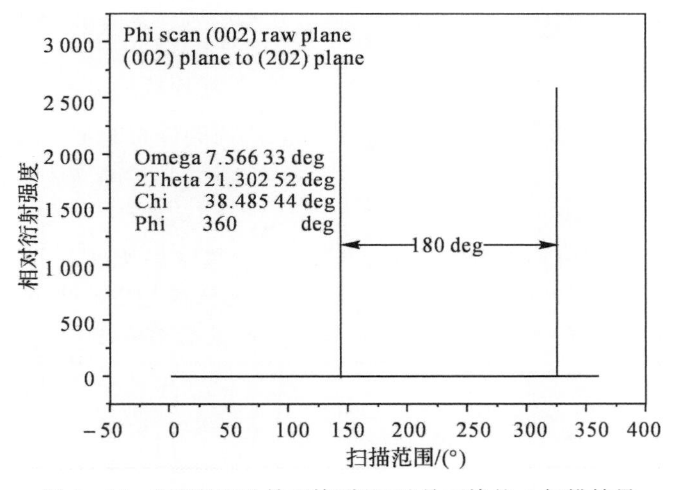

图6-14　RDX{002}晶面族到{202}晶面族的ϕ扫描结果

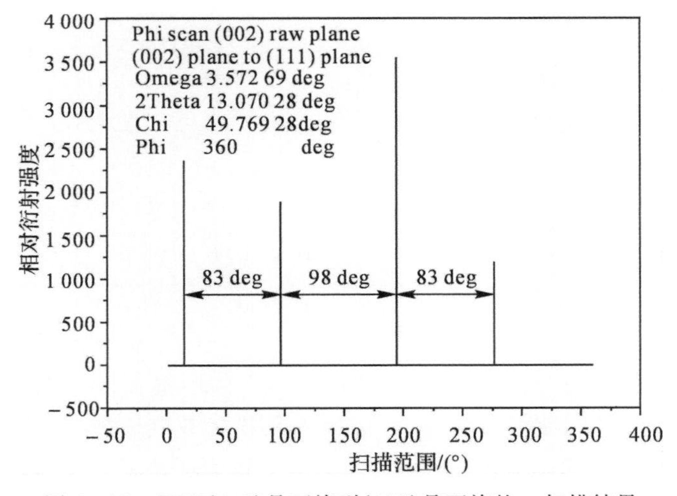

图6-15　RDX{002}晶面族到{111}晶面族的ϕ扫描结果

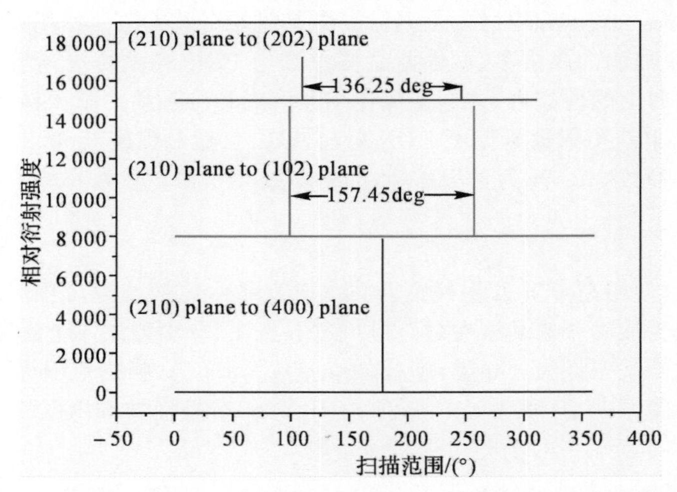

图 6-16　RDX{210}晶面族到{400}{102}{202}晶面族的 ϕ 扫描结果

由图 6-14～图 6-16 可以看出，RDX 的{202}晶面族的 ϕ 扫描有 2 个衍射峰，这与{001}晶面族的极射赤面投影图中{101}{$\bar{1}$01}晶面族之间的位相关系一致。{111}晶面族的 ϕ 扫描有 4 个衍射峰，这与{001}晶面族的极射赤面投影图中{111}晶面族、{$\bar{1}$11}晶面族、{1 $\bar{1}$1}晶面族、{11 $\bar{1}$}晶面族之间的位相关系一致。

依据高分辨 X 射线衍射技术所得的 ω 扫描和 ϕ 扫描结果所确定的衍射峰位置，依据式(6-1)，可以计算出 RDX{002}晶面族和 RDX{210}晶面族的晶格参数，见表 6-1。

表 6-1　RDX 不同取向晶面的晶格参数

晶面		ω 扫描/°	ω 扫描中心角/°	ϕ 扫描/″	ϕ 扫描/″	晶格参数		
						a 轴/Å	b 轴/Å	c 轴/Å
PDF						13.202	11.601	10.717
{002}①	{002}	16.626 5	−24.0			13.333 6	11.564 1	10.663 8
	{202}	21.325 6	−8.0	38.485 4	143.94			
	{111}	13.087 9	4.0	49.769 3	95.80			
{210}①	{210}	31.171 1	5.0			13.204 3	11.564 0	10.715 6
	{400}	26.992 6	−7.4	28.296 0	177.90			
	{102}	17.849 7	3.6	70.614 7	98.88			

注：①自然晶面。

从表 6-1 可以看出，与 PDF 卡片数据相比，RDX{002}晶面族和 RDX{210}晶面族的晶格参数均发生了变化。其中，RDX{002}晶面族的晶格参数变化较大，沿 a 轴方向受到拉应力，而 b 轴和 c 轴方向均受到压应力。与{210}晶面族取向相比，{002}晶面族取向的单晶体在 b 轴方向受到的压应力差别不大，而 a 轴方向受到的拉应力较大，c 轴方向受到的压应力也较大。这是由于晶体在生长过程中受到了来自溶剂的影响，不同取向晶面与溶剂的相互作用力不同造成了晶面的微应力差异。另外，从 a 轴、b 轴、c 轴的数值变化情况，还可以看出 RDX 单晶的微应力存在各向异性。

6.5.3.2　位错密度

位错是晶面上最重要的一种线缺陷，对晶体的塑性、强度、断裂、相变以及其他结构敏感性起着重要作用。RDX 大单晶的内部晶态主要受位错缺陷影响，针对不同的位错类型，如螺位错、刃位错、混合位错等，可用不同晶面取向 RDX 单晶的摇摆曲线半高宽来表征位错密度。摇摆曲线半高宽越大，则位错密度越大。使用 X 射线摇摆曲线来研究 RDX 单晶的位错密度。获得摇摆曲线的方法：对晶面进行 ω 扫描，再通过 X 射线摇摆曲线半高宽（FWHM）来评估不同取向晶面的位错密度。

Kisielowski 等描述了 FWHM 的影响因素，具体如下：

$$\beta_{M}^{2}=\beta_{int}^{2}+\beta_{G}^{2}+\beta_{\varepsilon}^{2}+\beta_{D}^{2}+\beta_{\gamma}^{2} \tag{6-2}$$

式中：${\beta_M}^2$—— 测量的摇摆曲线半高宽，°；

${\beta_{int}}^2$—— 固有摇摆曲线半高宽，°；

${\beta_G}^2$—— 测量仪器引起的摇摆曲线宽化，°；

${\beta_\varepsilon}^2$—— 微应力引起的摇摆曲线宽化，°；

${\beta_D}^2$—— 晶粒尺寸引起的摇摆曲线宽化，°；

${\beta_\gamma}^2$—— 样品屈服引起的摇摆曲线宽化，°。

位错与摇摆曲线半高宽的关系如下：

$$\rho_{v}=\frac{{\beta_{M}}^{2}}{2\pi(\ln 2)b^{2}} \tag{6-3}$$

式中：ρ_v—— 位错密度，g/cm^3；

b—— 伯格斯矢量的模。

分别对抛光的{210}晶面族和{002}晶面族进行扫描，获取两个晶面的 X 射线摇摆曲线，根据摇摆曲线半高宽和晶格参数 b 值，可计算得出不同晶面取向单晶的位错密度，扫描结果如图 6－17 所示。

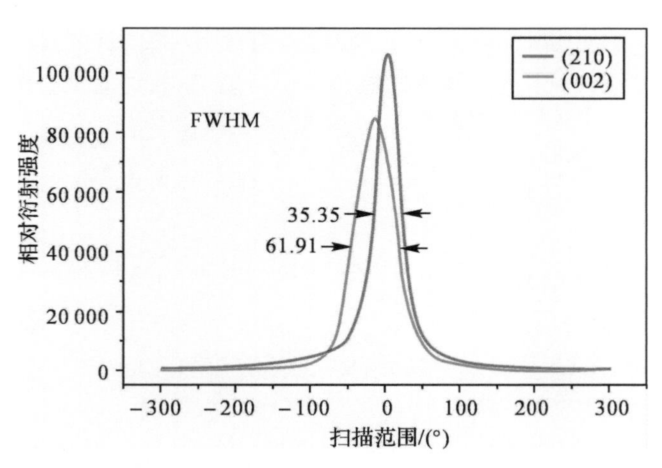

图 6－17　RDX{210}晶面族和 RDX{002}晶面族的摇摆曲线图

从图 6－17 可以看出，两条曲线都是相当尖锐，并且没有伴峰出现。单一的尖锐衍射曲线并且低的 FWHM 值表明晶体结晶很好，无晶粒界存在。这些现象说明，用溶剂蒸发法可以生长出完美的 RDX 单晶。从图 6－17 中还可看出，两个晶面衍射曲线的 FWHM 值存在差异，表明在 RDX 晶体的生长过程中，温度梯度、溶剂作用等原因导致晶面取向不同，缺陷不同。

用 Split Pearson Ⅶ 分析函数对摇摆曲线进行拟合，得到{210}晶面族和{002}晶面族的 FWHM 值分别为 35.35″和 61.91″。Herrmann 用 Split Pearson Ⅶ6 分析函数拟合每个可分离峰的 FWHM，峰宽分布由平均峰宽(X50)确定，粉晶的{210}晶面族的 X50 为 136.80″，比单晶的 FWHM 值大得多。单晶的半高宽比粉晶要小得多，说明单晶的位错缺陷少，比粉晶的品质更高。不同取向的 RDX 单晶片其半高宽不同，表现出各向异性。

根据式(6－3)，计算出{002}晶面族和{210}晶面族两个晶面的位错密度，见表 6－2。可以看出{002}晶面族的位错密度比{210}晶面族的大，由此也可判断{002}晶面族的线生长速率高于{210}晶面族。

表 6－2　不同取向 RDX 单晶的半高宽和位错密度

晶面族	半高宽/(″)	伯格斯矢量的模	位错密度/(10^{-6} g・cm^{-3})
{002}	61.91	11.564 07	6.58
{210}	35.35	11.563 97	2.14

6.6　晶体密度精修

6.6.1　晶体理论密度精修方法

根据晶体热胀冷缩效应，Rietveld 提出可用晶体密度与温度的函数关系导出 20℃时炸药的晶体密度，即多晶体衍射全谱线型精修。所谓全谱精修就是以一个晶体结构模型为基础，利用它的各种晶体结构参数与一个峰形函数计算一张在宽 $2\theta_i$ 范围内的多晶体理论衍射谱。将此计算谱与实验测得的衍射谱进行比较，根据其差别修改结构模型、结构参数和峰形参数。在此新的模型和参数的基础上再计算理论谱，再比较、修改，这样反复多次，以使计算谱和实验谱的加权差方因子 R_{wp} 为最小。由于精修对象是整个衍射谱，故称为全谱精修，具体如下：

$$\left.\begin{aligned} R_{wp} &= \frac{\sum_i w_i \left[Y_i(t) - \frac{1}{c}Y_i(c)\right]^2}{\sum_i w_i \left[Y_i(t)\right]^2} \quad (i=1,2,\cdots,n) \\ Y_i(c) &= S\sum_H L_H \left|F_H\right|^2 \phi(2\theta_i - 2\theta_H)(PO)_H A^*(\theta) + Y_{bi} \end{aligned}\right\} \tag{6-4}$$

式中：R_{wp}—— 加权差方因子；

w_i—— 权重因子，$w_i = 1/[\sigma^2(Y_i)]$，σ^2 为均方标准偏差；

$Y_i(t)$——$2\theta_i$ 位置衍射测试强度；

$Y_i(c)$——$2\theta_i$ 位置衍射计算强度；

L_H—— 晶面指数 H 衍射的洛伦兹因数，偏振因数和多重性因数三者的乘积；

ϕ—— 衍射峰形函数；
$(PO)_H$—— 择优取向函数；
$A^*(\theta)$—— 试样吸收系数的倒数；
Y_{bi}—— 背景衍射强度；
F_H—— 包括温度因数在内晶面指数 H 布拉格衍射的结构因数；
c—— 比例常数。

式(6-4)中，$Y_i(t)$ 和 $Y_i(c)$ 可能是几个布拉格衍射线强度的叠加，H 代表晶面指数为 (hkl) 的布拉格衍射。当 $Y_i(t) > Y_{\lim}$ 时，$w_i = 1/Y_i(t)$；当 $Y_i(t) \leqslant Y_{\lim}$ 时，$w_i = 1/Y_{\lim}$，$Y_{\lim}$ 是最低强度值的 4 倍。由于所修正的参数不都是线性关系，为了使最小二乘方法能够收敛，要准确输入初始的原子结构参数。

6.6.2 RDX 和 β-HMX 晶体密度精修

表 6-3 为以 0.1℃/s 的速率进行升降温，在 30～170℃温度区间，采用全谱精修后得到的 RDX 晶胞参数变化情况。

表 6-3　全谱精修后 RDX 的晶胞参数

温度/℃	晶格参数			晶胞体积/Å³	晶体密度/(g·cm⁻³)
	a 轴/Å	b 轴/Å	c 轴/Å		
30	13.199 7	11.608 9	10.724 4	1 643.35	1.795 6
50	13.208 8	11.629 2	10.742 6	1 650.14	1.788 2
70	13.215 7	11.648 4	10.759 9	1 656.40	1.781 4
90	13.223 0	11.667 0	10.777 9	1 662.74	1.774 7
110	13.231 4	11.686 8	10.797 8	1 669.70	1.767 3
130	13.238 0	11.704 5	10.816 6	1 675.98	1.760 6
150	13.249 9	11.726 3	10.841 4	1 684.45	1.751 8
170	13.256 7	11.742 8	10.862 4	1 690.96	1.745 0
150	13.248 6	11.725 8	10.840 9	1 684.14	1.752 1
130	13.238 7	11.705 0	10.817 1	1 676.21	1.760 4
110	13.231 2	11.687 2	10.798 3	1 669.81	1.767 1
90	13.221 5	11.666 6	10.777 8	1 662.49	1.774 9
70	13.216 2	11.649 6	10.762 3	1 657.00	1.780 8
50	13.205 8	11.629 2	10.743 0	1 649.83	1.788 5
30	13.196 4	11.609 5	10.725 5	1 643.18	1.795 8

从表 6-3 中数据得出，RDX 的 a 轴、b 轴和 c 轴都随着温度升高而增大，线性膨胀系数分

别为 3.07×10^{-5}/℃,8.28×10^{-5}/℃和 9.19×10^{-5}/℃。另外,升降温前后,RDX 的晶胞参数几乎没有变化,这表明 RDX 晶体的热膨胀具有可逆性。

从表 6-3 中的数据还可得出,在 30～170℃温度区间内,RDX 的体积变化为 2.5%,体膨胀系数约为 20.7×10^{-5}/℃,拟合得到 RDX 的密度与温度关系:

$$\rho = 1.8066 - 3.60\times10^{-4}T \tag{6-5}$$

式中:ρ——RDX 晶体密度,g/cm^3;

T—— 温度,℃。

由式(6-5)计算出 20℃时 RDX 的理论密度为 1.799 4 g/cm^3。升降温实验表明,每当温度升高 3℃时,RDX 的晶体密度降低超过 0.1%。显然,高精度的晶体密度测试需要给出对应的温度。

表 6-4 为以 0.1℃/s 的速率进行升降温,在 30～170℃温度区间,采用全谱精修后得到的 β-HMX 晶胞参数变化情况。

表 6-4　全谱精修后 β-HMX 的晶胞参数

温度/℃	a 轴/Å	b 轴/Å	c 轴/Å	β 角/°	晶胞体积/Å^3	晶体密度/g·cm^{-3}
30	6.536 8	11.036 6	8.701 2	124.433	517.749 6	1.899 4
50	6.538 6	11.061 8	8.700 1	124.394	519.252 8	1.893 9
70	6.540 2	11.088 9	8.699 1	124.349	520.867 4	1.888 1
90	6.541 4	11.114 7	8.697 0	124.305	522.323 6	1.882 8
110	6.543 7	11.142 5	8.696 9	124.263	524.079 0	1.876 5
130	6.546 1	11.171 8	8.697 2	124.217	525.954 0	1.869 8
150	6.547 5	11.199 5	8.694 7	124.168	527.520 8	1.864 2
170	6.549 0	11.227 7	8.692 8	124.117	529.169 4	1.858 4
150	6.546 6	11.199 5	8.693 5	124.165	527.399 6	1.864 7
130	6.545 1	11.171 8	8.694 1	124.210	525.730 0	1.870 6
110	6.542 8	11.143 6	8.695 1	124.257	523.976 8	1.876 9
90	6.542 0	11.118 9	8.697 1	124.301	522.606 4	1.881 8
70	6.540 3	11.092 6	8.698 2	124.342	521.045 2	1.887 4
50	6.537 2	11.062 3	8.697 7	124.385	519.082 0	1.894 6
30	6.535 6	11.038 6	8.699 6	124.428	517.684 6	1.899 7

从表 6-4 中的数据得出,β-HMX 的 a 轴和 b 轴都随着温度升高而增大,线性膨胀系数分别为 1.37×10^{-5}/℃和 1.25×10^{-4}/℃;c 轴随着温度升高却略有减小,线膨胀系数约为 -0.63×10^{-5}/℃。这表明同一温度范围内,β-HMX 各轴的线膨胀系数各不相同,HMX 晶

体的热膨胀具有各向异性。另外,升降温前后,β－HMX 的晶胞参数变化不大,这表明 HMX 晶体的热膨胀也具有可逆性。

从表 6－4 中的数据还可得出,在 30～170℃温度区间内,β－HMX 的体积变化为 2.2%,体膨胀系数约为 1.60×10^{-4}/℃,拟合得到 β－HMX 的密度与温度关系:

$$\rho = 1.908\,7 - 2.96\times10^{-4}T \tag{6-6}$$

式中:ρ——β－HMX 晶体密度,g/cm³;

T—— 温度,℃。

由式(6－6)计算出 20℃时 β－HMX 的理论密度为 1.902 8 g/cm³。升降温实验表明,当温度每升高 3℃时,β－HMX 的晶体密度降低接近 0.1%。

6.6.3　D－RDX 与 D－HMX 的孔隙率

全谱精修得到的 RDX 晶体理论密度为 1.799 4 g/cm³,β－HMX 为 1.902 8 g/cm³。以此为依据计算得到了随机批次 D－RDX 和 D－HMX 的晶体内部孔隙率,结果见表 6－5。

表 6－5　D－RDX 与 D－HMX 的孔隙率

炸药	表观密度分布 / $g\cdot cm^{-3}$	密度分布区间 / $g\cdot cm^{-3}$	平均密度 / $g\cdot cm^{-3}$	δ① / %	δ② / %
n－RDX	1.789 6～1.798 7	0.009 1	1.796 1	0.18	0.63
D－RDX	1.794 8～1.798 8	0.004 0	1.798 3	0.08	0.44
n－HMX	1.897 4～1.901 8	0.004 4	1.900 3	0.13	0.25
D－HMX	1.901 3～1.902 1	0.000 8	1.901 6	0.06	0.18

注:①RDX 理论密度按 1.799 4 g/cm³ 计算,β－HMX 理论密度按 1.902 8 g/cm³ 计算;

②RDX 理论密度按 1.806 g/cm³ 计算,β－HMX 理论密度按 1.905 g/cm³ 计算。

一般文献认为 RDX 的晶体理论密度为 1.806 g/cm³,β－HMX 为 1.905 g/cm³。显然,这里得到的孔隙率要大得多,似乎晶体品质还有不少提升空间,但研究表明,无论通过什么结晶方法得到的单晶 RDX 和 β－HMX,其 XRD 的衍射数据均达不到一般文献中的理论密度值。从精修的理论密度值来看,RDX 采用 1.799 g/cm³ 的理论密度值,HMX 采用 1.903 g/cm³ 的理论密度值更为合理,这在有些文献中确实如此。

6.7　专题:RDX 单晶的激光起爆

实验证明,光(普通光、紫外激光、近红外激光)可引起一般起爆药(PbN_6,AgN_3)或猛炸药中很敏感炸药(PETN,RDX)的起爆。光辐照到炸药表面上,大部分被反射,小部分被吸收,吸收符合朗伯-比尔(Lambert－Beer)定律,产生的效应是加热、熔化和气化。单质炸药对可见光波段的吸收系数一般较低,为 10～100 cm^{-1} 量级,且与炸药的颗粒度、密度和表面状况有关。

激光是聚集性好、强度高的单色光源,是研究炸药光起爆的理想光源。起爆药用激光起爆时，所需能量约为起爆 PETN 的 1/10。本专题分三方面讨论，一是激光感度，二是激光的破坏作用，三是激光起爆炸药的演化过程。

6.7.1 激光感度

图 6－18 给出了 RDX 单晶片分别在近红外激光（波长为 1 064 nm）和紫外激光（波长为 355 nm）辐照下的激光感度。显然，随着激光能量密度的增加，RDX 晶体的激光起爆概率相应增大，炸药晶体越容易被起爆。同时，RDX 晶体的激光感度与入射激光的波长也有密切关系。在 355 nm 激光辐照下，RDX 炸药的起爆阈值为 3.9～6.5 J/cm²，而对于 1 064 nm 激光而言，其范围为 7.8～13.1 J/cm²。和近红外激光相比，RDX 晶体在紫外激光辐照时更容易被起爆。

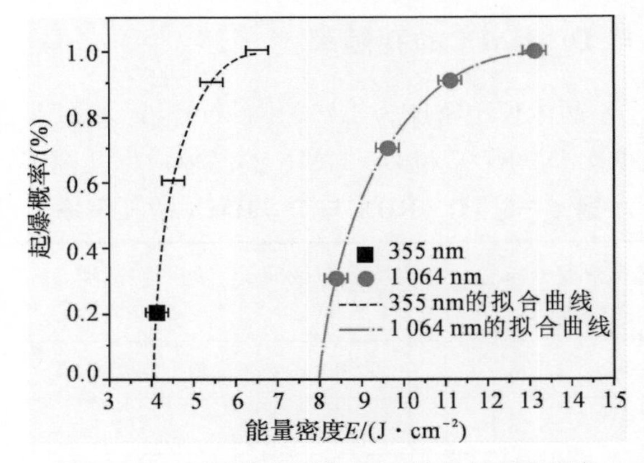

图 6－18 不同激光辐照 RDX 单晶的起爆概率

对图 6－18 中的实验数据进行指数拟合，拟合方程如下：

$$P(355)=1-e^{-1.72(E-E_{min})} \tag{6-7}$$

$$P(1064)=1-e^{-0.74(E-E_{min})} \tag{6-8}$$

式中：$P(355)$——355 nm 紫外激光辐照 RDX 单晶的起爆概率，%；

$P(1\ 064)$——1 064 nm 近红外激光辐照 RDX 单晶的起爆概率，%；

E——激光能量密度，J/cm²；

E_{min}——最小激光能量密度，J/cm²。

其中，355 nm 和 1 064 nm 最小起爆能量密度，J/cm²，最小起爆能量密度分别为 $E_{min}(355)=3.981$ J/cm² 和 $E_{min}(1\ 064)=7.898$ J/cm²。根据式(6－7)和式(6－8)，计算出 50% 起爆的能量密度 E_{50} 分别为：$E_{50}(355)=4.384$ J/cm² 和 $E_{50}(1\ 064)=8.835$ J/cm²。可知，1 064 nm 近红外激光辐照下，其能量密度是 355 nm 紫外激光辐照时的两倍。

这可以从 RDX 晶体对不同激光的吸收特性理解。根据朗伯-比尔定律，初始入射光强和透射光强的关系如下：

$$\left.\begin{aligned} I_t &= I_0 e^{-\alpha L} \\ T &= \frac{I_t}{I_0} = e^{-\alpha L} \end{aligned}\right\} \tag{6-9}$$

式中：I_0，I_t——入射光相对强度和透射光相对强度；

T—— 光透过率，%；

L—— 晶体薄片厚度，cm；

α—— 吸收系数，cm^{-1}。

由测试和计算可知，355 nm 和 1 064 nm 激光辐照单晶 RDX 的透过率分别为 $T_{355}=62.32\%$，$T_{1\,064}=85.72\%$，由此推导出 RDX 晶体对于 355 nm 和 1 064 nm 激光的吸收系数分别为 $\alpha(355)=1.630\ 6\ cm^{-1}$ 和 $\alpha(1\ 064)=0.531\ 3\ cm^{-1}$，表明 RDX 对 355 nm 激光的吸收系数约为 1 064 nm 的三倍。RDX 单晶薄片（厚度 $d=0.29$ cm）对不同波长单色光的透过率曲线如图 6－19 所示。

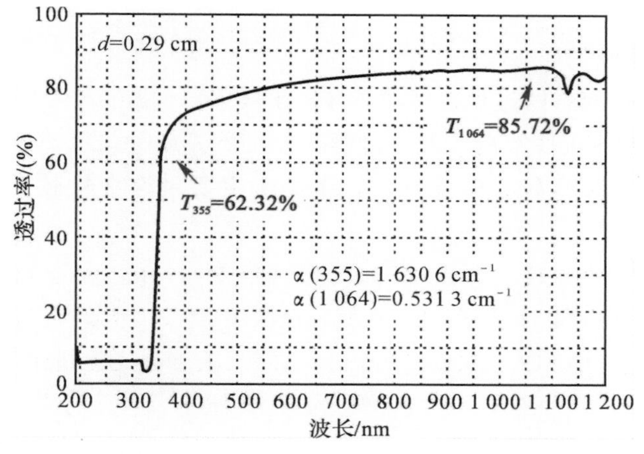

图 6－19　RDX 单晶对不同波长单色光的透过率

结果表明，RDX 晶体吸收紫外激光的能量高于近红外激光。知道，355 nm 紫外激光的单个激光光子能量（约为 3.49 eV），此值非常接近实验测得的 RDX 晶体的带隙宽度能量值（约为 3.4 eV），而远大于 1 064 nm 近红外激光的单个激光光子能量（约为 1.17 eV）。因此，355 nm 紫外激光作用于 RDX 晶体时，RDX 晶体吸收 355 nm 紫外激光的单光子，由光电效应引发而使化合物发生离解。当激光能量累积到一定起爆阈值时，RDX 晶体便会因为热效应发生电击穿，进而发生激光起爆。而对于 1 064 nm 近红外激光，化合物的离解则需要吸收更多的光子能量。因此，相同作用区域范围内，RDX 对近红外激光的起爆阈值高于紫外激光。

不仅如此，RDX 单晶片在紫外激光和近红外激光辐照下，晶体中起爆的区域也各不相同。对于 355 nm 紫外激光，所有的起爆现象均发生在 RDX 晶体薄片的入光面上，即 $(2\bar{1}0)$ 入光面。这一方面是由于 $(2\bar{1}0)$ 入光面存在一定尺寸分布和密度的微观结构缺陷，这些缺陷的存在将会对紫外激光产生近场调制，进而在 $(2\bar{1}0)$ 入光面产生激光起爆的热点；另一方面是因为 RDX 晶体对紫外激光的吸收系数较大［$\alpha(355)=1.630\ 6\ cm^{-1}$］，使得紫外激光的能量主要沉积在 $(2\bar{1}0)$ 入光面从而达到激光起爆条件。而与 355 nm 激光的起爆效应不同，RDX 晶体在 1 064 nm 近红外激光辐照下，所有激光起爆区域均在 RDX 晶体薄片的出光面［即 $(2\bar{1}0)$ 出光面上］，而 RDX 晶体薄片的入光面上几乎不发生变化。这主要是因为 RDX 晶体对近红外激光的吸收系数较小，相比 355 nm 紫外激光下降了 67.4%，激光束容易在整个晶体中传播。同时，由于激光的热作用，激光与 RDX 晶体作用时激光脉冲前沿导致局部高温，在晶体与空气界面处产生初始等离子体。这种初始等离子体在$(2\bar{1}0)$的入光面和出光面均会发生，但它们对 RDX 的起爆影响并不相同。对于出光面而言，一方面等离子体进一步吸收后续激光余脉冲能量发生膨胀，造成对$(2\bar{1}0)$出光面产生压力波；另一方面，等离子体对激光的反射作用使得沉积到晶体后表面的能量进一步增加，最终促使$(2\bar{1}0)$出光面达到起爆条件。对于入光面而言，初始等离子体对后续激光能量的强吸收，对入射激光的余脉冲起到屏蔽作用，限制激光能量在前表面的进一步沉积，故很难达到损伤乃至起爆条件。

6.7.2 紫外激光起爆特性

6.7.2.1 损伤形貌分析

激光诱导炸药晶体起爆的过程常伴随着等离子体火球、冲击波发生与传播，以及晶体微爆等现象。同时，由于晶体表面在激光辐照过程中伴随着光子冲击和热效应，RDX 晶体表面常产生一些麻点和裂纹，甚至较大的损伤坑。本小节主要讨论紫外激光对 RDX 晶体的损伤特性。

分别使用能量密度为 4.12 J/cm^2，4.52 J/cm^2 和 5.39 J/cm^2 的紫外激光辐照 RDX$(2\bar{1}0)$，获得了三种典型的损伤形貌，如图 6-20 所示。根据图 6-20，大致可将损伤形貌分为塑性变形(a)、冲击裂纹及麻点(b)和大尺寸损伤坑(c)。显然，随着激光能量密度增大，晶面损伤程度逐渐增强。

根据图 6-20(a) 所示的损伤形貌，此时 RDX 晶面接受的能量密度较低。可以看出，由于激光辐照过程产生的热效应使得 RDX 晶体熔融并发生局部塑性变形，进而产生热应力。这使得在熔融区域周围形成不规则的细缝裂纹，这些裂纹宽度通常在微米或亚微米量级，深度为几个纳米。随着入射激光能量密度的增大，产生如图 6-20(b) 所示的损伤形貌。此时，由于激光光子的冲击以及晶面的喷溅作用，RDX 晶面开始出现碎裂，晶面出现了更多细长裂纹以及一些麻点，而不是最开始的熔融状态。观察到裂纹和麻点附近存在亮纹，显然这些亮纹是由于裂纹扩展产生的。宏观上看 RDX 晶体的起爆概率达到 60%。当激光能量密度更大时，产生了如图 6-20(c) 所示的损伤形貌。此时，RDX 晶体损伤剧烈，损伤形貌多为大尺寸的坑状损伤，主要包括两个区域：中间核心区域和周围的炸裂区域。显然，随着等离子体火球、晶体微爆以及冲击效应的增强，晶面裂纹向更深、更远的方向扩展，使得晶面出现更多裂纹，并且可以推知 RDX 晶体内部存在着更严重的损伤。

为了进一步研究 RDX 晶体在激光辐照下的起爆特性，考察了能量密度 6.8 J/cm^2 的紫外激光(355 nm)对 RDX$(2\bar{1}0)$晶面的损伤特性，此时 RDX 晶体起爆概率为 100%。图 6-21(a) 所示为 RDX$(2\bar{1}0)$晶面损伤的二维光学显微照片。与 6-20(c)类似，此时，RDX 晶面损伤主要包括吸收大部分入射激光能量所导致的中心坑状区域 S1，以及周围伴随着含能材料的机械损伤而出现的炸裂区域 S2。6-21(b)给出了损伤坑的三维形貌(3D)，可见，RDX$(2\bar{1}0)$晶面横向损伤尺寸约 400 μm，而纵向损伤深度一般在数十到上百微米。

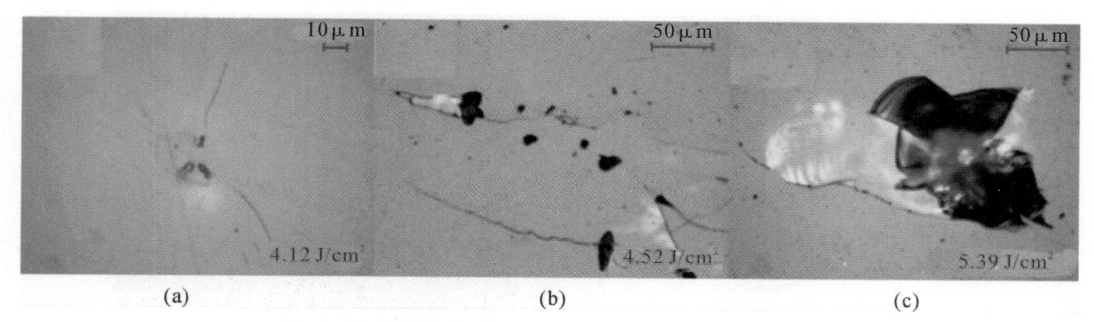

图 6-20　不同能量紫外激光(355 nm)对 RDX 的晶面损伤

(a)塑性变形;(b)冲击裂纹及麻点;(c)大尺寸损伤坑

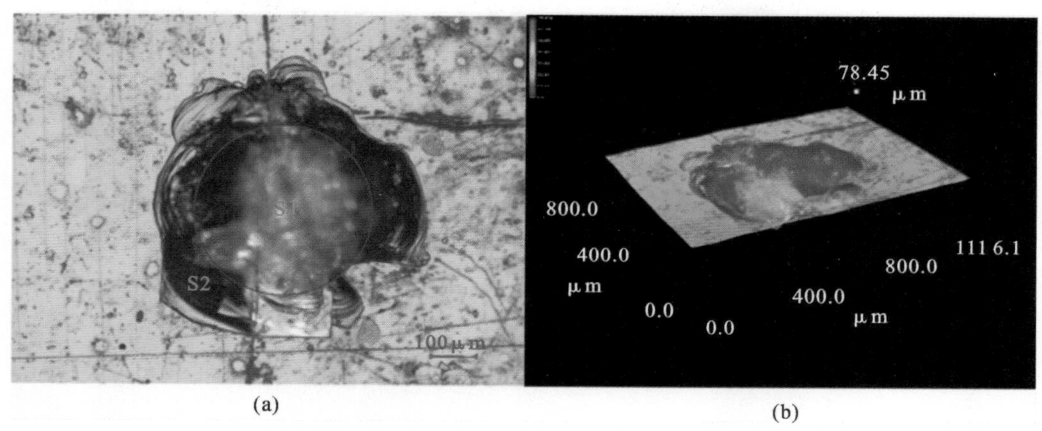

图 6-21　能量密度 6.8 J/cm² 的紫外激光(355 nm)对 RDX($2\bar{1}0$)晶面的损伤特性

(a)2D 照片;(b)3D 照片

着重分析了紫外激光(355 nm)辐照下，RDX 在明场和暗场下的光学显微图像。当能量密度为 6.5 J/cm² 的紫外激光(355 nm)辐照 RDX($2\bar{1}0$)晶面时，RDX 晶体表面上发生等离子体火球和材料微爆炸现象，并伴随冲击波的产生，喷溅出部分被辐照的炸药样品，部分喷溅碎屑残留在损伤坑附近的样品表面上。而周围炸裂区域主要是由于中心区域发生微爆炸时引起的机械损伤。图 6-22 为损伤区域的光学照片和 SEM 照片。

图 6-22(c)和(d)所示 SEM 图像表明损伤坑内部存在着大量碎屑。对比光学照片和 SEM 照片，不难发现图 6-22(c)主要反映的是图 6-21(a)中颜色较深的中心损伤情况，即图 6-22(b)中蓝色虚线框内的区域。对于图 6-22(b)中的周围炸裂区域，在图 6-22(c)中几乎没有得到体现。这说明，紫外激光辐照不仅导致 RDX 晶体表面产生可见损伤，而且会在样品内部浅表面以下产生不可见损伤。如图 6-22(b)所示，可以推断晶体内损伤更多的是平行于晶体表面的裂纹损伤，而这些裂纹是由冲击波在体内传播时引起的。在光学显微镜下观察，扩展裂纹引起显微镜探测光的折射率发生改变，从而会在样品表面产生干涉亮纹。从 SEM 图还可以看出，相比光学照片中晶体因发生微爆炸而引起爆炸区域周围产生机械剥离，中心处的核心区域明显较为疏松，且沿着一定方向解理。

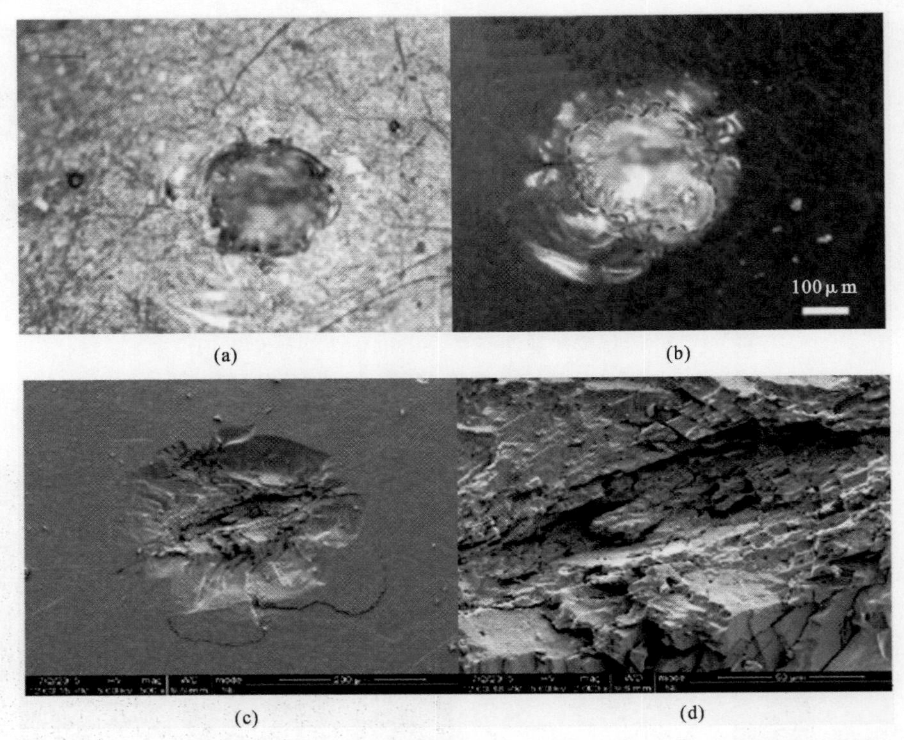

图 6-22　能量密度 6.5 J/cm² 的紫外激光(355 nm)对 RDX($2\bar{1}0$)晶面的损伤特性

(a)明场光学照片；(b)暗场光学照片；(c)损伤区域 SEM 图像；(d)损伤中心区域 SEM 图像

6.7.2.2　损伤面积和深度

进一步研究了 6-21(a)所示损伤区域的横向损伤面积 S1，S2 以及损伤深度随紫外激光能量密度 2.6～120 J/cm² 的变化情况，实验结果如图 6-23 所示。很明显，随着激光能量的增大，RDX 晶体总的横向损伤尺寸也增大。在较小能量密度作用下，S1 和 S2 区域的损伤程度相当，而当激光能量密度超过 40 J/cm² 时，S2 区域损伤面积更大。这是由于激光辐照导致 RDX 晶体周围的炸裂区域更明显。区域 S1 的损伤面积以及晶体损伤深度均随着激光能量的增大先增大，而当激光能量密度超过 12 J/cm² 时，两者基本趋于一定的稳定值，S2 的损伤面积则一直增大。

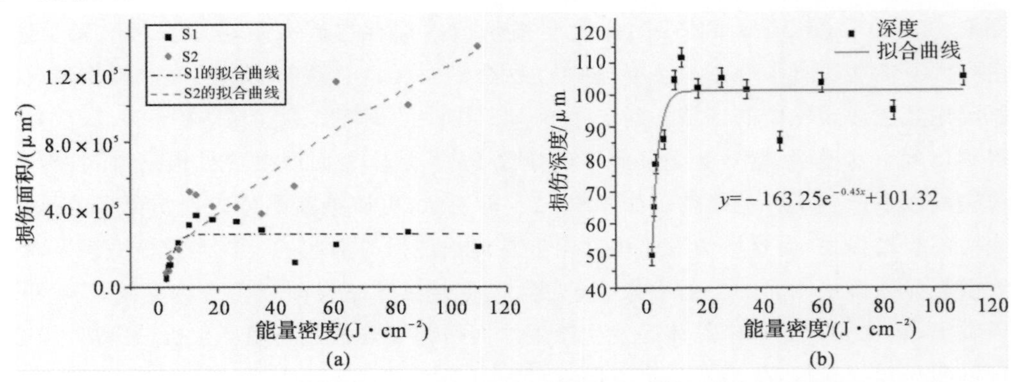

图 6-23　紫外激光(355 nm)能量密度与 RDX($2\bar{1}0$)晶面的损伤关系

(a)横向尺寸；(b)纵向尺寸

实验结果揭示了激光对 RDX 晶体损伤的动力学过程，由于激光束为高斯型光斑，其辐照区域存在能量梯度，且中心区域的激光能量最高。因此，在较低能量密度的辐照下（超过含能材料的最小激光起爆阈值），在中心区域而非整个辐照区域发生起爆。此时，产生较小的损伤面积 S1 以及由于机械损伤产生的与之相当的炸裂损伤面取 S2，并有微弱的等离子体火球产生。随着激光能量密度增大，辐照光斑内发生微爆炸的 RDX 晶体数量增加，微爆炸程度逐渐增大，使得 S1 的面积增大以及损伤深度加深。同时，等离子体火球吸收在其中传播的激光束的能量，使自身温度升高、电离度增大。当能量密度增大到一定值（12 J/cm^2）时，辐照光斑内的 RDX 晶体被全部起爆。由于激光光斑大小恒定，则 S1 趋近于一定的饱和值，但激光等离子体闪光、材料的微爆以及冲击波的传播作用却在一直增强。这些效应的叠加将会使得 S1 周围的炸裂损伤区域进一步增大，从而使得 S2 增大。

总体来看，损伤深度随着能量密度的增大先增大，而后趋于一定的饱和值（约为 100 μm）。这表明随着激光能量的增大，初始等离子体火球近似呈一个球形增大；当能量密度增大到一定程度（12 J/cm^2）时，等离子体火球呈椭球形增大，即主要沿着横向方向扩展，而纵向方向几乎保持不变；当能量密度继续增大时，由于等离子体的强屏蔽作用而抑制了入射激光的余脉冲在 RDX 晶体上的能量沉积，使得激光诱导晶体损伤无法进一步向深度方向扩展，从而使得 RDX 晶体损伤深度趋于饱和。

从激光辐照 RDX 晶体的损伤行为演化规律可以推导出 RDX 晶体的激光起爆过程，先是产生高温、高压的等离子体火球，并伴随着晶面微爆，同时等离子体火球在膨胀过程中形成冲击波并分别在晶体内和空气/晶面的界面上传播；冲击波在空气/晶面的界面传播致使晶体表面发生物质喷溅，进而产生表面损伤，即 S1 区域；向晶体体内传播的冲击波最终导致晶体近表面的体内损伤扩展，即 S2 区域。

6.7.3　近红外激光起爆特性

6.7.3.1　损伤形貌

图 6－24 为不同能量密度的近红外激光辐照后，RDX 晶体薄片前后表面形貌对照图。图 6－24 中所示的前表面为 $(2\bar{1}0)$ 晶面的入射面，后表面为 $(2\bar{1}0)$ 晶面的出射面。可见，近红外激光辐照 RDX 晶体的诱导损伤主要发生在出射面，而入射面几乎未发生损伤。与紫外激光（355 nm）的诱导损伤类似，近红外激光（1 064 nm）诱导损伤类型也可以分为：塑性变形（a）、冲击裂纹（b）和大尺寸损伤坑（c）。其中，图 6－24（a）为近红外激光能量密度为 9.26 J/cm^2 时，RDX 晶体产生的塑性变形损伤，表明在较低能量密度下，RDX 晶体被辐照的中心区域产生熔融现象。这与紫外激光（355 nm）类似，RDX 晶体熔融导致塑性变形而引入应力，致使被辐照的周边区域也出现了一些细长裂纹。图 6－24（b）为激光能量增大到 9.53 J/cm^2 时，RDX 晶体产生的冲击损伤。此时，RDX$(2\bar{1}0)$ 晶面上出现了平行于（120）和（001）晶向的有序细长裂纹。裂纹周围的光晕表明 RDX 晶体内部存在着很多体内损伤。图 6－24（c）为激光能量提高到 11.25 J/cm^2 时，RDX 晶体产生的大尺寸损伤坑。此时，RDX 晶体的损伤区域中心模糊不清，并有大面积的表面和体内损伤，此时 RDX 起爆概率为 100％。

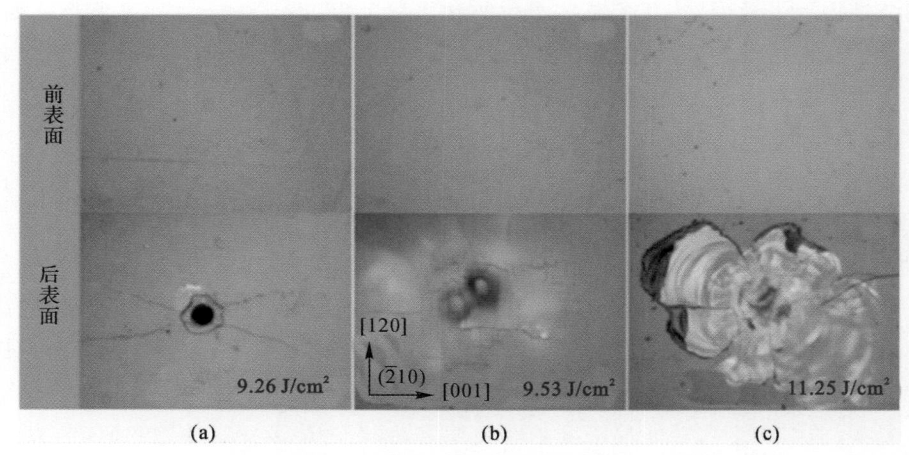

图 6-24　不同能量近红外激光辐照 RDX(2 $\bar{1}$0)晶面的形貌演化

(a)塑性形变；(b)冲击裂纹；(c)大尺寸损伤坑

6.7.3.2　演化过程

激光起爆常伴随着晶体的损伤现象。为进一步分析激光对 RDX 晶体损伤的动力学演化过程，运用了超快泵浦-探测技术来分析 RDX 晶体起爆的动态过程。

图 6-25 为能量密度为 11.25 J/cm^2 的近红外激光(1 064 nm)辐照 RDX(2 $\bar{1}$0)晶面时，不同延迟时间(52 ns，94 ns 和 165 ns)的损伤瞬态图像，标尺刻度为 200 μm。图 6-25 中红色粗箭头表示近红外激光从图像右边、垂直于 RDX(2 $\bar{1}$0)晶面入射到 RDX 晶体中，并在(2 $\bar{1}$0)出射面产生损伤。激光辐照 52 ns 后，晶面还未发生溅射作用，如图 6-25(a)所示。当时间延迟到 94 ns 时，由于等离子体的膨胀作用，在空气和晶体内部均伴随有冲击波产生。随着冲击波向空气中传播，RDX 材料向空气中发生喷溅。与此同时，向晶体内部传播的冲击波使得晶体内部发生损伤，如图 6-25(b)所示。当时间延续到 165 ns 时，材料喷溅和内部损伤加剧，如图 6-25(c)所示。

图 6-25 为 RDX 起爆结束后的最终状态，辐照时间为 300 ns，标尺刻度为 200 μm。虽然，此时晶体的微爆炸已经结束，但晶体损伤的尺寸还在继续增加。这表明，RDX 晶体在起爆后的一段时间内，激光损伤仍然在增长。在图 6-26 所示的红色虚线方框区域内，通过光学放大观察到晶体内部存在大量裂纹，这些裂纹印证了起爆过程的冲击波效应。

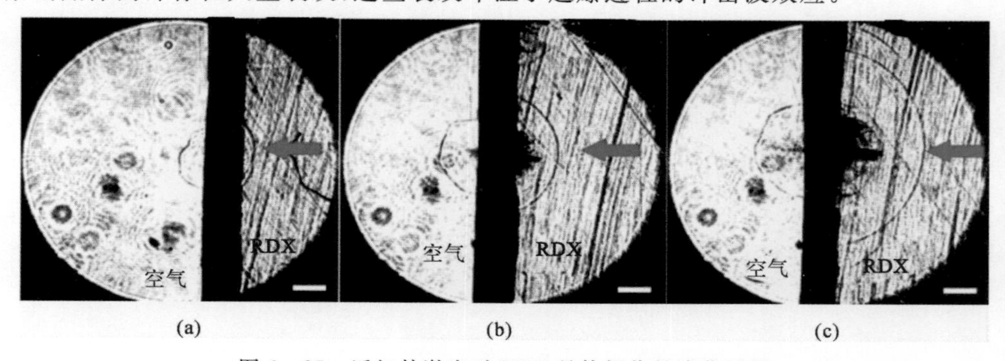

图 6-25　近红外激光对 RDX 晶体损伤的演化过程

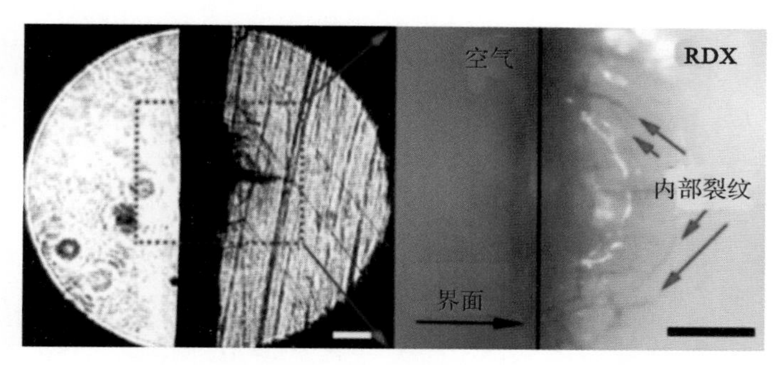

图 6-26　近红外激光诱导 RDX 晶体损伤

参考文献

[1]　李洪珍，周小清，徐容，等. RDX 单晶的生长及加工[J]. 含能材料，2011，19(6):745-746.

[2]　ANTOINE E D, HEIJDEN V D, RICHARD H, et al. Crystallization and characterization of RDX, HMX, and CL-20[J]. Crystal Growth & Design, 2004, 4(5): 999-1007.

[3]　HALFPENNY P J, ROBERTS K J, SHERWOOD J N. Dislocation in energetic materials Ⅳ: The crystal growth and perfection of cyclotrimethylene trinitramine (RDX)[J]. J Cryst Growth, 1984, 69(1): 73-81.

[4]　HALFPENNY P J, ROBERTS K J, SHERWOOD J N. Dislocation configurations in single crystals of pentaerythritol Tetranitrate and cyclotrimethylene trinitramine[J]. J Cryst Growth, 1983, 65(1): 524-529.

[5]　TERHORST J H, GEERTMAN R M, HEIJDEN A E, et al. The influence of a solvent on the crystal morphology of RDX[J]. J Cryst Growth, 1999, 198/199(1): 773-779.

[6]　GANG C, MINGZHU X, WU L, et al. A study of the solvent effect on the morphology of RDX crystal by molecular modeling method[J]. Journal of Molecular Modeling, 2013, 19(12): 5397-5406.

[7]　姚连增. 晶体生长基础[M]. 北京：中国科学技术出版社，1995.

[8]　张克丛，张乐惠. 晶体生长科学与技术[M]. 北京：科学出版社，2001.

[9]　付东. KDP 溶液稳定性及晶体生长的实验研究[M]. 重庆：重庆大学出版社，2008.

[10]　刘光霞. KDP 晶体生长动力学的数值模拟研究[D]. 济南：山东大学，2014.

[11]　苏佳乐. PET 晶体生长的影响因素研究[M]. 北京：北京工业大学出版社，2015.

[12]　闵乃文. 晶体生长的物理基础[M]. 上海：上海科学技术出版社，1982.

[13]　刘景和，李艳红，邢红岩. 晶体生长理论与技术[M]. 长春：长春理工大学出版社，2000.

[14]　TERHORST J H, GEERTMAN R M, VAN ROSMALEN G M. The effect of solvent on crystal morphology[J]. J Cryst Growth, 2001, 230(1): 277-284.

[15]　CANG H X, HUANG W D, ZhOU Y H, et al. Effects of organic solvents on the

morphology of the meta - nitroaniline crystal[J]. Journal of Crystal Growth, 1998, 192(1): 236 - 242.

[16] ZHU S F, ZHANG S H, RUI J, et al. Understanding the effect of solvent on the growth and crystal morphology of MTNP/CL - 20 cocrystal explosive: experimental and theoretical studies[J]. Crystal Research and Technology, 2018, 53(4): 1 - 9.

[17] 靳梅芳. 单晶培养的方法和注意事项[J]. 安阳工学院学报, 2009(6): 46 - 47.

[18] KATHERINE J F, KEVIN M S. Laboratory manual 5.301: chemistry laboratory techniques[M]. Cambridge: Massachusetts Institute of Technology Department of Chemistry, 2004.

[19] 黄明，李洪珍，徐容，等. RDX 晶体特性的设计控制与表征[J]. 含能材料, 2010, 18(6): 730 - 731.

[20] 周小清，李洪珍，徐容，等. RDX 单晶的生长诱导位错表征[J]. 含能材料, 2013, 21(3): 201 - 305.

[21] 刘瑶，王建华，王变红，等. RDX 单晶的培养与表征[J]. 火工品, 2013(3): 34 - 37.

[22] HAYCRAFT J J, STEVENS L L, ECKHARDT C J. The elastic constants and related properties of the energetic material cyclotrimethylene trinitramine (RDX) determined by brillouin scattering[J]. J Chem Phys, 2006, 124(2): 1 - 11.

[23] RAMOS K J, HOOKS D E, BAHR D F. Direct observation of plasticity and quantitative hardness measurements in single crystal cyclotrimethylene trinitramine (RDX) by nano - indentation[J]. Phil Mag, 2009, 89(27): 2381 - 2402.

[24] HALFPENNY P J, ROBERTS K J, SHERWOOD J N. Dislocation in energetic materials part 3: etching and micro - hordnoss studios of pentoerythrito/tetronitrote and cyclotrimethylene trinitramine[J]. J Mater Sci, 1984, 19(5): 1629 - 1637.

[25] ELBAN W L, ARMSTRONG R W, YOO K C, et al. X - ray reflection topographic study of growth defect and micro - indentation strain fields in an RDX explosive crystal[J]. J Mater Sci, 1989, 24(4): 1273 - 1280.

[26] RAMOS K J, HOOKS D E, SEWELL T D, et al. Anomalous hardening under shock compression in (021)- oriented cyclotrimethylene trinitramine (RDX) single crystals [J]. J Appl Phys, 2010, 108(6): 066105 - 066108.

[27] CAWKWELL M J, RAMOS K J, HOOKS D E, et al. Homogeneous dislocation nucleation in cyclotrimethylene trinitramine (RDX) under shock loading[J]. J Appl Phys, 2010, 107(6): 063512 - 063523.

[28] GALLAGHER H G, HALFPENNY P J, MILLER J C, et al. Dislocation slip systems in pentaerythritol tetranitrate (PETN) and cyclotrimethylene trinitramine (RDX)[J]. Phil Trans R Soc lond A, 1992, 339(16): 293 - 303.

[29] HOOKS D E, RAMOS K J, MARTINE A R. Elastic - plastic shockwave profiles in oriented single crystals of cyclotrimethylene trinitramine (RDX) a 2.25 GPa[J]. J Appl Phys, 2006, 100(2): 024908 - 024915.

[30] SCHNEIDER J R. Interpretation of rocking curves measured by γ - ray diffraction[J].

J Appl Crystallogr，1974(7)：547 - 554.

[31] AYERS J E. The measurement of threading dislocation densities in semiconductor crystals by X - ray diffraction[J]. J Cryst Growth，1994，135(1)：71 - 78.

[32] HUET F，DIFORTE - POISSON M A，ROMANN A，et al. Modelling of the defect structure in GaN MOCVD thin films by X - ray diffraction[J]. Mater Sci Eng B，1999，59(1)：198 - 201.

[33] UNGAR T. Dislocation densities，arrangements and character from X - ray diffraction experiments[J]. Mater Sci Eng A，2001，309/310：14 - 22.

[34] HERRMANN M. Microstructure of energetic particles investigated by X - ray powder diffraction[J]. Particle & Particle Systems Characterization，2006，22(6)：401 - 406.

[35] RICHARD A K. Three - dimensional grain fabric measurements using high - resolution X - ray computed tomography[J]. Journal of Structural Geology，2005，27(7)：1217 - 1228.

[36] RICHARD A K，GERARDO J I. Nondestructive high - resolution visualization and measurement of anisotropic effective porosity in complex lithologies using high - resolution X - ray computed tomography[J]. Journal of Hydrology，2005，302(1)：92 - 106.

[37] RIETVELD B J. Application of specific refractive index increments for determination of partial specific volumes of dissolved macromolecules[J]. Journal of Polymer Science Part B：Polymer Physics，1970，8(10)：1837 - 1839.

[38] 王茜. 炸药的激光起爆特性及规律研究[D]. 南京：南京理工大学，2008.

[39] 胡艳，沈瑞琪，叶迎华. 激光点火技术发展[J]. 含能材料，2000，8(3)：141 - 143.

[40] 孙承纬. 激光引爆炸药的机理和实验[J]. 爆炸与冲击，1978 (1)：53 - 65.

[41] EWICK D W. Improved 2 - D difference model for laser diode ignited components [M]. Breckenridge：[s. n.]，1992.

[42] ALEXANDER M R. On the initiation of high explosives by laser radiation [J]. Propellants Explosives Pyrotechnics，2007，32(4)：296 - 300.

[43] 冯长根，项仕标，王丽琼，等. 激光强度对含能材料点火的影响[J]. 应用激光，1999(4)：153 - 155.

[44] LIAU Y C. A comprehensive analysis of laser - induced ignition of RDX monopropellant[J]. Combustion and Flame，2001，126(3)：1680 - 1698.

[45] TARZHANOV V I，SDOBNOV V I，ZINCHENKO A D，et al. Laser initiation of mixtures of PETN and aluminum by a deposit [J]. Combustion，Explosion，and Shock Waves，2017，53(6)：724 - 729.